THEORIE UND PRAXIS

DER

BESTIMMUNG DER ROHRWEITEN

VON

WARMWASSERHEIZUNGEN

VON

H. RIETSCHEL

GEH. REGIERUNGS-RATH UND PROFESSOR AN DER KÖNIGL. TECHNISCHEN HOCHSCHULE
ZU BERLIN.

MÜNCHEN UND LEIPZIG.
DRUCK UND VERLAG VON R. OLDENBOURG.
1897.

VORWORT.

Seit meiner im Gesundheits-Ingenieur, Jahrgang 1891, Nr. 1 u. 2 erfolgten Veröffentlichung der »Bestimmung der Rohrweiten bei Warmwasserheizung« haben zahlreiche Anlagen nach derselben (u. A. auch die Anlage im Reichstagsgebäude) Berechnung und Ausführung gefunden. Da diese Anlagen sämmtlich zufriedenstellend arbeiten, bin ich dem von vielen Seiten mir ausgesprochenen Wunsche nach einer Vereinfachung der Berechnung gefolgt und übergebe in dieser Schrift meine diesbezügliche Arbeit der Praxis. Selbstverständlich durfte die Vereinfachung nicht auf Kosten der Genauigkeit erfolgen, auch war es nöthig, für alle Fälle der Praxis, d. h. auch für die verwickeltsten Anlagen die gleiche einfache Durchführung der Rechnung zu sichern. Zur Erreichung dieses Zieles hat sich allerdings ein nicht unbedeutendes Tabellenwerk als nöthig erwiesen und, um dasselbe nicht zu umfangreich zu gestalten, habe ich dasselbe nur auf Niederdruck-Warmwasserheizung — als dasjenige System, welches fast ausschliesslich in der Praxis Anwendung findet — beschränkt. Für den Kostenanschlag wird das Tabellenwerk allein genügen, so dass also für diesen eine Berechnung nunmehr entfällt, für die Ausführung dagegen ist eine Nachrechnung erforderlich, welche aber verhältnissmässig nur geringe Zeit in Anspruch nimmt. Im ersten Abschnitt »Theorie« musste der Vollständigkeit halber Manches wiederholt werden, was bereits in der vorerwähnten Veröffentlichung enthalten ist.

Grunewald-Berlin, im Juni 1897.

DER VERFASSER.

Inhalts-Verzeichniss.

I. Theorie.

Die Grundlage für die Theorie der Bestimmung der Rohrweiten bei Warmwasserheizung gewinnt man aus der Betrachtung des in der Praxis vorkommenden einfachsten Falles; derselbe wird durch Fig. 1 dargestellt. *A* bedeutet den Kessel, *B* den Heizkörper, beide sind durch die Zu- und Rückleitung mit einander verbunden. Da das Wasser im Heizkörper abgekühlt, im Kessel erwärmt wird, so ist die Geschwindigkeit desselben in der Zuleitung zum Heizkörper grösser als in der Ableitung, der Unterschied ist indessen so gering, dass eine gleich grosse Geschwindigkeit, und zwar die durch die mittlere Dichtigkeit des Wassers bedingte, in der gesammten Rohrleitung angenommen werden kann.

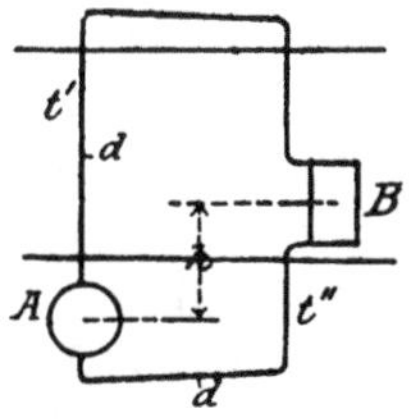

Fig. 1.

Ist also:

W die stündlich abzugebende Wärmemenge des Heizkörpers in WE,

t' bezw. t'' die Temperatur des Wassers im Zu- bezw. Rücklaufrohr,

γ' bezw. γ'' die Dichtigkeit des Wassers bei der Temperatur t' bezw. t'',

v die sekundl. Geschwindigkeit des Wassers in der Rohrleitung in Metern,

d der lichte Durchmesser der Rohrleitung in Metern,

so ergibt sich unter Berücksichtigung, dass das den Heizkörper stündlich durchfliessende Wasser sich von t' auf t'' abkühlen muss um die Wärmemenge W abzugeben ohne Weiteres:

$$v = \frac{W}{1000\,(t' - t'')\,3600\,\frac{d^2\pi}{4}\,\frac{\gamma' + \gamma''}{2}}$$

Führt man die mittlere Dichtigkeit des Wassers $\frac{\gamma' + \gamma''}{2}$ bei Warmwasser-Niederdruckheizung für die Temperaturen 90° und 60°, bei Warmwasser-Mitteldruckheizung für die Temperaturen 150° und 80° ein — was für andere Temperaturen eine durchaus zu vernachlässigende Abweichung ergibt —, so erhält man die erforderliche sekundliche Geschwindigkeit des Wassers bei

$$\text{Niederdruck:}\quad v = \frac{W}{10\,000}\,\frac{1}{275{,}67\,d^2\,(t' - t'')}, \tag{1}$$

$$\text{Mitteldruck:}\quad v = \frac{W}{10\,000}\,\frac{1}{267{,}18\,d^2\,(t' - t'')}. \tag{1a}$$

Die Bewegung des Wassers in der Anlage wird hervorgerufen durch die Druckdifferenz zwischen der kälteren und wärmeren Wassersäule, deren Höhe zu messen ist durch den senkrechten Abstand von Mitte Kessel bis Mitte Heizkörper. Diese Druckdifferenz kann man durch die Höhe einer Wassersäule (Druckhöhe) darstellen, die so gross sein muss, dass trotz der der Bewegung des Wassers durch Reibung und sonstige Hindernisse entgegenstehenden Widerstände die erforderliche Geschwindigkeit v des Wassers auch wirklich erreicht wird, d. h. dass im Beharrungszustand die Druckhöhe gleich der Widerstandshöhe, ausgedrückt durch die Geschwindigkeit v, ist. Dieser Satz ist analytisch durch die Gleichung auszudrücken:

$$h(\gamma'' - \gamma') = \frac{v^2}{2g} \frac{\gamma' + \gamma''}{2} \left(\frac{\varrho}{d} l + \Sigma\zeta\right)$$

oder wenn $\dfrac{\gamma'' - \gamma'}{\frac{\gamma' + \gamma''}{2}} = a$ gesetzt wird:

$$ah = \frac{v^2}{2g} \left(\frac{\varrho}{d} l + \Sigma\zeta\right). \tag{2}$$

In derselben bedeutet:

h den senkrechten Abstand von Mitte Kessel bis Mitte Heizkörper in Metern,

l die Länge der Rohrleitung vom lichten Durchmesser d in Metern,

ϱ den Reibungskoefficienten,

$\Sigma\zeta$ die Summe der in der gesammten Anordnung vorkommenden einmaligen Widerstände.

ah kann somit als die wirksame Druckhöhe zur Ueberwindung der in der ganzen Anordnung durch Reibung und einmalige Widerstände hervorgerufenen Widerstandshöhe bezeichnet werden.

Es soll, da durch viele Ausführungen bewährt, wie bisher gesetzt werden: der Reibungskoëfficient nach Weisbach

$$\varrho = 0{,}01439 + \frac{0{,}0094711}{\sqrt{v}}$$

und ferner der einmalige Widerstand ζ für

ein rechtwinkeliges Knie	1
ein rundes Knie (Bogen)	0,3 bis 0,5
einen Krümmer (Retourbogen)	0,5 bis 0,8
plötzliche grosse Querschnittserweiterungen (Heizkörper, Kessel)	1
geöffnete Ventile	0,5 bis 1
geöffnete Hähne und Schieber	0,1 bis 0,3
kleine Querschnittserweiterungen und Bogen, deren Halbmesser grösser als der fünffache Rohrdurchmesser ist	0.

Bei Heizkörpern aus einfacher Rohrleitung, bei welchen also keine plötzliche Querschnittserweiterung vorhanden ist, muss statt $\zeta = 1$ zu der Widerstandshöhe in der Rohrleitung diejenige in dem Heizkörper, gebildet mit der in demselben herrschenden Geschwindigkeit, zugezählt werden.

Die Gleichungen 1 (bezw. 1a) und 2 bilden also die Grundlage der Berechnung der Rohrleitung und der einfachste in Fig. 1 dargestellte Fall ist erledigt sobald der Durchmesser d so gross gewählt wird, dass beiden Gleichungen Genüge geschieht.

Besteht die Anlage, wie Fig. 2 darstellt, aus drei übereinander liegenden Heizkörpern, so kann man sich diese Anlage dadurch entstanden denken, dass drei Anlagen nach Anordnung von Fig. 1 zusammengelegt, d. h. deren Kessel und die sich deckenden Rohrleitungen vereinigt worden sind. Wollte man jedoch diese drei Anlagen einzeln berechnen und die Durchmesser der zu vereinigenden Rohrleitungen aus der Summe der gefundenen einzelnen Querschnitte bestimmen, so würde man durchaus fehlerhaft verfahren, da in den vereinigten Rohrsträngen nur je eine Geschwindigkeit und somit nur eine dieser Geschwindigkeit entsprechende Widerstandshöhe herrschen kann.

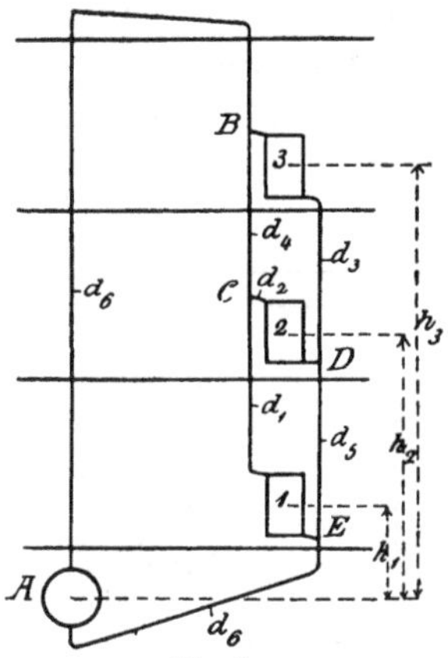

Fig. 2.

Für jeden Heizkörper kann man aber jedenfalls einen in sich geschlossenen Stromkreis verfolgen. Für Heizkörper 1 ist derselbe: *C1EABC*, für Heizkörper 2: *C2DEABC*, für Heizkörper 3: *B3DEAB*.

Die Rohrleitung eines jeden dieser Stromkreise setzt sich aus einer Anzahl verschieden weiter Rohrstrecken zusammen und da sich für diese die Widerstandshöhen addiren, so muss die Gleichung gelten für den Stromkreis des Heizkörpers 1:

$$ah_1 = \frac{v_1^2}{2g}\left(\frac{\varrho_1}{d_1} l_1 + \Sigma\zeta_1\right) + \frac{v_6^2}{2g}\left(\frac{\varrho_6}{d_6} l_6 + \Sigma\zeta_6\right) + \frac{v_4^2}{2g}\left(\frac{\varrho_4}{d_4} l_4 + \Sigma\zeta_4\right),$$

des Heizkörpers 2:

$$ah_2 = \frac{v_2^2}{2g}\left(\frac{\varrho_2}{d_2} l_2 + \Sigma\zeta_2\right) + \frac{v_5^2}{2g}\left(\frac{\varrho_5}{d_5} l_5 + \Sigma\zeta_5\right) + \frac{v_6^2}{2g}\left(\frac{\varrho_6}{d_6} l_6 + \Sigma\zeta_6\right) +$$
$$\frac{v_4^2}{2g}\left(\frac{\varrho_4}{d_4} l_4 + \Sigma\zeta_4\right),$$

des Heizkörpers 3:

$$ah_3 = \frac{v_3^2}{2g}\left(\frac{\varrho_3}{d_3} l_3 + \Sigma\zeta_3\right) + \frac{v_5^2}{2g}\left(\frac{\varrho_5}{d_5} l_5 + \Sigma\zeta_5\right) + \frac{v_6^2}{2g}\left(\frac{\varrho_6}{d_6} l_6 + \Sigma\zeta_6\right),$$

sofern die Grössen der gleichen Rohrstrecken (Geschwindigkeiten, Längen, Reibungskoëfficienten, einmalige Widerstände) immer die gleichen Indices erhalten.

Natürlich müssen alle die in den Gleichungen vorkommenden Geschwindigkeiten v_1, v_2 .... auch der Gleichung 1 (bezw. 1^a) entsprechen.

Da nun bei jeder, auch der grössten Anlage, die Zerlegung in einzelne Stromkreise genau so einfach ist, wie in dem soeben behandelten Fall, so möge als Grundlage der weiteren Besprechung sofort eine scheinbar schwierige Anordnung (Fig. 3) angenommen werden, schwierig, insofern bei derselben Heizkörper mit gemeinsamer Zuleitung nicht immer auch gemeinsame Ableitung erhalten sollen.

Es sind nach Fig. 3 im Ganzen 7 Heizkörper vorhanden; die stündliche Wärmeabgabe derselben soll entsprechend mit W_1, W_2 .... W_7 bezeichnet werden, die Durchmesser der unmittelbar zu jedem Heizkörper gehörigen

Zu- und Ableitung mit d_1, d_2 .... d_7. Die Bezeichnung der Durchmesser der gemeinsamen Stränge geht aus der Fig. 3 hervor. Die senkrechten Abstände der Mittelebene der Heizkörper von der Mittelebene des Kessels sollen den Nummern der Heizkörper entsprechend durch h_1, h_2 .... h_7 gekennzeichnet werden.

In der Abhandlung im »Ges.-Ingenieur«, Jahrgang 1891, Nr. 1 und 2 wurden nicht nur die zu einem und demselben Heizkörper, sondern auch die zu einer und derselben Gruppe von Heizkörpern gehörigen Zu- und Rückläufe mit dem Namen »Theilstrecke« belegt. Entgegen hievon soll zur Verallgemeinerung der Anwendung eine jede Rohrstrecke mit dem Namen »Theilstrecke« bezeichnet werden, deren Durchmesser und Wassermenge sich nicht ändern, unbeschadet ob innerhalb derselben ein Heizkörper oder der Kessel sich befindet.

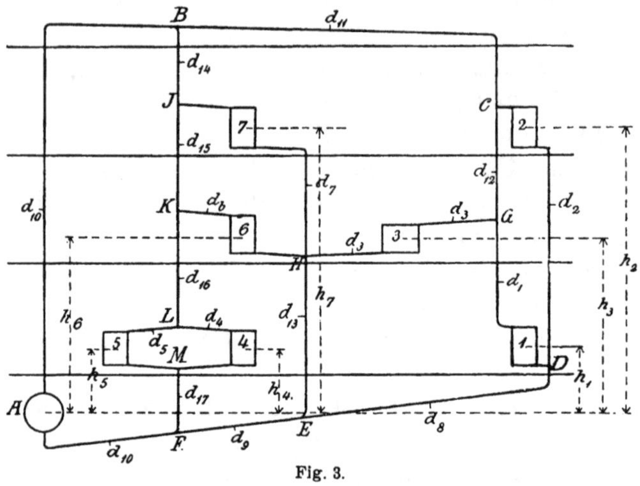

Fig. 3.

Es sind also FAB, BC, $C2D$, CG, $G3H$, DE, $L4M$ u. s. f. oder kurz nach dem Durchmesser bezeichnet d_{10}, d_{11}, d_2, d_{12}, d_3, d_8, d_4 u. s. f. als je eine Theilstrecke anzusehen.

In der durch Fig. 3 dargestellten Anordnung ist die wirksame Druckhöhe vom Heizkörper 1: ah_1, vom Heizkörper 2: ah_2 u. s. f. und jede dieser wirksamen Druckhöhen ist der Summe der Widerstandshöhen in den Theilstrecken des gesammten Stromkreises des betreffenden Heizkörpers gleich zu setzen. Also ah_1 muss der Summe der Widerstandshöhen der einzelnen Theilstrecken des Stromkreises $G1DEFABCG$, ah_2 derjenigen des Stromkreises $C2DEFABC$, ah_3 derjenigen des Stromkreises $G3HEFABCG$ u. s. f. gleich sein.

Wenn der einfacheren Schreibweise halber der Werth $\frac{\varrho}{d}\, l + \Sigma\zeta$ mit H bezeichnet wird, so muss alsdann sein

für den Stromkreis des Heizkörpers 1:

$$ah_1 = \frac{v_1^2}{2g} H_1 + \frac{v_8^2}{2g} H_8 + \frac{v_9^2}{2g} H_9 + \frac{v_{10}^2}{2g} H_{10} + \frac{v_{11}^2}{2g} H_{11} + \frac{v_{12}^2}{2g} H_{12} \quad (3)$$

für den Stromkreis des Heizkörpers 2:

$$ah_2 = \frac{v_2^2}{2g} H_2 + \frac{v_8^2}{2g} H_8 + \frac{v_9^2}{2g} H_9 + \frac{v_{10}^2}{2g} H_{10} + \frac{v_{11}^2}{2g} H_{11} \quad (4)$$

für den Stromkreis des Heizkörpers 3:

$$ah_3 = \frac{v_3^2}{2g} H_3 + \frac{v_{13}^2}{2g} H_{13} + \frac{v_9^2}{2g} H_9 + \frac{v_{10}^2}{2g} H_{10} + \frac{v_{11}^2}{2g} H_{11} + \frac{v_{12}^2}{2g} H_{12} \quad (5)$$

u. s. f.

Selbstverständlich müssen in diesen Gleichungen wiederum alle Geschwindigkeiten der Gleichung 1 (bezw. 1[a]) entsprechen, somit muss bei Niederdruck sein:

$$v_1 = \frac{W_1}{10\,000} \cdot \frac{1}{275{,}67\, d_1^2\, (t' - t'')} \tag{6}$$

$$v_2 = \frac{W_1 + W_2}{10\,000} \cdot \frac{1}{275{,}67\, d_2^2\, (t' - t'')} \tag{7}$$

$$v_9 = \frac{W_1 + W_2 + W_3 + W_6 + W_7}{10\,000} \cdot \frac{1}{275{,}67\, d_9^2\, (t' - t'')} \tag{8}$$

u. s. f.

Es ist also in Gleichung 1 (bezw. 1[a]) ganz allgemein jederzeit für

W die Summe der stündlich abzugebenden Wärmemenge derjenigen Heizkörper zu setzen, deren gesammte Wassermenge durch die betreffende Rohrleitung zu- oder abgeleitet wird,

t' bezw. t'' die für alle Heizkörper gleich gross anzunehmende Temperatur des Wassers vor bezw. nach der Wärmeabgabe einzuführen.

Betrachtet man Gleichung 6, 7, 8 u. s. f., so erkennt man, dass die Geschwindigkeit und der Rohrdurchmesser einer jeden Theilstrecke in einem bestimmten Verhältniss zu einander stehen müssen, wählt man die erste, so ist der letzte bestimmt und umgekehrt; aus Gleichung 3, 4, 5 u. s. f. geht aber hervor, dass diesen Gleichungen je nach Wahl der verschiedenen Geschwindigkeiten bezw. Rohrdurchmesser durch unendlich viele Fälle, innerhalb der praktischen Verwerthbarkeit aber durch eine sehr grosse Anzahl verschiedener Fälle Genüge geschehen kann. Hieraus ersieht man, dass die Durchmesser des Rohrnetzes ein- und derselben Warmwasserheizung unbeschadet des Effekts sehr verschieden bemessen sein können.

Es ist gesagt worden, dass die Temperaturen t' und t'' für alle Heizkörper einer Anlage gleich gross angenommen werden sollen. Bei der Anordnung nach Fig. 1—3 ist t' unbedingt für alle Heizkörper gleich gross, sofern man von der Abkühlung des Wassers in der Rohrleitung absieht, die durch geeignete Schutzmittel jederzeit auf ein geringes Maass zu beschränken ist. t'' dagegen könnte verschieden gross angenommen werden, nur müssten dann die Wärmeflächen zur Abgabe von W entsprechende Grösse erhalten. Die Berechnung der Anlage würde sich dann aber sehr umständlich gestalten und da auch kein praktischer Grund dafür spricht, für den einen Heizkörper ein grosses, für den anderen ein kleines t'' anzunehmen, so ist der obige Vorschlag gerechtfertigt. Nur für den Fall, dass eine Anordnung der Rohrleitung gewählt wird, bei welcher ein Heizkörper als Zuwasser das Abwasser eines anderen erhält, ist selbstverständlich für den letzteren mindestens ein anderes t' vorhanden, das aber nicht mehr angenommen werden kann, sondern der Berechnung unterliegt. Anlagen, bei welchen diese Anordnung zur Ersparniss von Fallsträngen durchgeführt wird, finden indessen berechtigterweise nur noch selten Anwendung, so dass deren Behandlung hier umgangen werden kann. Dagegen ist die erwähnte Anordnung in Verbindung mit den besprochenen Ausführungen der Wasserheizung nicht zu umgehen, wenn einzelne Räume an die Heizung angeschlossen werden sollen, in welchen die Heizkörper eine tiefere Lage als der Kessel erhalten müssen. In diesen Fällen wird durch diese Heizkörper das Abwasser über dem Kessel gelegener Heizkörper hindurchgeleitet.

In der Regel wird man alsdann zur Vermeidung von Unregelmässigkeiten auf eine Ausschaltung der unteren Heizkörper verzichten und den Betrieb derselben von demjenigen der oberen abhängig machen. In Fig. 4 ist die alsdann zu befolgende Anordnung gegeben. Damit sich die Berechnung möglichst einfach gestaltet und die unteren Heizkörper 1^a und 2^a nicht zu gross gemacht werden müssen, ist die Temperatur t'' des Abwassers der verschiedenen Fallstränge wieder gleich gross anzunehmen; in Folge dessen muss die Temperatur des Abwassers der unteren Heizkörper ebenfalls t'', der oberen Heizkörper 1^b und 2^b jedoch grösser als t'' sein. Die Bestimmung dieser Temperatur ist zunächst erforderlich.

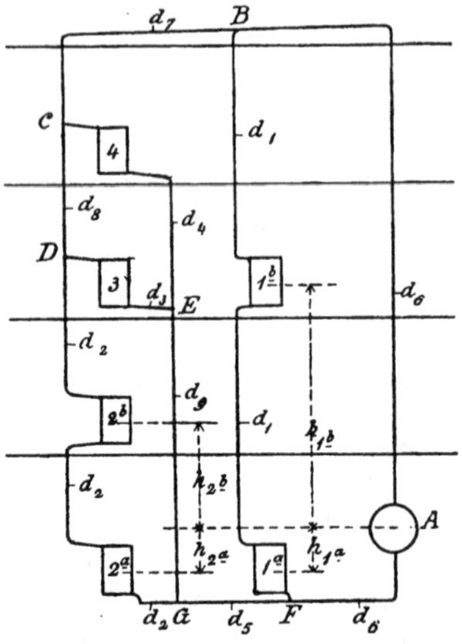

Fig. 4.

Die Wassermenge, die durch Heizkörper 1^a fliesst, ist dieselbe, die Heizkörper 1^b durchströmt. Nimmt man für den Fallstrang BF den gleichen Durchmesser d_1, also auch die gleiche Geschwindigkeit v_1 an, dann muss nach Gleichung 1 für den Heizkörper 1^a:

$$v_1 = \frac{W_{1^a}}{10\,000} \cdot \frac{1}{275{,}67\, d_1^2\, (t_1'' - t'')}, \tag{9}$$

für den Heizkörper 1^b

$$v_1 = \frac{W_{1^b}}{10000} \cdot \frac{1}{275{,}67\, d_1^2\, (t' - t_1'')} \tag{10}$$

sein, wenn die Austrittstemperatur des Wassers aus Heizkörper 1^b gleich der Eintrittstemperatur desselben in den Heizkörper 1^a mit t_1'' bezeichnet wird. Aus den beiden Gleichungen folgt:

$$\frac{W_{1^a}}{t_1'' - t''} = \frac{W_{1^b}}{t' - t_1''} \text{ mithin:}$$

$$t_1'' = \frac{W_{1^a}\, t' + W_{1^b}\, t''}{W_{1^a} + W_{1^b}} \tag{11}$$

Dieselbe Gleichungsform gilt für Heizkörper 2^a und 2^b und lautet somit:

$$t_1'' = \frac{W_{2^a}\, t' + W_{2^b}\, t''}{W_{2^a} + W_{2^b}} \tag{12}$$

Da der Werth von a, mit welchem die wirksame Druckhöhe jedes Heizkörpers zu bilden ist, von der Ein- und Austrittstemperatur des Wassers abhängt, so sind für die Heizkörper 1^a, 1^b, 2^a und 2^b nunmehr die entsprechenden Werthe von a — sie mögen mit a_{1^a} a_{1^b}, und a_{2^a} und a_{2^b} bezeichnet werden — in die Rechnung einzuführen. Die wirksamen Druckhöhen der Heizkörper 1^a, 1^b, 2^a und 2^b sind also $a_{1^a}\, h_{1^a}$, $a_{1^b}\, h_{1^b}$, $a_{2^a}\, h_{2^a}$, $a_{2^b}\, h_{2^b}$ von denen die erste und dritte negativ in Rechnung zu setzen sind. Die Heizflächen der Heizkörper 1^a und 2^a sind für die Temperaturdifferenz $t_1'' - t''$, die der Heizkörper 1^b und 2^b für $t' - t_1''$ zu bestimmen.

Der Stromkreis der Heizkörper 1^a und 1^b ist: $B\,1^b\,1^a\,F\,A\,B$ oder wieder kurz in den Durchmessern der Theilstrecken ausgedrückt: d_1 und d_5, der

Stromkreis der Heizkörper 2^a und 2^b dagegen: $D 2^b\ 2^a\ G F A B C D$ oder d_2, d_5, d_6, d_7, d_8.

Die Gleichung für die Widerstandshöhen, wenn der Ausdruck $\left(\frac{\varrho}{d} l + \Sigma \zeta\right)$ wieder mit H bezeichnet wird, lautet für:

Heizkörper 1^a und 1^b:

$$a_{1^b} h_{1^b} - a_{1^a} h_{1^a} = v_1^2 H_1 + v_6^2 H_6 \tag{13}$$

Heizkörper 2^a und 2^b:

$$a_{2^b} h_{2^b} - a_{2^a} h_{2^a} = v_2^2 H_2 + v_5^2 H_5 + v_6^2 H_6 + v_7^2 H_7 + v_8^2 H_8 \tag{14}$$

Aus der Gleichung 1 folgt bei Niederdruck weiter für die Theilstrecke 1

$$v_1 = \frac{W_{1^a} + W_{1^b}}{10\,000} \; \frac{1}{275{,}67\, d_1^2 (t' - t'')}$$

und entsprechend für die Theilstrecke 2:

$$v_2 = \frac{W_{2^a} + W_{2^b}}{10\,000} \; \frac{1}{275{,}67\, d_2^2 (t' - t'')}.$$

II. Praktische Anwendung.

Die im I. Abschnitt gegebene Theorie zeigt von der vom Verfasser im Gesundheits-Ingenieur, Jahrgang 1891, No. 1 und 2 mitgetheilten nur in der Darstellung eine geringe Abweichung, bei der nunmehr zu behandelnden praktischen Anwendung dagegen trennt sich der Weg, welcher früher zur Lösung der Gleichungen empfohlen worden ist. Die neue Art der Behandlung ist nicht nur einfacher und bequemer, sondern auch in Folge des Wegfalls einer ideellen Zerlegung von Fallsträngen wesentlich genauer.

Für den richtigen Gang einer Warmwasserheizung muss gemäss Gleichung 3, 4 u. s. f. die Summe der Widerstandshöhen aller Theilstrecken eines Stromkreises immer gleich der wirksamen Druckhöhe des zu dem Stromkreise gehörigen Heizkörpers sein, mithin kann man die Rohrdurchmesser (oder Geschwindigkeiten) sämmtlicher Theilstrecken zunächst eines Stromkreises, alsdann nach einander diejenigen der noch nicht bestimmten Theilstrecken der anderen Stromkreise annehmen, nur muss die Wahl eine derartige sein, dass eben die Summe der sich dann für jeden Stromkreis ergebenden Widerstandshöhen gleich ist der wirksamen Druckhöhe des zu dem betreffenden Stromkreise gehörigen Heizkörpers. Es darf als selbstverständlich gelten, dass ohne einen weiteren Anhalt zu besitzen eine derartige richtige Wahl an erster Stelle nie glücken wird, und dass man daher gezwungen ist, probeweise recht oft eine andere Wahl zu treffen. Diese Wahl braucht sich allerdings für den Stromkreis, sofern man der Uebereinstimmung von wirksamer Druckhöhe und Summe der Widerstandshöhen durch fortgesetzte probeweise Annahme immer näher gekommen ist, auf eine immer geringere Anzahl Durchmesser zu erstrecken, bis man endlich die noch übrig bleibende kleine

Differenz durch die andere Wahl des Durchmessers nur einer Theilstrecke zum Ausgleich bringen kann.

Man ersieht also, dass das Verfahren um so weniger Mühe und Arbeit verursacht, je richtiger die erste Wahl der Durchmesser aller Theilstrecken erfolgt, dass aber dasselbe nur dann zu empfehlen ist, wenn es ein Mittel gibt, die erste Wahl so treffen zu können, dass die Uebereinstimmung der wirksamen Druckhöhe *(ah)* mit der Summe der Widerstandshöhen $\left(\Sigma\left\{\frac{v^2}{2g}\left(\frac{\varrho}{d}\,l+\Sigma\zeta\right)\right\}\right)$ bei allen Stromkreisen schon nahezu erreicht wird, und wenn es ferner möglich ist, das letzte Richtigstellen eines oder doch nur weniger Durchmesser ohne nennenswerthen Aufwand von Zeit und rechnerischer Arbeit bewirken zu können.

Mit einer gewöhnlichen Faustregel für die erstmalige Bestimmung aller Durchmesser würde man nur selten das gewünschte Ziel erreichen, da eine Faustregel unmöglich annähernd allen vorkommenden Fällen der Ausdehnung und Anordnung einer Warmwasserheizung gerecht werden kann. Es ist also nur dann möglich, den angedeuteten Weg einzuschlagen, wenn man für alle möglichen in der Praxis vorkommenden Fälle besondere Faustregeln aufstellt, die bei der Anwendung Werthe liefern, welche sich von der Wahrheit nicht zu weit entfernen. Von Einfluss für die Aufstellung dieser Faustregeln wird sowohl die horizontale und vertikale Ausdehnung der Anlage, als auch die Entfernung der Mitte der untersten Heizkörper von der Mitte des Kessels sein. Bei den senkrechten Fallsträngen wird es ferner darauf ankommen, die Rohrdurchmesser derartig zu erhalten, dass sie einestheils nicht zu klein sich ergeben, damit die Durchmesser der Vertheilungs- und Sammelleitung möglichst gering ausfallen, anderntheils aber nicht zu weit werden, damit das Unterbringen in Mauerschlitzen und die Anwendung nicht zu grosser Absperrventile für die Heizkörper möglich ist. Bei der Vertheilungs- und Sammelleitung dagegen wird man darauf achten müssen, dass die Geschwindigkeit des Wassers nach dem Kessel zu wächst, damit die weitesten Rohre der Anlage, da der Preis schneller als der Durchmesser zunimmt, nicht zu theuer werden. In der Praxis sind zwei Fälle zu unterscheiden: Anschlag und Ausführung. Für den Anschlag ist es erwünscht, nur ganz kurze Zeit auf denselben verwenden zu müssen, d. h. die Rohrweiten lediglich Tabellen entnehmen zu können, der Ausführung dagegen wird etwas mehr Zeit für die Berechnung zuzusprechen sein, immerhin soll auch diese sich auf ein möglichst geringes Maass beschränken.

Unter Berücksichtigung aller dieser Umstände hat der Verfasser nun einestheils Faustregeln aufgestellt und in Tabellenform gebracht, nach welchen die erste Annahme der Durchmesser für den Anschlag und zum Theil auch die endgiltige Annahme für die Ausführung erfolgen kann, anderntheils Tabellen ausgearbeitet, mit welchen die erforderliche Nachrechnung der angenommenen Durchmesser für die Ausführung ohne bedeutenden Zeitaufwand zu bewirken ist. Es darf, weil nebensächlich, hier übergangen werden, welche Einzelannahmen den ersten Tabellen zu Grunde gelegt worden sind, da die praktische Anwendung unter allen Umständen die Brauchbarkeit derselben erweisen muss, nur das innere Wesen der Tabellen und die Benutzung derselben sind einer Besprechung zu unterziehen.

A. Annahme der Rohrweiten.

Für die Annahme der Rohrweiten dienen die Tabellen Seite 2—81. Dieselben sind nur für Niederdruck-Warmwasserheizung gültig und zerfallen in zwei Hauptabtheilungen Seite 2—41 und 42—81, von denen den ersten eine Temperaturdifferenz von $t' - t'' = 20^{0}$, den zweiten eine solche von $t' - t'' = 15^{0}$ zu Grunde liegt.

Jede der beiden Hauptabtheilungen zerlegt sich wieder zunächst in zwei weitere Abtheilungen, d. h. in eine für Gebäude bei gewöhnlicher Stockwerkshöhe bis zu etwa drei Stockwerken und in eine für solche über drei Stockwerke. Ausgedrückt wird dies durch die Ueberschriften: »Senkrechter Abstand des Kessels vom höchstgelegenen Heizkörper der Anlage bis zu 12 m« und desgleichen »über 12 m«. Die Zahl 12 ist nur als ungefähre Grenze anzusehen, sollte bei drei Stockwerken der betreffende Abstand etwas mehr betragen, so kann ebenfalls noch die erste Abtheilung Benutzung finden. Endlich zerfallen diese letzten Abtheilungen nochmals in zwei Theile, der erste enthält die Rohrweiten für »A. Hauptleitung (Vertheilungs- und Sammelleitung)«, die zweite für »B. Heizkörperanschlüsse.« Aus den letzten bestimmen sich dann auch die Rohrweiten der Fallstränge.

Ueber die Tabellen »A. Hauptleitung« ist zu bemerken, dass unter dem Begriff »Hauptleitung« nach Fig. 3 die Leitung *DEFABC* verstanden werden soll. Streng genommen gehört entweder *BC* und *DE* nicht zu derselben oder es gehören zu ihr auch die Strecken *BJ*, *HE* und *MF* und in der That lassen sich die letztgenannten Strecken auch mit Hülfe dieser Tabellen bestimmen. Es soll jedoch aus Gründen der einfacheren Behandlung unter »Hauptleitung« wie angegeben die Vertheilungsleitung vom Kessel bis zum obersten Heizkörper des vom Kessel am entferntesten gelegenen Fallstrangs und die Sammelleitung vom untersten Heizkörper desselben Fallstrangs bis zum Kessel verstanden werden, während die von dieser Leitung abzweigenden oder in dieselbe einmündenden Stränge als »Fallstränge« angesehen werden sollen und mit Hülfe der nächsten Tabellen »B. Heizkörperanschlüsse« zu bestimmen sind. Besitzt die Anlage mehrere Hauptleitungen, z. B. wenn der Kessel nicht am Ende der Anlage, sondern mehr in der Mitte derselben liegt, und nach verschiedenen Seiten Hauptleitungen abzweigen, so sind diese getrennt von einander zu behandeln. Die horizontal ausgedehnteste Hauptleitung wird zunächst behandelt, alsdann die kürzeren. Die gemeinsamen Theilstrecken mehrerer Hauptleitungen werden somit stets durch die ausgedehnteste bestimmt. Würde also z. B. in Fig. 3 noch nach links eine kürzere Hauptleitung sich abzweigen, das Steigerohr und ein Sammelrohr aber mit der rechten Hauptleitung gemeinsam sein, so wäre zunächst die rechte Hauptleitung zu dimensioniren, alsdann die linke. Für die letzte wäre dann das gemeinsame Steigerohr und Sammelrohr bereits bestimmt, die Durchmesser der übrigen Theilstrecken aber müssten so gewählt werden, als ob die rechte Seite gar nicht vorhanden wäre.

Für die Wahl der Einzeltabellen zur Bestimmung der Hauptleitungen ist jederzeit der tiefste, d. h. der im untersten Stockwerk gelegene (aber über dem Kessel befindliche) zu der betreffenden Hauptleitung gehörige Heizkörper maassgebend, auch wenn derselbe nicht dem lezten Fallstrang angehört. In Fig. 3 ist also die senkrechte Entfernung des Heizkörpers 1 maassgebend, würde indessen derselbe nicht vorhanden sein, so würde trotzdem die gleiche Tabelle benutzt werden müssen, weil die Heizkörper 4 und 5 dieselbe Höhenlage besitzen. Ferner ist für die Wahl der Einzeltabellen die horizontale Ausdehnung der zu bestimmenden Hauptleitung, d. h. also die horizontale Entfernung des Kessels vom letzten Fallstrang der Hauptleitung (in der Tabelle mit E bezeichnet) zu berücksichtigen. Als grösste horizontale Ausdehnung sind 100 m angenommen worden, was wohl in der Praxis ausreichen wird, doch können bei etwas grösserer Ausdehnung bis etwa 115 m die Tabellen ebenfalls noch Verwendung finden.

Ueber den Gebrauch der Tabellen kann ein Zweifel nicht bestehen. Würde z. B. in Fig. 3: $t' - t'' = 20^{\circ}$, der senkrechte Abstand des höchstgelegenen Heizkörpers der Anlage vom Kessel 10 m, die horizontale Entfernung des Kessels vom letzten Fallstrang E = 40 m, die senkrechte Entfernung der Mitte des tiefstgelegenen Heizkörpers von der Mitte des Kessels 2 m, die Wärmeabgabe der Heizkörper 1 und 2 im Ganzen 8000 WE, der Heizkörper 3, 6 und 7 im Ganzen 14000 WE, der Heizkörper 4 und 5 im Ganzen 7000 WE betragen, so müsste die Tabelle b auf Seite 2 und 3 benutzt werden. Für 2 m Abstand des Heizkörpers 1 ist alsdann bei 8000 WE der Theilstrecke DE ein Durchmesser von 0,051 m zu geben, da ein Rohr von 0,045 m Durchmesser nur 5900 WE zu fördern vermag. Auf die Theilstrecke EF kommen 8000 + 14 000 = 22 000 WE, der Rohrdurchmesser muss daher nach derselben Horizontalreihe dieser Tabelle 0,075 m betragen; auf die Theilstrecke FAB kommen 8000 + 14 000 + 7000 = 29000 WE, folglich kann ein Durchmesser von 0,082 m gewählt werden, da 29 000 sehr nahe der in der Tabelle enthaltenen Angabe von 28 600 liegt. Mit Letzterem soll gesagt werden, dass man, falls die geforderten Wärmeeinheiten in der Tabelle nicht genau enthalten sind, meist den der nächst höheren Zahl zukommenden Durchmesser zu nehmen hat, bei nicht sehr bedeutenden Abweichungen aber ohne Bedenken den nach der Tabelle etwas zu kleinen Durchmesser wählen kann. Der Ausgleich der verschieden gewählten Durchmesser findet durch die Dimensionirung der Fallstränge statt. Die nach den Tabellen anzunehmenden Durchmesser der Hauptleitungen können als endgültige angesehen werden, d. h. die gewählten Maasse können zwar, aber brauchen nicht für die Ausführung einer Aenderung zu unterliegen.

Die Tabellen »B Heizkörperanschlüsse« dienen zur Annahme der Durchmesser der übrigen Rohrleitungen. Für jeden Fallstrang einer Anlage und die zu demselben gehörigen Heizkörperanschlüsse ist zunächst die betreffende Sondertabelle zu wählen. Die Wahl richtet sich nach dem vom Kessel aus gerechneten niedrigst gelegenen Heizkörper des zu berechnenden Fallstrangs. Jede dieser Tabellen enthält zunächst 4 Spalten, deren Wahl für den betreffenden Fallstrang vorerst zu bestimmen ist. Da E die horizontale Entfernung des letzten Fallstrangs vom Kessel gemessen im Laufe der Rohrleitung bedeutet, so ist für diesen jederzeit die erste Spalte zu wählen, für den um 25 bis 50 m näher dem Kessel liegenden Fallstrang die zweite Spalte u. s. f. Ist also z. B. E für eine Anlage 50 m, für eine andere 80 m und liegt bei beiden alle 8 m weiter nach dem Kessel zu gerechnet je ein Fallstrang, hat also die erste Anlage 6, die letzte 10 Fallstränge, so würde bei beiden Anlagen für die letzten 4 Fallstränge, da dieselben die Entfernung von 24 m umfassen, die Spalte 1, alsdann für den 5. und 6. Fallstrang der ersten Anlage, sowie für den 5., 6. und 7. Fallstrang der zweiten Anlage, da diese in einer Entfernung von über 25 m aber unter 50 m vom letzten Fallstrang entfernt liegen, Spalte 2, für den 8., 9. und 10. Fallstrang der zweiten Anlage Spalte 3 zu benutzen sein. Sind bei einer Anlage mehrere Hauptleitungen vorhanden, so ist dieselbe anzusehen, als ob sie aus Vereinigung mehrerer Anlagen entstanden wäre, d. h. es ist für die Fallstränge einer jeden Hauptleitung ein anderes E und zwar dasjenige einzuführen, welches der horizontalen Entfernung (gemessen im Laufe der Rohrleitung) des vom Kessel am entferntesten gelegenen Fallstrangs der betreffenden Hauptleitung entspricht. Zweigt also vom Kessel eine Hauptleitung nach rechts mit 80 m und eine solche nach links mit 50 m horizontaler Ausdehnung ab, so ist für die erste E = 80, für die zweite E = 50 zu setzen und genau so zu verfahren, als ob, wie beispielsweise oben angeführt, zwei getrennte Anlagen vorhanden wären. Zunächst sind die einzelnen Heizkörperanschlüsse der Fallstränge zu bestimmen, also ist in der betreffenden Spalte die Höhenlage der einzelnen an dem Strang liegenden Heizkörper aufzusuchen und nach Maassgabe der von ihnen abzugebenden Wärmemenge der Rohrdurchmesser abzulesen. Mit dem letzten Fallstrang einer jeden Hauptleitung ist hierbei zu beginnen und alsdann zu den weiter vorgelegenen überzugehen.

Würde also in Fig. 3 der letzte Fallstrang vom Kessel 40 m abliegen, Heizkörper 1 : 3500, Heizkörper 2 : 4500, Heizkörper 3 : 5500 WE abzugeben haben und $h_1 = 2$ m, $h_2 = 10$ m, $h_3 = 6$ m betragen, so müsste bei $t' - t'' = 20^0$ die Tabelle k und in dieser Spalte 1 gewählt werden, und würden sich die Heizkörperanschlüsse für Heizkörper 1 : $d_1 = 0{,}032$ m, für Heizkörper 2 : $d_2 = 0{,}019$ m, für Heizkörper 3 : $d_3 = 0{,}019$ m ergeben.

Die **Rohrweiten der Fallstränge** findet man durch Addition der Querschnitte der betreffenden Heizkörperanschlüsse. Für den letzten Fallstrang in Fig. 3 würde nur noch d_{12} unbestimmt sein; durch diese Theilstrecke fliesst das Wasser von d_3 und d_1, also ist der Querschnitt bei den obigen Annahmen zu machen: 804 + 284 = 1088 qmm. Da dieser Querschnitt keinem Handelsmaass entspricht, so muss dafür der nächst liegende Querschnitt, also 1134 qmm, d. h. $d_{12} = 0{,}038$ m gewählt werden.

B. Nachrechnung der angenommenen Rohrweiten.

(Für die Ausführung.)

Für die Nachrechnung der angenommenen Rohrweiten dienen die Tabellen auf Seite 83 bis 131.

Die Tabelle auf Seite 83 enthält die Werthe von $a = \frac{\gamma' - \gamma''}{\frac{\gamma' + \gamma''}{2}}$, für verschiedene Werthe von t' und t''. Da t' und t'' bei einer Anlage für alle Heizkörper gleich gross angenommen werden kann, so bleibt auch der Werth von a für alle Heizkörper derselbe. Eine Ausnahme tritt **nur** in dem seltenen Falle ein, dass ein Heizkörper **tiefer** als der Kessel Aufstellung finden muss — hierüber siehe Seite XII. Da alsdann die angeführte Tabelle nicht ausreichen wird, so muss mit Hülfe des Ausdruckes von a dieses berechnet werden. Zu diesem Zwecke finden sich auf Seite 83 ausser den berechneten Werthen von a noch die Werthe der Dichtigkeit (γ) des Wassers für die verschiedenen Temperaturen von 50^0 bis 100^0 angegeben.

Die Tabellen auf Seite 84 bis 131 dienen zur Bestimmung der Geschwindigkeits- und Widerstandshöhen und der möglichen stündlich zu fördernden Wärmemenge; sie sind in folgender Weise entstanden.

Die Gleichung 1 für die erforderliche Geschwindigkeit lautete bei Niederdruck:

$$v = \frac{W}{10000} \; \frac{1}{275{,}67 \, d^2 (t'-t'')}$$

Gleichung 2 dagegen allgemein:

$$ah = \frac{v^2}{2g} \left(\frac{\varrho}{d} l + \Sigma\zeta\right)$$

Die letzte Gleichung lässt sich schreiben:

$$ah = \frac{v^2}{2g} \frac{\varrho}{d} l + \frac{v^2}{2g} \Sigma\zeta$$

Auf der linken Seite der Tabellen stehen die Werthe von $\frac{v^2}{2g}\Sigma\zeta$ für die in der Praxis vorkommenden Werthe von v und für ζ von 0,5 bis 5. Ist ζ grösser als 5, z. B. 7, so kann der Werth von $\frac{v^2}{2g}\Sigma\zeta$ durch Addition der Werthe von $\frac{v^2}{2g}\Sigma\zeta$ für $\zeta = 2$ und $\zeta = 5$ bestimmt werden.

Die rechten Seiten der Tabellen enthalten unter den mit I bezeichneten Zahlen für die verschiedenen Wassergeschwindigkeiten der Werthe von $\frac{v^2}{2g} \frac{\varrho}{d}$, d. h. also für $l = 1$; für $l = n$ sind mithin die betreffenden Zahlen noch mit n zu multipliciren. Zur Bestimmung der wirksamen Druckhöhe, welche zur Erreichung einer bestimmten Geschwindigkeit zur Verfügung stehen muss, ist also eine Multiplikation und in der Regel nur eine Addition erforderlich. Dieser Theil der Tabellen gilt allgemein, also auch für Mitteldruck.

Aus der Gleichung 1 für die erforderliche Geschwindigkeit folgt:

$$W = 10000 \cdot v \cdot 275{,}67 \, d^2 (t'-t'')$$

und ersieht man, dass einem gegebenen Durchmesser, einem gegebenen $t'-t''$ und einem gegebenen v ein bestimmtes W entsprechen muss. Die auf den rechten Seiten der Tabellen unter II und III befindlichen Zahlen geben daher für $t'-t'' = 20^0$ und $t'-t'' = 15^0$ für die verschiedenen Geschwindigkeiten und Durchmesser die noch möglichen zu fördernden Wärmemengen an. Ist $t'-t''$ < 15 und > 20, so lassen sich die Tabellen dennoch benützen, da man nur nöthig hat, bei z. B. 30^0 die Werthe von W für $t'-t'' = 15^0$ mit 2 zu multipliciren.

Die Nachrechnung der angenommenen Rohrweiten, also die genaue Feststellung derselben für die Ausführung, gestaltet sich nun wie folgt. Zunächst sind die Längen und einmaligen Widerstände der einzelnen Theilstrecken nach Maassgabe des Entwurfes festzustellen und der Werth von a, entsprechend der Temperaturen t' und t'' der Tabelle, Seite 83, zu entnehmen. Alsdann sind für jede Theilstrecke der Hauptleitungen mit Hülfe der Tabellen auf Seite 84 bis 131 die Geschwindigkeits- und Widerstandshöhen $\left(\frac{v^2}{2g}\left(\frac{\varrho}{d} l + \Sigma\zeta\right)\right)$ in der angegebenen Weise zu bestimmen. Hieran schliesst sich die Durchrechnung des Stromkreises eines jeden Heizkörpers, wobei mit demjenigen des untersten Heizkörpers des letzten Fallstrangs einer jeden Hauptleitung zu beginnen ist. Die Durchrechnung hat in der Weise zu erfolgen, dass für jede noch nicht erledigte Theilstrecke des Stromkreises die Geschwindigkeits- und Widerstandshöhe mit Hülfe der Tabellen Seite 84 bis 131 zu bestimmen, alsdann die Summe der Geschwindigkeits- und Widerstandshöhen sämmtlicher Theilstrecken des Stromkreises zu bilden und zu untersuchen ist, ob sich dieselbe grösser oder kleiner als die wirksame Druckhöhe ah gestaltet, welche durch Multiplikation von a mit dem senkrechten Abstand von der Mitte des zu dem Stromkreise gehörigen Heizkörpers bis Mitte Kessel gewonnen wird. Ist ah grösser, so kann ein Rohrdurchmesser entsprechend kleiner, ist ah kleiner, so muss ein Rohrdurchmesser grösser gemacht werden. Es hat also dann eine Aenderung des Rohrdurchmessers einer Theilstrecke einzutreten — welcher Theilstrecke ist nahezu gleichgültig. Am einfachsten ist es, den Rohrdurchmesser der Fallstränge zu ändern, es kann die Aenderung aber auch in der Hauptleitung oder in den Heizkörperanschlüssen erfolgen, wie es dem Praktiker am dienlichsten erscheint. Die Hauptleitung empfiehlt sich nur dann zu ändern, wenn verhältnissmässig kleine Heizkörper vorhanden sind, bezw. zu enge Anschlüsse und Fallstränge sich ergeben sollten. ah darf niemals kleiner, kann aber etwas grösser als die Summe der Geschwindigkeits- und Widerstandshöhen sein, und da man immer nur mit Handelsmaassen zu rechnen hat, so wird fast stets ah etwas grösser belassen werden müssen. Es ist dies ein Sicherheitszuschlag, der bis etwa 10 % zweckmässig ist, da ja kleine Rohrverengungen u. s. f. vorhanden sein können, von denen man keine Kenntniss besitzt. Man wird also vor zu kleinen, aber gleichzeitig vor unnöthig grossen Querschnitten bewahrt, die mitunter ebenso schädlich für den Gang der Anlage sein können, als zu kleine Querschnitte.

Ist der Stromkreis des untersten Heizkörpers vom letzten Fallstrang erledigt, so ist zum Stromkreise des höher liegenden Heizkörpers überzugehen und die Theilstrecken in derselben Weise zu behandeln. Natürlich sind die dem ersten und zweiten Stromkreise gemeinsam zukommenden Theilstrecken, wie bereits angenommen, beizubehalten, so dass für die weiteren Stromkreise immer weniger Theilstrecken zur Bestimmung übrig bleiben. Am besten ist es, für die ganze Rechnung, wie bei einer Transmissionsberechnung, die Schemaform zu wählen, so dass auch später, oder wenn während der Ausführung der Anlage Aenderungen erfolgen sollen, eine schnelle Nachrechnung ermöglicht wird.

Zur praktischen Darlegung alles bisher Gesagten mögen nun ein Paar Beispiele folgen. Das erste behandelt eine einfache Anordnung, das zweite ist aber scheinbar so schwierig gewählt, dass es mit den bisherigen Rechnungsweisen nicht lösbar scheint, mit der besprochenen aber genau so einfach zu berechnen ist, als das erste. Um den Kopf des Schemas möglichst knapp zu gestalten, mögen folgende Bezeichnungen Platz greifen.

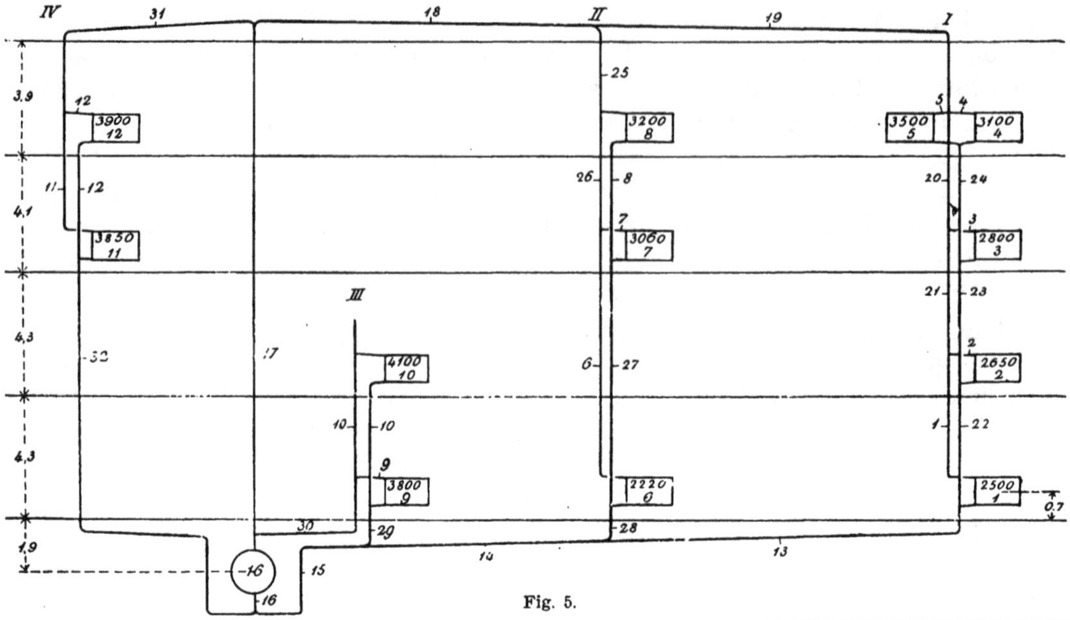

Fig. 5.

			Annahme der Rohrweiten			Berechnung der Rohrweiten						
								Für d_a		Für d_g		
Rltg.	h'	Thstr.	W	h und ah	d_a	l	$\Sigma\zeta$	$\frac{v^2}{2g}\frac{\varrho}{d}l$ und $\frac{v^2}{2g}\Sigma\zeta$	$\frac{v^2}{2g}\left(\frac{\varrho}{d}l+\Sigma\zeta\right)$	d_g	$\frac{v^2}{2g}\frac{\varrho}{d}l$ und $\frac{v^2}{2g}\Sigma\zeta$	$\frac{v^2}{2g}\left(\frac{\varrho}{d}l+\Sigma\zeta\right)$
1	2	3	4	5	6	7	8	9	10	11	12	13
Hauptleitg. rechts	2,6	13	14 550	—	0,069	22	2,5	0,003102 0,000458	0,003560	—	—	—
		14	23 010	—	0,075	18	0	0,003348 0,0	0,003348	—	—	—
		15	30 910	—	0,088	8	1	0,001280 0,000286	0,001566	—	—	—
		16	38 660	—	0,094	2,2	1,5	0,000367 0,000489	0,000856	—	—	—
		17	30 760	—	0,088	19	0,5	0,003040 0,000143	0,003183	—	—	—
		18	23 010	—	0,075	26	0,5	0,004836 0,000143	0,004979	—	—	—
		19	14 550	—	0,069	23	1,5	0,003243 0,000275	0,003518	—	—	—
links	11,2	31	7 750	—	0,032	19	2	0,023522 0,001998	0,025520	—	—	—
		32	7 750	—	0,032	27	3	0,033426 0,002997	0,036423	—	—	—
Heizkörp.-anschlüsse und Fallstränge												
Fallstrang I	2,6	1	2 500	2,6 0,03198	0,032	5	4	0,000955 0,000412	0,000136	0,025	0,002805 0,001144	0,003949
		2	2 650	6,9 0,08487	0,019	3	4,5	0,005874 0,004176	0,010050	—	—	—
		3	2 800	11,2 0,13876	0,019	3	4,5	0,006573 0,004820	0,011393	0,013	0,034488 0,021396	0,055844

Spalte 1: Art der Rohrleitung: *Rltg.*
» 2: Entfernung von Mitte des untersten Heizkörpers bis Mitte Kessel: h'.
» 3: Theilstrecke: *Thstr.*
» 4: Wärmemenge: W.
» 5: Entfernung von Mitte Heizkörper bis Mitte Kessel: h.
Wirksame Druckhöhe des Heizkörpers: ah.
» 6: Angenommene Rohrweite: d_a.
» 7: Länge der Theilstrecke: l.
» 8: Summe der einmaligen Widerstände der Theilstrecke: $\Sigma\zeta$.
» 11: Geänderte Rohrweite: d_g.

1. Beispiel:

Die Anordnung der Anlage geht aus Fig. 5 hervor.

$t' = 85^0$, $t'' = 65^0$, $t'-t'' = 20^0$.

a nach Tabelle Seite 83 = 0,0123.

Senkrechter Abstand des Kessels vom höchstgelegenen Heizkörper der Anlage $>$ 12 m.

Rechnung und Bemerkungen.

A. Annahme der Rohrweiten.

Hauptleitungen.

2 Hauptleitungen vorhanden, je eine rechts und links vom Kessel gelegen. Für die längere (rechts gelegene), mit welcher bei der Annahme der Rohrweiten zu beginnen ist, beträgt E mehr als 25 m, weniger als 50 m, daher Tabelle b, Seite 22 zu benützen, für die kürzere (links gelegene) beträgt E weniger als 25 m, daher Tabelle a, Seite 22 zu benützen. Die Entfernung von Mitte des untersten Heizkörpers bis Mitte Kessel ist bei der rechts gelegenen Hauptleitung 2,6 m, bei der links gelegenen 11,2 m, daher in den genannten Tabellen, da 2,6 m bezw. 11,2 m in denselben nicht enthalten sind, die Horizontalspalten für 2,5 m bezw. 10 m zu benützen. Die den beiden Hauptleitungen gemeinsamen Theilstrecken werden durch die längere (rechts gelegene) bestimmt.

Heizkörperanschlüsse und Fallstränge.

Zunächst sind die Anschlüsse der zu jedem Fallstrang gehörenden Heizkörper zu bestimmen, die Wahl der betreffenden Tabelle ist von der senkrechten Entfernung der Mitte des untersten Heizkörpers von Mitte Kessel abhängig. So bestimmen sich z. B. die Anschlüsse bei Fallstrang I nach Tabelle l, Seite 36 und mit Hilfe der Spalte (E) bis (E-25), bei Fallstrang II in gleicher Weise, da der Fallstrang nur etwa 20 m dem Kessel näher liegt, bei Fallstrang III nach derselben Tabelle mit Hilfe der Spalte (E-25) bis (E-50), da der Fallstrang um 38 m dem Kessel näher liegt. Die Addition der Querschnitte der Heizkörperanschlüsse ergibt die Querschnitte und somit die Durchmesser der entsprechenden Theilstrecken der Fallstränge. Z. B. kommt der Theilstrecke 20 die Wasserführung von Heizkörper 1, 2 und 3 zu, also addiren sich die betreffenden Querschnitte mit $804 + 284 + 284 = 1372$ qmm, somit das nächst grössere Handelsmaass, d. h. $d_{20} = 0{,}045$ m zu wählen.

Annahme der Rohrweiten						Berechnung der Rohrweiten						
								Für d_a		Für d_g		
Rltg.	h'	Thstr.	W	h und ah	d_a	l	$\Sigma\zeta$	$\frac{v^2}{2g}\frac{\varrho}{d}l$ und $\frac{v^2}{2g}\Sigma\zeta$	$\frac{v^2}{2g}\frac{\varrho}{d}l+\Sigma\zeta$	d_g	$\frac{v^2}{2g}\frac{\varrho}{d}l$ und $\frac{v^2}{2g}\Sigma\zeta$	$\frac{v^2}{2g}\left(\frac{\varrho}{d}l+\Sigma\zeta\right)$
1	2	3	4	5	6	7	8	9	10	11	12	13
		4	3 100	15,3 0,18819	0,019	7,5	4	0,019598 0,005216	0,024814	—	—	—
		5	3 500	15,3 0,18819	0,019	5	3,5	0,015940 0,005775	0,021715	–	—	—
		20	7 950	—	0,045	4,2	0	0,001310 0,0	0,001310	0,038	0,002503 0,0	0,002503
		21	5 150	—	0,088	4,3	0	0,001260 0,0	0,001260	0,032	0,002782 0,0	0,002782
		22	12 050	—	0,038	4,3	0	0,005328 0,0	0,005328	0,025	0,032628 0,0	0,032628
		23	9 400	—	0,038	4,3	0	0,003470 0,0	0,003470	0,025	0,021504 0,0	0,021504
		24	6 600	—	0,032	4,1	0	0,003936 0,0	0,003936	0,019	0,037966 0,0	0,037966
II	2,6	6	2 220	2,6 0,03198	0,025	10	4	0,004430 0,000860	0,005290	—	—	—
		7	3 060	11,2 0,13876	0,019	3	4	0,007431 0,004896	0,012327	0,013	0,039528 0,022192	0,061720
		8	3 200	15,3 0,18819	0,019	6	4,5	0,016518 0,006242	0,022760	0,013	0,085392 0,027288	0,112680
		25	8 480	—	0,038	5	1,5	0,003480 0,000924	0,004404	—	—	—
		26	5 260	–	0,032	4,1	0	0,002653 0,0	0,002653	—	—	–
		27	6 260	—	0,032	8,6	0	0,007104 0,0	0,007104	0,025	0,021835 0,0	0,021835
		28	8 480	—	0,038	2,5	2	0,001740 0,001232	0,002972	0,032	0,003478 0,002292	0,005770
III	2,6	9	3 800	2,6 0,03198	0,032	3	3	0,001173 0,000747	0,001920	0,025	0,002019 0,003408	0,005427
		10	4 100	6,9 0,08487	0,019	10	4	0,041440 0,008984	0,050424	—	—	—
		29	7 900	—	0,038	3	2	0,001788 0,001018	0,002806	0,032	0,003714 0,001998	0,005712
		30	7 900	–	0,038	12	2,5	0,007152 0,001273	0,008425	0,032	0,014856 0,002498	0,017354
IV	11,2	11	3 850	11,2 0,13876	0,025	5	3	0,005680 0,002019	0,007699	0,019	0,018265 0,005811	0,024076
		12	3 900	15,3 0,18819	0,019	5	3,5	0,019080 0,007133	0,026213	—	—	—

Rechnung und Bemerkungen.

B. Berechnung der Rohrweiten.

(Nur für die Ausführung erforderlich.)

Ausfüllung der Spalten 7 und 8 nach Maassgabe des Entwurfs, alsdann für die Hauptleitungen, da diese in der Regel auch für die Ausführung beibehalten werden sollen, die Ausfüllung der Spalten 9 und 10 mit Hilfe der letzten Tabellen. Für die Fallstränge findet die Ausfüllung der Spalten 9 und 10 nach Maassgabe des Fortschreitens der Berechnung der einzelnen Stromkreise statt. Die Berechnung beginnt mit dem Stromkreis des untersten Heizkörpers des Fallstrangs, also mit dem Stromkreise des Heizkörpers 1.

Stromkreis des Heizkörpers 1. Theilstrecken: 1, 20, 21, Hauptleitung 13 bis 19. Für Theilstrecke 1, 20 und 21 sind mit Hilfe der letzten Tabellen die Spalten 9 und 10 auszufüllen und die in Spalte 10 enthaltenen Ergebnisse aller Theilstrecken des Stromkreises zu addiren. Die Summe muss möglichst dem Produkt ah_1 in Spalte 5 nahe kommen, keinesfalls darf sie grösser sein. Ist sie grösser, so ist der Durchmesser der Theilstrecke 1 oder 20 oder 21 zu vergrössern, andernfalls zu verkleinern. Das endgültige Ergebniss einer Aenderung wird dann in die Spalten 11, 12 und 13 eingetragen, da es für die weitere Berechnung maassgebend bleibt, sobald die betreffende Theilstrecke auch anderen Stromkreisen gemeinsam ist.

Für Theilstrecke 1 ist: $\frac{v^2}{2g}\left(\frac{\varrho}{d}l + \Sigma\zeta\right)$	$= 0{,}001367$
» » 20 » »	$= 0{,}001310$
» » 21 » »	$= 0{,}001260$
» die Hauptleitung 13—19 »	$= 0{,}021010$
Summa	0,024947

$ah_1 = 0{,}0123 \,.\, 2{,}6 = 0{,}03198$ mithin $> 0{,}024947$. Es können somit einer oder mehrere Durchmesser kleiner gewählt werden. Die Rechnung zeigt, dass $d_1 = 0{,}025$, $d_{20} = 0{,}038$ und $d_{21} = 0{,}032$ gesetzt werden kann. Alsdann ist:

für Theilstrecke 1: $\frac{v^2}{2g}\left(\frac{\varrho}{d}l + \Sigma\zeta\right)$	$= 0{,}003949$
» » 20: »	$= 0{,}002503$
» » 21: »	$= 0{,}002782$
» die Hauptleitung 13—19: »	$= 0{,}021010$
Summa	0,030244

Obgleich hiermit der Werth von 0,03198 noch nicht erreicht ist, zeigt die Rechnung, dass dennoch keiner der Durchmesser d_1, d_{20} oder d_{21} verkleinert werden kann. Somit ist in die Tabelle die Aenderung von d_1, d_{20} und d_{21} einzutragen.

Stromkreis des Heizkörpers 2. Theilstrecken: 2, 20, 21, 22, Hauptleitung 13 bis 19. Das Verfahren genau wie bei dem Stromkreise des Heizkörpers 1. Die Summe der Widerstandshöhen aller Theilstrecken $\Sigma\left\{\frac{v^2}{2g}\left(\frac{\varrho}{d}l + \Sigma\zeta\right)\right\} = 0{,}041673$, also wesentlich kleiner als $ah_2 = 0{,}08487$. Es kann somit d_2 oder d_{22}, da die übrigen Theilstrecken bereits festgelegt worden sind, kleiner gemacht werden. Es werde $d_{22} = 0{,}025$ m gesetzt, alsdann ergiebt sich $\Sigma\left\{\frac{v^2}{2g}\left(\frac{\varrho}{d}l + \Sigma\zeta\right)\right\} = 0{,}068973$. Eine weitere Verringerung in den Rohrweiten ist unthunlich.

Stromkreis der folgenden Heizkörper. Die Behandlung genau wie bisher. Da, wo Aenderungen in den Rohrweiten angenommen werden konnten oder mussten, ergeben sich dieselben aus der tabellarischen Zusammenstellung.

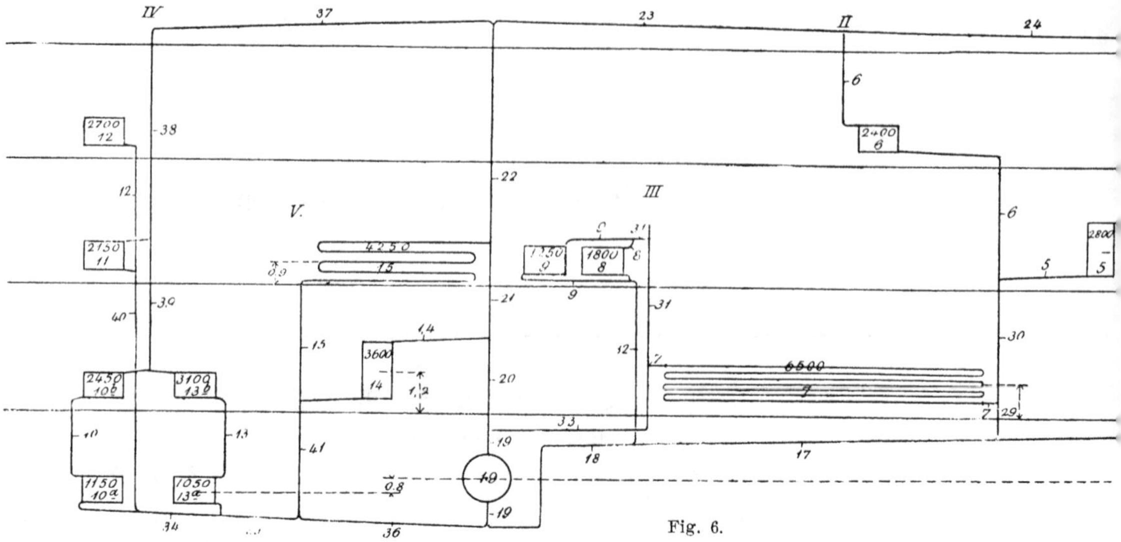

Fig. 6.

Annahme der Rohrweiten						Berechnung der Rohrweiten						
								Für d_a		Für d_g		
Rltg.	h'	Thstr.	W	h und ah	d_a	l	$\Sigma\zeta$	$\frac{v^2}{2g}\frac{\varrho}{d}l$ und $\frac{v^2}{2g}\Sigma\zeta$	$\frac{v^2}{2g}\frac{\varrho}{d}l+\Sigma\zeta$	d_g	$\frac{v^2}{2g}\frac{\varrho}{d}l$ und $\frac{v^2}{2g}\Sigma\zeta$	$\frac{v^2}{2g}\left(\frac{\varrho}{d}l+\Sigma\zeta\right)$
1	2	3	4	5	6	7	8	9	10	11	12	13
Hauptleitg. rechts	3	16	11 200	—	0,057	16	2	0,003104 0,000430	0,003534	—	—	—
		17	22 900	—	0,069	20	0	0,005520 0,0	0,005520	—	—	—
		18	25 950	—	0,075	11	3	0,002508 0,001104	0,003612	—	—	—
		19	46 400	—	0,088	3	2	0,000903 0,001232	0,002135	—	—	—
		20	36 850	—	0,082	1,4	0	0,000385 0,0	0,000385	—	—	—
		21	33 250	—	0,082	4,5	0	0,001040 0,0	0,001040	—	—	—
		22	29 000	—	0,075	9	1	0,002484 0,000459	0,002943	—	—	—
		23	16 400	—	0,063	20	1	0,004480 0,000286	0,004766	—	—	—
		24	14 000	—	0,057	22	2	0,006028 0,000652	0,006680	—	—	—
links	3	34	8 450	—	0,045	3	1	0,001035 0,000326	0,001361	—	—	—
		35	12 600	—	0,051	4	0	0,001484 0,0	0,001484	—	—	—
		36	20 450	—	0,057	4	1,5	0,001988 0,001010	0,002998	—	—	—
		37	12 600	—	0,051	15	2,5	0,005565 0,001030	0,006595	—	—	—

2. Beispiel:

Die Anordnung der Anlage geht aus Fig. 6 hervor.

$t' = 85^0$, $t'' = 65^0$, $t' - t'' = 20^0$,

a nach Tabelle, Seite 83, $= 0{,}0123$.

Senkrechter Abstand des Kessels vom höchstgelegenen Heizkörper der Anlage < 12 m.

Rechnung und Bemerkungen.

A. Annahme der Rohrweiten.

Hauptleitung.

2 Hauptleitungen vorhanden, je eine rechts und links vom Kessel gelegen.

Hauptleitung rechts: E > 25 m und < 50, somit Tabelle b, Seite 2 zu benützen.

» links: E > 25 m » » a » 2 » »

Für beide Hauptleitungen beträgt der senkrechte Abstand von Mitte Kessel bis Mitte des tiefstgelegenen (aber über dem Kessel befindlichen) Heizkörpers: 3 m.

Da die grössere Hauptleitung rechts gelegen ist, sind die gemeinsamen Theilstrecken 19, 20, 22 und 21 mit diesen zu bestimmen.

Heizkörperanschlüsse und Fallstränge.

Fallstrang I. Entfernung des untersten Heizkörpers vom Kessel: 3 m, Tabelle m, Seite 17, Spalte E bis (E—25).

Fallstrang II. Entfernung des untersten Heizkörpers vom Kessel: 3 m, Tabelle m, Seite 17, Spalte E bis (E—25).

Fallstrang III. Entfernung des untersten Heizkörpers vom Kessel: 3 m, Tabelle m, Seite 17, Spalte (E-25) bis (E—50).

Fallstrang IV. Entfernung des untersten Heizkörpers vom Kessel: 3—0,8 = 2,2 Tabelle k, Seite 15, Spalte E bis (E—25).

Fallstrang V. Entfernung des untersten Heizkörpers vom Kessel: 3 m, Tabelle m, Seite 17, Spalte E bis (E—25).

B. Berechnung der Rohrweiten.

(Für die Ausführung.)

Stromkreis des Heizkörpers 1. Theilstrecken 1, 26, Hauptleitung 16 bis 24. $ah_1 = 0{,}0123 \cdot 3 = 0{,}0369$, $\Sigma\left\{\frac{v^2}{2g}\left(\frac{\varrho}{d}l + \Sigma\xi\right)\right\} = 0{,}036813$. Die angenommenen Rohrweiten sind beizubehalten.

Annahme der Rohrweiten						Berechnung der Rohrweiten						
								Für d_a		Für d_g		
Rltg	h	Thstr.	W	h und ah	d_a	l	$\Sigma\zeta$	$\frac{v^2}{2g}\frac{\varrho}{d}l$ und $\frac{v^2}{2g}\Sigma\zeta$	$\frac{v^2}{2g}\frac{\varrho}{d}l+\Sigma\zeta$	d_g	$\frac{v^2}{2g}\frac{\varrho}{d}l$ und $\frac{v^2}{2g}\Sigma\zeta$	$\frac{v^2}{2g}\left(\frac{\varrho}{d}l+\Sigma\zeta\right)$
1	2	3	4	5	6	7	8	9	10	11	12	13
Heizkörperanschlüsse und Fallstränge.												
Fallstrang I	3	1	3 500	3 0,0369	0,032	11	4	0,003806 0,000860	0,004666	—	—	—
		2	3 000	8 0,0984	0,019	4	3,5	0,009908 0,004284	0,014192	—	—	—
		3	2 500	11,8 0,14514	0,013	1,5	4	0,013977 0,014856	0,028833	—	—	—
		4	2 200	11,8 0,14514	0,013	4	4	0,030440 0,011736	0,042176	0,019	0,005996 0,002692	0,008688
		5	2 800	8 0,0984	0,019	10	3,5	0,021910 0,003749	0,025659	—	—	—
		25	4 700	—	0,019	1,5	1	0,017812 0,002934	0,010746	0,013	0,041535 0,012994	0,054529
		26	9 300	—	0,045	4	0	0,001532 0,0	0,001532	—	—	—
		27	4 700	—	0,019	4,2	0	0,021874 0,0	0,021874	—	—	—
		28	7 700	—	0,032	4,5	0	0,005571 0,0	0,005571	0,025	0,015962 0,0	0,015962
II	3	6	2 400	11,8 0,14514	0,013	12	4,5	0,104760 0,015498	0,120258	0,019	0,020724 0,003582	0,024306
		7	6 500	3 0,0369	0,045	2	2+? (siehe Rechn.)	0,000432 0,000366 0,009123	0,009921	0,032	0,001920 0,001466 0,009123	0,012509
		29	11 700	—	0,051	1,3	1	0,000441 0,000368	0,000809	0,045	0,000707 0,000561	0,001268
		30	5 200	—	0,025	4,5	0	0,008474 0,0	0,008474	0,019	0,027779 0,0	0,027779
III	3	8	1 800	7,5 0,09225	0,013	1	4	0,005341 0,007748	0,013089	0,010	0,017133 0,022192	0,039325
		9	1 250	7,5 0,09225	0,010	7	5	0,064400 0,013475	0,077875	0,013	0,020076 0,004640	0,024716
		31	3 050	—	0,019	6	1	0,014862 0,001224	0,016086	—	—	—

Rechnung und Bemerkungen.

Stromkreis des Heizkörpers 2. Theilstrecken: 2, 26, 28, Hauptleitung 16 bis 24. $ah_2 = 0{,}0123 . 8 = 0{,}0984$, $\Sigma\left\{\frac{v^2}{2g}\left(\frac{\varrho}{d}l + \Sigma\xi\right)\right\} = 0{,}051910$. d_2 und d_{28} können, da $0{,}0984 > 0{,}05910$ ist, verringert werden. Die Rechnung zeigt indessen, dass $d_2 = 0{,}013$ nicht gesetzt und nur $d_2 = 0{,}025$ m angenommen werden kann.

Stromkreis des Heizkörpers 3. Theilstrecken: 3, 25, 27, 28, Hauptleitung 16 bis 24. $ah_3 = 0{,}0123 . 11{,}8 = 0{,}14514$. $\Sigma\left\{\frac{v^2}{2g}\left(\frac{\varrho}{d}l + \Sigma\zeta\right)\right\} = 0{,}097639$. Es kann $d_{25} = 0{,}013$ m gesetzt werden.

Stromkreis des Heizkörpers 4. Theilstrecken: 4, 25, 27, 28, Hauptleitung 16 bis 24. $ah_4 = 0{,}0123 . 11{,}8 = 0{,}14514$, $\Sigma\left\{\frac{v^2}{2g}\left(\frac{\varrho}{d}l + \Sigma\zeta\right)\right\} = 0{,}154765$. d_4 muss 0,019 m gesetzt werden.

Stromkreis des Heizkörpers 5. Theilstrecken: 5, 26, 29, 30, Hauptleitung 17 bis 24. $ah_5 = 0{,}0123 . 8 = 0{,}0984$. $\Sigma\left\{\frac{v^2}{2g}\left(\frac{\varrho}{d}l + \Sigma\zeta\right)\right\} = 0{,}063555$. d_5, d_{29} und d_{30} können verringert werden. Setzt man $d_{29} = 0{,}045$, $d_{30} = 0{,}019$, so ist d_5 wie angenommen beizubehalten.

Stromkreis des Heizkörpers 6. Theilstrecken. 6, 29, 30, Hauptleitung 17 bis 23. $ah_6 = 0{,}0123 . 11{,}8 = 0{,}14514$, $\Sigma\left\{\frac{v^2}{2g}\left(\frac{\varrho}{d}l + \Sigma\zeta\right)\right\} = 0{,}169706$. d_6 muss 0,019 m gesetzt werden.

Stromkreis des Heizkörpers 7. Theilstrecken: 7, 29, 33, Hauptleitung 17 bis 19. Heizkörper 7 besteht aus glattem Rohr. 5 Röhren sollen an der Wand übereinander liegen auf eine Länge von höchstens 14 m. Mögliche Länge des Rohres: $14 . 5 = 70$ m, Wärmetransmissionskoëfficient bezogen auf Zimmertemperatur k = 10, mittlere Wassertemperatur $\frac{85 + 65}{2} = 75^0$, Raumtemperatur 20^0. Länge des Rohres L, Umfang U, Fläche F. Daher: $U = \frac{6500}{10 . 70 (75 - 20)} = 0{,}1688$ m, mithin ist Rohr von 0,051 m lichtem und 0,061 m äusserem Durchmesser zu wählen. L $\sim$ 62 m.

Die Widerstandshöhe, welche der Heizkörper verursacht, ist zu berechnen. Bei 6500 WE ist die erforderliche Geschwindigkeit nach Tabelle Seite 83: 0,05 m, somit $\frac{v^2}{2g}\frac{\varrho}{d}L + \Sigma\zeta = 0{,}000141 . 62 + 0{,}000381 = 0{,}009123$, sofern 4 Krümmer beim Heizkörper vorhanden sind. Es ist $ah_7 = 0{,}0123 . 3 = 0{,}0369$, $\Sigma\left\{\frac{v^2}{2g}\left(\frac{\varrho}{d} + \Sigma\zeta\right)\right\} = 0{,}024657$ Es können $d_7 = 0{,}032$ m und $d_{33} = 0{,}038$ m gesetzt werden.

Stromkreis des Heizkörpers 8. Theilstrecken: 8, 31, 32, 33, Hauptleitung 18 und 19. $ah_8 = 0{,}0123 . 7{,}5 = 0{,}09225$. $\Sigma\left\{\frac{v^2}{2g}\left(\frac{\varrho}{d}l + \Sigma\zeta\right)\right\} = 0{,}060048$. d_8 kann 0,010 m gesetzt werden, d_{31} und d_{32} müssen wie angenommen bleiben.

Stromkreis des Heizkörpers 9. Theilstrecken: 9, 31, 32, 33, Hauptleitung 18 und 19. $ah_9 = 0{,}0123 . 7{,}5 = 0{,}09225$. $\Sigma\left\{\frac{v^2}{2g}\left(\frac{\varrho}{d}l + \Sigma\zeta\right)\right\} = 0{,}124834$. d_9 muss 0,013 m gesetzt werden

Stromkreis des Heizkörpers 10b und 10a. Theilstrecken: 10, 38, 39, Hauptleitung 19 bis 22, 34 bis 37. Heizkörper 10a liegt um ·0,8 m tiefer als der Kessel, sein Zuwasser ist das Abwasser des Heizkörpers 10b. Eintrittstemperatur des Wassers im Heizkörper 10b = 85^0, im Heizkörper 10a = t_1''. Austrittstemperatur des Wassers aus

Annahme der Rohrweiten						Berechnung der Rohrweiten						
								Für d_a		Für d_g		
Rltg.	h'	Thstr.	W	h und ah	d_a	l	$\Sigma\zeta$	$\frac{v^2}{2g}\frac{\varrho}{d}l$ und $\frac{v^2}{2g}\Sigma\zeta$	$\frac{v^2}{2g}\frac{\varrho}{d}l+\Sigma\zeta$	d_g	$\frac{v^2}{2g}\frac{\varrho}{d}l$ und $\frac{v^2}{2g}\Sigma\zeta$	$\frac{v^2}{2g}\left(\frac{\varrho}{d}l+\Sigma\zeta\right)$
1	2	3	4	5	6	7	8	9	10	11	12	13
		32	3 050	—	0,019	6,5	1,5	0,016101 0,001836	0,017937	—	—	—
		33	9 550	—	0,051	8	1	0,001952 0,000249	0,002201	0,038	0,006880 0,000796	0,007676
IV	3	10b 10a 10	2 450 1 150 3 600	$h=3$ $h=-0{,}8$ $ah_{10}=$ 0,02368 (s. Rechn.)	0,032	6	4 4 2 10	0,002076 0,002150	0,004226	0,038	0,001134 0,001272	0,002406
		11	2 150	7,5 0,09225	0,013	2	4	0,014154 0,010780	0,024934	—	—	—
		12	2 700	11,8 0,14514	0,013	5	4	0,052690 0,017136	0,069826	—	—	—
		13b 13a 13	3 100 1 050 4 150	$h=3$ $h=-0{,}8$ $ah_{13}=$ 0,025936 (s. Rechn.)	0,032	6	4 4 2 10	0,002628 0,002860	0,005488	—	—	—
		38	9 900	—	0,051	4,3	0	0,001049 0,0	0,001049	—	—	—
		39	7 750	—	0,045	4,3	0	0,001187 0,0	0,001187	—	—	—
		40	4 850	—	0,019	8,5	0,5	0,045849 0,001529	0,047378	—	—	—
V	3,5	14	3 600	3,5 0,04305	0,025	3	3,5	0,002928 0,001964	0,004892	0,019	0,010026 0,006104	0,016130
		15	4 250	7,7 0,09471	0,019	5	2+? (siehe Rechn.)	0,021570 0,004708 0,001010	} 0,027288	—	—	—
		41	7 850	—	0,032	4,5	0,5	0,005571 0,000500	0,006071	0,025	0,016565 0,001348	0,017913

Rechnung und Bemerkungen.

Heizkörper 10b $= t_1''$, aus Heizkörper 10a $= 65^0$. Nach Gleichung 11 ist: $t_1'' = \frac{1150 . 85 + 2450 . 65}{1150 + 2450} = 71{,}39 \backsim 71^0$. Die wirksame Druckhöhe für Heizkörper 10b berechnet sich, da a_{10b} nach der Tabelle auf Seite 83 für die Temperaturen 85^0 und 71^0 $\frac{0{,}97733 - 0{,}96876}{\frac{0{,}97733 + 0{,}96876}{2}} = 0{,}0088$ ist zu $0{,}0088 . 3 = 0{,}0264$ und die wirksame Druckhöhe für Heizkörper 10a, die sich entsprechend für die Temperaturen 71^0 und 65^0, $a_{10}{}^a$ auf 0,0034 stellt zu: $0{,}0034 . -0{,}8 = -0{,}00272$. Somit wirksame Druckhöhe $ah_{10} = 0{,}0264 - 0{,}00272 = 0{,}02368$. $\Sigma\left\{\frac{v^2}{2g}\left(\frac{\varrho}{d}l + \Sigma\zeta\right)\right\} = 0{,}025403$. d_{10} muss vergrössert und 0,038 m gesetzt werden.

Stromkreis des Heizkörpers 11. Theilstrecken: 11, 38, 40, Hauptleitung wie bei Stromkreis 10. $ah_{11} = 0{,}0123 . 7{,}5 = 0{,}09225$. $\Sigma\left\{\frac{v^2}{2g}\left(\frac{\varrho}{d}l + \Sigma\zeta\right)\right\} = 0{,}092202$. Die angenommenen Rohrweiten sind zu belassen.

Stromkreis des Heizkörpers 12. Theilstrecken: 12, 40, Hauptleitung wie bei Stromkreis 10. $ah_{12} = 0{,}0123 . 11{,}8 = 0{,}14514$. $\Sigma\left\{\frac{v^2}{2g}\left(\frac{\varrho}{d}l + \Sigma\zeta\right)\right\} = 0{,}136145$. Die angenommenen Rohrweiten sind zu belassen.

Stromkreis der Heizkörper 13b und 13a. Theilstrecken: 13, 38, 39, Hauptleitung wie bei Stromkreis 10, jedoch ohne 34.

Bezüglich der Berechnung siehe Stromkreis 10. $t_1'' = \frac{1050 . 85 + 3100 . 65}{1050 + 3100} = 70^0$ $ah_{13}{}^b = 0{,}0094 . 3 = 0{,}0282$, $ah_{13}{}^a = 0{,}00283 . -0{,}8 = -0{,}002264$, $ah_{13} = 0{,}0282 - 0{,}002264 = 0{,}025936$. $\Sigma\left\{\frac{v^2}{2g}\left(\frac{\varrho}{d}l + \Sigma\zeta\right)\right\} = 0{,}025304$. Eine Verminderung in den Annahmen findet nicht statt.

Stromkreis des Heizkörpers 14. Theilstrecken: 14, 41, Hauptleitung 19, 20, 36. $ah_{14} = 0{,}0123 . 3{,}5 = 0{,}04305$. $\Sigma\left\{\frac{v^2}{2g}\left(\frac{\varrho}{g}l + \Sigma\zeta\right)\right\} = 0{,}016481$. Es können $d_{14} = 0{,}019$ m und $d_{14} = 0{,}025$ m gesetzt werden.

Stromkreis des Heizkörpers 15. Theilstrecken: 15, 41, Hauptleitung 19, 20, 21, 36. Der Heizkörper besteht aus glattem Rohr. Grösste horizontale Ausdehnung des Heizkörpers: 5,5 m. Ist U der Umfang, L die Länge des Rohres, ist die Raumtemperatur 20^0, die mittlere Wassertemperatur 75^0, der Transmissionskoëfficient bezogen auf die Zimmertemperatur $k = 10$, so erhält man: $4250 = LU\, 10(75 - 20)$, also $L = \frac{7{,}727}{U}$.

Wählt man ein Rohr vom äusseren Durchmesser $D = 0{,}070$, vom inneren Durchmesser $d = 0{,}063$ m, also $U = 0{,}2199$ m, dann ist $L \backsim 35$ m. Somit sind 7 Röhren jedes zu 5 m Länge übereinander zu legen. Die Widerstandshöhe im Heizkörper ist, da sich nach den Tabellen für 4250 WE $v = 0{,}02$ ergibt: $0{,}000026 . 35 + 0{,}000100 = 0{,}001010$, sofern 6 Krümmer im Heizkörper vorhanden sind. $ah_{15} = 0{,}0123 . 7{,}7 = 0{,}09471$. $\Sigma\left\{\frac{v^2}{2g}\left(\frac{\varrho}{d}l + \Sigma\zeta\right)\right\} = 0{,}051759$. Es könnte somit d_{15} kleiner werden, da jedoch 0,013 m sich als zu klein erweisen würde, wie eine Rechnung ergibt, muss d_{15} wie angenommen bleiben.

Aus den zwei Beispielen geht Folgendes hervor. Die Bestimmung der Rohrweiten für den Anschlag, d. h. die »Annahme der Rohrweiten«, erfordert mit Hülfe der Tabellen jedenfalls nicht mehr, voraussichtlich aber weniger Zeit, als mit der einfachsten bisherigen Faustregel. Die Ergebnisse sind bei nicht ungewöhnlicher Länge der Theilstrecken, besonders der Heizkörperanschlüsse, meist ein wenig reichlich. In dem ersten Beispiel sind 32 Theilstrecken vorhanden, die genaue Berechnung ergab die Aenderung von 15 Theilstrecken, und zwar konnten sämmtliche Rohrweiten derselben verringert werden, 3 um je 2 Handelsmaasse, 13 um je ein Handelsmaass. In dem zweiten, anlagemässig sehr verwickelten Beispiele sind 41 Theilstrecken vorhanden, von diesen mussten 4 in der Rohrweite um ein Handelsmaass erhöht werden, während bei 8 Theilstrecken eine Verringerung um je ein Handelsmaass, bei einer Theilstrecke um 2 Handelsmaasse eintreten konnte. In beiden Beispielen ist jederzeit mit Wassertemperaturen von 85 ° und 65 ° gerechnet worden und soll dies auch für die Praxis empfohlen werden. Wäre 80 ° und 60 ° gewählt worden, so hätten die Rohrweiten in wesentlich geringerem Umfang, bei 90 ° und 70 ° in grösserem Umfang verringert werden können. Bei 85 ° höchster Wassertemperatur besitzt man noch in der möglichen Steigerung derselben eine weitere, über das bereits in der Rechnung enthaltene Maass hinausgehende Sicherheit gegen störende Einflüsse etwa vorhandener kleiner Rohrverengungen oder der nie ganz zu vermeidenden Abkühlung des Wassers in der Rohrleitung, so dass sich der Praktiker nicht zu scheuen braucht, die berechneten, ihm nach seiner bisherigen Gepflogenheit vielleicht etwas klein vorkommenden Rohrweiten für die Heizkörperanschlüsse und Fallstränge in Anwendung zu bringen. Durch die ebenso leichte Berechnung der verzweigtesten als der einfachsten Rohrleitung wird der Praktiker in die Lage gesetzt, die Rohrleitung nur nach dem Gesichtspunkte kürzester Theilstrecken oder bequemster Ausführung anzuordnen.

Von den gesammten Tabellen sind die letzten zur Bestimmung der Widerstandshöhen u. s. w. die werthvollsten von allen, da sie die Rechnung auf ein ganz geringes Maass herabdrücken, demnächst, da sie endgültige Annahmen zulassen, diejenigen für die Bestimmung der Hauptleitung. Die Tabellen für die Bestimmung der Heizkörperanschlüsse und Fallstränge könnten am ehesten entbehrt werden, da der Praktiker zunächst auch nach Gutdünken die Rohrweiten derselben, die doch für die Ausführung der Nachrechnung unterliegen sollen, annehmen könnte. Diese Tabellen sollen also nur vor einer von der Wahrheit zu weit abweichenden Annahme sichern und die Berechnung erleichtern.

Es ist nicht angängig, auf alle Möglichkeiten hinzuweisen, die dem Praktiker in der Anwendung der Tabellen, auch in der theilweisen Abweichung von denselben, offen stehen, doch wird derselbe durch den Gebrauch derselben unmittelbar auf diese hingeführt, und möge somit der Praktiker die »Tabellen zur Annahme der Rohrweiten« niemals als einen Ersatz der genauen Berechnung für die Ausführung, sondern nur als einen solchen für den Anschlag und als einen wesentlich Zeit und Arbeit sparenden Anhalt für die Berechnung selbst ansehen.

TABELLEN.

Tabellen zur Annahme der Rohrweiten.

I. Temperaturdifferenz des Wassers: 20°.

1. Senkrechter Abstand des Kessels vom höchstgelegenen Heizkörper der Anlage bis zu 12 m.

A. Hauptleitung (Vertheilungs- und Sammelleitung).

a) Horizontale Entfernung des Kessels vom letzten Fallstrang: E bis 25 m

Wärmemenge, welche stündlich durch die Rohrleitung gefördert werden kann bei einer Rohrweite in Metern) von:

Senkr. Abstand v. Mitte Kessel bis Mitte des tiefstgeleg. Heizkörpers der Anlage in Metern	0,032	0,038	0,045	0,051	0,057	0,063	0,069	0,075	0,082	0,088	0,094	0,100	0,106	0,111
0,5	1400	2200	3500	4650	6450	8300	10600	13000	16600	19900	23500	27600	32400	36600
0,6	1550	2500	3900	5200	7150	9300	11600	14300	18400	22100	26200	30800	36100	40800
0,7	1700	2700	4150	5800	8000	10000	12700	15900	19800	24200	28800	33800	39300	44500
0,8	1850	2900	4450	6350	8400	10600	13900	18100	21900	26200	31100	36500	42500	47900
0,9	1900	3200	4900	6850	9000	11700	15100	18800	23400	28500	34100	39900	46600	53600
1,0	2100	3300	5100	7150	9500	12300	15800	20000	24300	29700	35400	41600	48500	54600
1,25	2450	3850	5950	8300	11100	14400	18400	23000	28600	34700	40700	48500	56400	63500
1,5	2800	4350	6700	9300	12600	16000	20600	25600	32400	38900	46300	54400	63200	71200
1,75	3100	4800	7500	10400	13900	18000	23100	28600	35400	43200	51600	60400	70200	79300
2,0	3400	5300	8250	11400	15300	19800	25200	31000	39200	47200	56100	66000	76600	86200
2,5	3950	6100	9450	13100	17400	22900	29200	35800	45600	54700	65300	75800	88900	99700
3,0	4450	6900	10800	14900	20000	25700	32600	40900	51500	61700	73300	85900	101000	112700
4,0	5350	8300	12900	17850	23900	31000	39300	49000	61400	73900	87700	103000	120000	135000
5,0	6200	9550	14900	20700	27300	35500	45200	56200	70600	84900	100300	118400	137800	154800
6,0	6900	10750	16600	22950	30850	39700	50900	62800	78900	95000	112700	132400	154000	173100
7,0	7600	11850	18300	25350	33650	43600	55700	68900	86700	104200	123600	145100	168800	190000
8,0	8300	12800	19750	27450	36600	47300	60400	74800	94000	112900	134000	157400	181800	205900
9,0	8800	13600	21350	29600	39300	50700	64800	80300	100800	121200	143600	169000	196200	220800
10,0	9400	14600	22500	31400	41900	54000	69400	85400	107300	129000	153000	179600	208800	234900

b) Horizontale Entfernung des Kessels vom letzten Fallstrang: E über 25 bis 50 m

Wärmemenge, welche stündlich durch die Rohrleitung gefördert werden kann bei einer Rohrweite (in Metern) von:

Senkr. Abstand v. Mitte Kessel bis Mitte des tiefstgeleg. Heizkörpers der Anlage in Metern	0,032	0,038	0,045	0,051	0,057	0,063	0,069	0,075	0,082	0,088	0,094	0,100	0,106	0,111
0,5	1000	1600	2450	3350	4600	5950	7650	9550	11900	14400	17000	19900	23500	26300
0,6	1100	1750	2800	3700	5150	6600	8500	10500	13200	15900	19000	22300	25900	29200
0,7	1250	1900	3050	4100	5750	7200	9300	11500	14500	17300	20700	24400	28200	32000
0,8	1350	2100	3300	4500	6250	7900	10100	12400	15800	19100	22500	26500	31000	34900
0,9	1500	2300	3600	4900	6700	8650	11000	13500	17100	21100	24500	28700	32600	38000
1,0	1650	2400	3800	5100	6900	9000	11400	14000	17800	21500	25400	29900	35000	39500
1,25	1800	2800	4300	6000	8000	10300	13200	16400	20700	26500	29900	35100	40900	46000
1,5	2000	3150	4850	6800	9050	11700	15100	18600	23400	28200	33900	39600	46100	51900
1,75	2250	3500	5400	7550	10100	13000	16700	20600	26100	31300	37200	43800	51000	57600
2,0	2450	3850	5900	8250	11000	14200	18300	22800	28600	34500	40600	48100	56200	63200
2,5	2900	4450	6900	9600	12800	16500	21300	26400	33100	39900	47400	55600	64800	73000
3,0	3100	5000	7800	10800	14400	18800	23800	29700	37400	44700	53200	62700	73000	82300
4,0	3800	6050	9400	13000	17400	22600	28800	35800	44800	54000	64100	75400	87600	98600
5,0	4450	7000	10800	14900	20100	26000	33200	41000	51900	62300	74100	86700	100900	113600
6,0	5000	7850	12100	16800	22500	29000	36900	46100	57900	69600	82500	97000	112900	127000
7,0	5500	8600	13350	18500	24600	32000	40800	50300	63500	76500	90800	106600	124100	139700
8,0	6000	9350	14500	20100	26800	34700	44300	54800	69000	82900	98500	115700	133700	151300
9,0	6450	10500	15600	21500	28800	37300	47500	58900	74000	89100	105800	123900	144400	162400
10,0	6900	10750	16600	23000	30800	39500	50600	63000	78800	94900	112600	132200	153800	172900

Tabellen zur Annahme der Rohrweiten.

I. Temperaturdifferenz des Wassers: 20°.

1. Senkrechter Abstand des Kessels vom höchstgelegenen Heizkörper der Anlage bis zu 12 m.

A. Hauptleitung (Vertheilungs- und Sammelleitung).

a) Horizontale Entfernung des Kessels vom letzten Fallstrang: E bis 25 m

Wärmemenge, welche stündlich durch die Rohrleitung gefördert werden kann bei einer Rohrweite (in Metern) von:

0,118	0,124	0,130	0,136	0,143	0,155	0,168	0,178	0,191	0,202	0,215	0,226	Senkr. Abstand v. Mitte Kessel bis Mitte des tiefstgeleg. Heizkörpers der Anlage in Metern
43000	48800	55600	62100	70200	87400	107600	125000	149600	173500	204000	232000	0,5
47900	54000	61600	68800	78100	97300	119800	139500	167200	192400	226400	258800	0,6
52200	59300	67300	75600	85800	106700	131200	152700	182200	211000	248700	283200	0,7
56200	63800	72300	81200	92200	115200	141300	164700	196700	227200	267800	304600	0,8
62500	69800	79000	88800	101100	125500	154700	179800	213800	248300	292100	328600	0,9
64100	72700	82300	92600	105000	130900	168600	187400	221300	258400	304700	345800	1,0
74300	84500	95900	107500	122300	152300	187500	217300	259000	299400	352900	401400	1,25
83700	95000	107700	120800	137000	170800	209800	243700	291700	336200	396600	451800	1,5
93800	105400	119400	134200	152000	189300	233200	270700	324100	374000	439100	500000	1,75
113000	114500	126700	146000	165600	206300	253600	294700	351500	406200	479200	544300	2,0
117300	134100	150700	169100	192100	239000	293400	341000	407500	470000	554500	630000	2,5
132000	150000	170000	190500	216600	268700	330200	383900	457700	528800	620900	708100	3,0
157900	179400	203200	227900	258400	321300	395200	459000	548900	631700	743500	846700	4,0
181400	206000	233600	261400	296900	369300	453400	525600	628400	726200	852700	968700	5,0
202800	230100	260800	292300	331000	401400	505500	586700	701400	810200	951900	1082200	6,0
222600	252500	285900	320500	363200	441500	554900	643800	768700	886200	1042000	1186000	7,0
241200	277800	309500	347400	394200	489200	601400	696000	832700	959500	1129400	1279100	8,0
258200	293200	332100	372300	421500	524200	642900	745400	893200	1025200	1207800	1371500	9,0
274900	311500	353100	396200	444200	557400	683900	791400	944800	1089900	1285300	1460400	10,0

b) Horizontale Entfernung des Kessels vom letzten Fallstrang: E über 25 bis 50 m

Wärmemenge, welche stündlich durch die Rohrleitung gefördert werden kann bei einer Rohrweite (in Metern) von:

0,118	0,124	0,130	0,136	0,143	0,155	0,168	0,178	0,191	0,202	0,215	0,226	Senkr. Abstand v. Mitte Kessel bis Mitte des tiefstgeleg. Heizkörpers der Anlage in Metern
31200	34900	40300	45200	51200	63800	78100	91500	109200	126800	144500	169000	0,5
34600	38900	44700	49800	56800	70700	86900	101500	120700	139600	165800	187900	0,6
37700	42800	48800	54400	61800	77400	94700	110100	130700	153500	180400	205200	0,7
40600	47000	53200	59500	67400	84000	103300	119500	143300	167100	196100	223300	0,8
44700	50800	57700	64400	73000	91100	111900	130400	155900	179700	212000	241400	0,9
46500	52600	59900	66800	75800	94600	116300	135400	162100	186800	220000	251500	1,0
54100	61400	69700	78200	88800	110600	135900	157900	188900	218400	257900	292600	1,25
60900	69100	78100	88000	100100	124400	153100	178000	212100	246000	289500	330200	1,5
67500	76800	86600	97600	110600	137900	169700	197300	235900	272700	321200	365100	1,75
73900	83900	95400	106800	121400	151300	185700	215500	257500	297200	350700	398500	2,0
85700	97400	110400	123700	140400	175100	215100	249600	298700	345200	407000	462400	2,5
96500	109200	124100	139400	157600	196800	241200	280700	335600	387200	455900	518100	3,0
115700	131500	148900	167100	189700	235300	290800	337100	402400	464600	548400	623000	4,0
133300	151100	171000	192100	218000	271100	333300	387200	462100	533300	625700	713600	5,0
148900	168900	191400	214700	243600	302700	371800	432400	515500	596100	697900	792500	6,0
164000	185600	210400	236100	267900	333.000	409100	475200	567300	654200	770600	875700	7,0
177500	200100	228400	255800	290200	361000	442600	502200	614200	707800	833800	947300	8,0
190600	216100	245000	274100	310700	387100	474200	550700	658500	758800	895300	1014000	9,0
202400	229900	260600	292800	330800	411000	505200	586500	700800	809700	951400	1081300	10,0

Tabellen zur Annahme der Rohrweiten.

I. Temperaturdifferenz des Wassers: 20°.

1. Senkrechter Abstand des Kessels vom höchstgelegenen Heizkörper der Anlage bis zu 12 m.

A. Hauptleitung (Vertheilungs- und Sammelleitung).

c) Horizontale Entfernung des Kessels vom letzten Fallstrang: E über 50 bis 75 m

Wärmemenge, welche stündlich durch die Rohrleitung gefördert werden kann bei einer Rohrweite (in Metern) von:

Senkr. Abstand v. Mitte Kessel bis Mitte des tiefstgeleg. Heizkörpers der Anlage in Metern	0,032	0,038	0,045	0,051	0,057	0,063	0,069	0,075	0,082	0,088	0,094	0,100	0,106	0,111
0,5	800	1250	2050	2700	3700	4700	6050	7600	9700	11600	13800	16200	19000	21300
0,6	900	1450	2250	3100	4200	5400	6900	8700	10900	13200	15600	18400	21400	23800
0,7	1000	1600	2450	3300	4550	5850	7550	9400	11700	14200	16800	19900	23100	25900
0,8	1100	1700	2600	3550	4900	6300	8100	10000	12600	15100	18000	21500	24800	27900
0,9	1200	1850	2850	3900	5400	6950	8900	11000	13800	16700	19900	23300	27100	30600
1,0	1250	1900	3050	4100	5750	7200	9300	11500	14500	17300	20700	24400	28200	32000
1,25	1450	2250	3550	4800	6550	8500	10800	13400	16900	20400	24100	28300	33100	37400
1,5	1600	2550	4000	5450	7300	9450	12100	15000	18800	22900	27100	31900	37500	42200
1,75	1800	2850	4400	6250	8150	10500	13500	16800	21100	25600	30500	35700	41100	46800
2,0	2000	3100	4800	6700	8900	11500	14800	18400	23100	27800	33300	39000	45400	51200
2,5	2300	3600	5600	7750	10400	13400	17100	21100	26900	32300	38200	45500	52800	59400
3,0	2600	4100	6300	8800	11750	15100	19300	24100	30400	36700	43200	51100	59500	65800
4,0	3150	4900	7650	10600	14100	18400	23300	29000	36600	44000	52300	61400	71600	80800
5,0	3650	5650	8800	12200	16400	21100	27000	33500	42000	50800	60100	70600	82200	92700
6,0	4100	6350	9850	13700	18200	23700	30400	37400	47100	56700	67400	79100	92100	103500
7,0	4500	7000	10850	15050	20100	26000	33300	41200	52100	62500	74400	87000	101200	114000
8,0	4900	7600	11800	16400	22000	28200	36000	45100	56300	67900	80500	94400	109900	123600
9,0	5250	8200	12650	17550	23500	30200	38700	48100	60500	72700	86300	101500	118000	132800
10,0	5600	8750	13500	18700	25000	32400	41400	51300	64400	77600	92000	108200	125800	141700

d) Horizontale Entfernung des Kessels vom letzten Fallstrang: E über 75 bis 100 m

Wärmemenge, welche stündlich durch die Rohrleitung gefördert werden kann bei einer Rohrweite (in Metern) von:

Senkr. Abstand v. Mitte Kessel bis Mitte des tiefstgeleg. Heizkörpers der Anlage in Metern	0,032	0,038	0,045	0,051	0,057	0,063	0,069	0,075	0,082	0,088	0,094	0,100	0,106	0,111
0,5	700	1100	1750	2350	3200	4100	5250	6550	8300	10200	12200	14100	16700	18700
0,6	750	1200	1900	2600	3550	4550	5800	7050	9250	11100	13200	15500	18200	20400
0,7	850	1350	2100	2900	3900	5050	6450	8050	10200	12300	14600	17100	20000	22300
0.8	900	1450	2250	3100	4200	5400	6900	8700	10900	13200	15600	18400	21400	23800
0,9	1000	1600	2450	3350	4600	5950	7650	9550	11900	14400	17000	19900	23500	26300
1,0	1050	1650	2550	3500	4800	6200	8000	9950	12400	14900	17800	21000	24500	29200
1,25	1250	1900	3000	4100	5750	7200	9300	11500	14500	17300	20700	24400	28200	32000
1,5	1400	2200	3400	4600	6400	8200	10400	12900	16200	19500	23100	27100	31800	35800
1,75	1550	2450	3800	5150	6950	9050	11500	14300	18100	21800	25800	30400	35600	40200
2,0	1700	2650	4150	5700	7600	9850	12600	15600	19700	23800	28300	33100	38800	43700
2,5	2000	3100	4750	6650	8900	11400	14700	18200	23000	27600	33100	38800	45200	51000
3,0	2250	3500	5400	7550	10100	13000	16700	20600	26100	31300	37300	43800	51000	57600
4,0	2700	4200	6600	9050	12100	15600	20100	24800	31400	37800	44900	52800	61400	69100
5,0	3100	4850	7550	10500	14000	18100	23000	28800	36100	43100	51800	60600	70600	79400
6,0	3500	5450	8450	11700	15700	20200	26000	32200	40600	48700	58100	68000	79100	89200
7,0	3850	6050	9300	12900	17300	22400	28500	35600	44500	53500	63700	74800	86900	97600
8,0	4200	6500	10100	14100	18700	24400	31100	38400	48100	58100	69300	81200	94600	106500
9,0	4500	7000	10900	15100	20200	26200	33200	41300	52200	62600	74600	87200	101100	114200
10,0	4800	7500	11600	16100	21500	27800	35600	44200	55400	66700	79200	92900	108000	121600

Tabellen zur Annahme der Rohrweiten.

I. Temperaturdifferenz des Wassers: 20°.

1. Senkrechter Abstand des Kessels vom höchstgelegenen Heizkörper der Anlage bis zu 12 m.

A. Hauptleitung (Vertheilungs- und Sammelleitung).

c) Horizontale Entfernung des Kessels vom letzten Fallstrang: E über 50 bis 75 m

Wärmemenge, welche stündlich durch die Rohrleitung gefördert werden kann bei einer Rohrweite (in Metern) von:

0,118	0,124	0,130	0,136	0,143	0,155	0,168	0,178	0,191	0,202	0,215	0,226	Senkr. Abstand v. Mitte Kessel bis Mitte des tiefstgeleg. Heizkörpers der Anlage in Metern
24900	28400	32000	35700	40900	51100	62500	73100	87100	101100	119000	135200	0,5
28300	31900	36700	41400	46500	58100	71400	83300	100600	116000	136000	154900	0,6
30700	34300	39700	44600	50500	62800	77000	90200	107800	125200	144500	166600	0,7
32800	37100	42900	47600	54000	67500	82600	96500	114900	133200	157300	178400	0,8
35300	40900	46700	52100	59300	74100	90800	106200	125700	146000	168800	197100	0,9
37700	42800	48800	54400	61800	77500	94700	110100	130700	153500	180400	205200	1,0
44000	50000	56900	63500	71900	90600	110200	128300	153400	176600	208800	237600	1,25
49300	55800	63700	71400	80900	100600	124100	144200	173000	139400	234300	267600	1,5
55000	62500	70800	79500	90300	112600	138300	151700	192000	220500	262200	297500	1,75
60000	68100	77200	86700	98500	122700	150700	175400	209400	242600	285700	325500	2,0
69700	79000	89700	100700	114100	142200	175100	203300	243100	280900	330400	375900	2,5
78400	89200	101000	113100	128800	160000	197100	229300	273900	315600	372000	422500	3,0
94700	107300	121500	136800	154300	192900	237100	275400	329800	380400	446400	509000	4,0
108700	123300	139700	157200	178000	221400	272400	316300	377900	436600	514400	584000	5,0
121500	137800	156400	175400	198800	247300	304200	353000	421400	488000	572300	652500	6,0
133700	151800	172000	192900	218300	271300	335000	388600	471800	535300	627800	715900	7,0
145000	164600	186500	209100	237500	295000	362700	421400	502000	581100	681100	775500	8,0
155600	176500	200200	224500	252700	315800	389700	451100	538700	622500	731300	832600	9,0
166000	188200	213300	239600	271300	337300	414700	481600	575200	662400	779400	888500	10,0

d) Horizontale Entfernung des Kessels vom letzten Fallstrang: E über 75 bis 100 m

Wärmemenge, welche stündlich durch die Rohrleitung gefördert werden kann bei einer Rohrweite (in Metern) von:

0,118	0,124	0,130	0,136	0,143	0,155	0,168	0,178	0,191	0,202	0,215	0,226	Senkr. Abstand v. Mitte Kessel bis Mitte des tiefstgeleg. Heizkörpers der Anlage in Metern
22500	24800	28000	31300	35600	44400	54700	63100	76400	87600	104600	118200	0,5
24000	27200	30700	34200	39300	48900	59900	70100	83800	99600	114700	129500	0,6
26500	30100	34000	38200	43300	54300	66400	77400	92500	107800	127500	143600	0,7
28300	31900	36700	41400	46500	58100	71400	83300	100600	116000	136000	154900	0,8
31200	34900	40300	45200	51200	63800	78100	91500	109200	126800	144500	169000	0,9
32400	36700	42000	47400	53300	66600	81400	95200	113500	131600	155200	176000	1,0
37700	42800	48800	54400	61800	77400	94700	110100	130700	153500	180400	205200	1,25
42300	48100	54600	61200	69100	86000	105900	122800	147100	171000	200900	228800	1,5
47100	53300	60700	67800	77000	96000	118000	137400	164700	189600	223100	255200	1,75
50900	58300	66200	74200	84200	104600	128900	150000	179190	207200	243900	278200	2,0
59700	67800	76900	86300	98000	122200	150000	174600	208500	241500	284500	323900	2,5
67500	76800	86600	97600	110600	137900	169700	197300	235900	272700	321200	365100	2,0
81200	92100	104300	117300	132900	165200	203700	236200	282500	326700	383800	437900	4,0
94000	105900	120000	135200	152500	190200	234300	271900	325500	375500	440900	502300	5,0
104600	118800	134700	150800	171100	212900	262200	304200	363500	420200	494000	563400	6,0
115000	130400	147700	166000	188200	234400	287700	334300	399200	461300	543900	618700	7,0
124700	141600	160500	179900	204100	254000	312100	362900	434200	500600	588300	668500	8,0
134000	152100	172400	193400	218800	272300	335500	389500	464800	536600	629300	717500	9,0
142600	162100	182400	205700	233500	290100	356700	412800	494400	570300	672900	764700	10,0

Tabellen zur Annahme der Rohrweiten.

I. Temperaturdifferenz des Wassers: 20°.

1. Senkrechter Abstand des Kessels vom höchstgelegenen Heizkörper der Anlage bis zu 12 m.

B. Heizkörperanschlüsse.

a) Der unterste Heizkörper des in seinen Rohrweiten zu bestimmenden Stranges liegt 0,5 m über Mitte Kessel.

Senkrechter Abstand (h) von Mitte Heizkörper bis Mitte Kessel für die Heizkörper des in einer horizontalen Entfernung vom Kessel liegenden Fallstranges von:				Wärmemenge, welche stündlich vom Heizkörper abgegeben werden kann bei einem Anschluss von:							
				0,010	0,013	0,019	0,025	0,032	0,038	0,045	0,051
				m Durchmesser							
(E) bis (E-25)	(E-25) bis (E-50)	(E-50) bis (E-75)	(E-75) bis (E-100)	79	133	284	491	804	1134	1590	2043
h	h	h	h	qmm Querschnitt							
0,5	—	—	—	100	200	500	1 100	2 000	3 100	4 800	6 600
0,6	0,5	—	—	100	300	800	1 600	3 600	5 500	8 400	11 600
0,7	0,6	0,5	—	200	400	1 200	2 500	4 600	7 100	12 100	
0,8	0,7	0,6	0,5	200	400	1 400	2 800	5 900	9 000		
0,9	0,8	0,7	0,6	200	600	1 600	3 200	6 800	10 400		
1,0	0,9	0,8	0,7	300	700	1 800	4 100	7 400			
1,2	1,0	0,9	0,8	400	800	2 300	4 700	8 600			
1,4	1,2	1,0	0,9	400	900	2 600	5 300	9 700			
1,6	1,4	1,1	1,0	500	1 100	2 800	5 800	10 600			
1,8	1,6	1,2	1,1	600	1 200	3 100	6 300				
2,0	1,7	1,4	1,2	600	1 300	3 300	7 500				
2,2	1,8	1,6	1,4	700	1 300	3 500	7 900				
2,4	2,0	1,8	1,6	700	1 400	4 000	8 300				
2,6	2,2	1,9	1,7	700	1 500	4 200	8 700				
2,8	2,4	2,0	1,8	800	1 600	4 400	9 100				
3,0	2,6	2,2	1,9	800	1 600	4 600	9 500				
3,2	2,8	2,4	2,0	800	1 700	4 800	10 000				
3,4	3,0	2,6	2,2	900	1 900	4 900					
3,6	3,2	2,8	2,4	900	2 000	5 100					
3,8	3,4	3,0	2,6	900	2 000	5 300					
4,0	3,6	3,2	2,8	1 000	2 100	5 400					
4,5	3,8	3,4	3,0	1 100	2 200	6 200					
5,0	4,0	3,6	3,2	1 200	2 400	6 600					
5,5	4,5	3,8	3,4	1 200	2 500	6 900					
6,0	5,0	4,0	3,6	1 300	2 600	7 300					
6,5	5,5	4,5	3,8	1 400	2 900	7 600					
7,0	6,0	5,0	4,0	1 400	3 000	7 900					
7,5	6,5	5,5	4,5	1 500	3 100	8 200					
8,0	7,0	6,0	5,0	1 500	3 300	8 500					
8,5	7,5	6,5	5,5	1 600	3 400	8 800					
9,0	8,0	7,0	6,0	1 700	3 500	9 000					
9,5	8,5	7,5	6,5	1 800	3 600	9 300					
10,0	9,0	8,0	7,0	1 800	3 600	9 500					
11,0	9,5	8,5	7,5	2 000	3 900	10 100					
12,0	10,0	9,0	8,0	2 000	4 000						
—	11,0	9,5	8,5	2 100	4 200						
—	12,0	10,0	9,0	2 200	4 400						
—	—	11,0	9,5	2 300	4 500						
—	—	12,0	10,0	2 400	4 700						
—	—	—	11,0	2 400	4 800						
—	—	—	12,0	2 500	5 000						

Tabellen zur Annahme der Rohrweiten.

I. Temperaturdifferenz des Wassers: 20°.

1. Senkrechter Abstand des Kessels vom höchstgelegenen Heizkörper der Anlage bis zu 12 m.

B. Heizkörperanschlüsse.

b) Der unterste Heizkörper des in seinen Rohrweiten zu bestimmenden Stranges liegt 0,6 m über Mitte Kessel.

Senkrechter Abstand (h) von Mitte Heizkörper bis Mitte Kessel für die Heizkörper des in einer horizontalen Entfernung vom Kessel liegenden Fallstranges von:				Wärmemenge, welche stündlich vom Heizkörper abgegeben werden kann bei einem Anschluss von:							
(E) bis (E-25)	(E-25) bis (E-50)	(E-50) bis (E-75)	(E-75) bis (E-100)	0,010	0,013	0,019	0,025	0,032	0,038	0,045	0,051
				m Durchmesser							
				79	133	284	491	804	1134	1590	2043
h	h	h	h	qmm Querschnitt							
0,6	—	—	—	100	200	600	1 200	2 300	3 500	5 400	7 400
0,7	0,6	—	—	100	300	900	2 100	3 900	6 100	9 200	12 700
0,8	0,7	0,6	—	200	400	1 300	2 200	4 900	7 500	12 900	
0,9	0,8	0,7	0,6	200	600	1 500	3 000	6 400	9 800		
1,0	0,9	0,8	0,7	300	600	1 700	3 900	7 100	11 000		
1,2	1,0	0,9	0,8	400	800	2 300	4 700	9 600			
1,4	1,2	1,0	0,9	400	900	2 600	5 300	10 700			
1,6	1,4	1,2	1,0	500	1 100	2 900	5 900				
1,8	1,6	1,4	1,2	600	1 200	3 100	6 400				
2,0	1,8	1,6	1,4	600	1 300	3 400	7 500				
2,2	2,0	1,8	1,6	700	1 400	3 600	8 000				
2,4	2,2	2,0	1,8	700	1 400	4 100	8 500				
2,6	2,4	2,4	1,9	700	1 500	4 300	8 900				
2,8	2,6	2,5	2,0	800	1 600	4 500	9 300				
3,0	2,7	2,6	2,2	800	1 700	4 700	9 700				
3,2	2,8	2,7	2,4	900	1 700	4 900	10 100				
3,4	3,0	2,8	2,6	900	1 900	5 100					
3,6	3,2	2,9	2,8	900	2 000	5 200					
3,8	3,4	3,0	2,9	1 000	2 100	5 400					
4,0	3,6	3,4	3,0	1 000	2 100	5 600					
4,5	3,8	3,6	3,1	1 100	2 300	6 400					
5,0	4,0	3,8	3,2	1 200	2 400	6 700					
5,5	4,5	4,0	3,4	1 300	2 600	7 100					
6,0	5,0	4,5	3,6	1 300	2 900	7 500					
6,5	5,5	5,0	3,8	1 400	3 000	7 800					
7,0	6,0	5,5	4,0	1 500	3 100	8 100					
7,5	6,5	6,0	4,5	1 500	3 200	8 500					
8,0	7,0	6,5	5,0	1 700	3 300	8 700					
8,5	7,5	7,0	5,5	1 700	3 500	9 000					
9,0	8,0	7,5	6,0	1 800	3 600	9 300					
9,5	8,5	8,0	6,5	1 900	3 700	9 600					
10,0	9,0	8,5	7,0	1 900	3 800	9 800					
11,0	10,0	9,0	7,5	2 000	4 000	10 400					
12,0	11,0	9,5	8,0	2 100	4 100	—					
—	12,0	10,0	8,5	2 200	4 300	—					
—	—	11,0	9,0	2 300	4 500	—					
—	—	12,0	10,0	2 900	4 700	—					
—	—	—	11,0	2 400	4 800	—					
—	—	—	12,0	2 500	5 000	—					

Tabellen zur Annahme der Rohrweiten.

I. Temperaturdifferenz des Wassers: 20°.

1. Senkrechter Abstand des Kessels vom höchstgelegenen Heizkörper der Anlage bis zu 12 m.

B. Heizkörperanschlüsse.

c) Der unterste Heizkörper des in seinen Rohrweiten zu bestimmenden Stranges liegt 0,7 m über Mitte Kessel.

Senkrechter Abstand (h) von Mitte Heizkörper bis Mitte Kessel für die Heizkörper des in einer horizontalen Entfernung vom Kessel liegenden Fallstranges von:				Wärmemenge, welche stündlich vom Heizkörper abgegeben werden kann bei einem Anschluss von:							
				0,010	0,013	0,019	0,025	0,032	0,038	0,045	0,051
				m Durchmesser							
(E) bis (E-25)	(E-25) bis (E-50)	(E-50) bis (E-75)	(E-75) bis (E-100)	79	133	284	491	804	1134	1590	2043
h	h	h	h	qmm Querschnitt							
0,7	—	—	—	100	200	700	1 400	2 500	3 900	7 100	9 700
0,8	0,7	—	—	100	300	900	2 200	4 200	6 400	9 800	13 400
0,9	0,8	0,7	—	200	400	1 300	2 700	5 000	7 800	13 300	
1,0	0,9	0,8	0,7	200	600	1 500	3 100	6 500	10 000		
1,2	1,0	0,9	0,8	300	700	1 900	4 400	8 000			
1,4	1,2	1,0	0,9	400	800	2 500	5 100	9 200			
1,6	1,4	1,2	1,0	400	1 000	2 800	5 600	10 300			
1,8	1,6	1.4	1,2	600	1 100	3 000	6 200				
2,0	1,8	1,6	1,4	600	1 200	3 300	6 700				
2,2	2,0	1,8	1,6	700	1 300	3 500	7 800				
2,4	2,1	2,0	1,8	700	1 400	3 700	8 300				
2,6	2,2	2,1	2,0	700	1 500	4 200	8 700				
2,8	2,4	2,2	2,1	800	1 600	4 400	9 200				
3,0	2,6	2,4	2,2	800	1 600	4 600	9 600				
3,2	2,8	2,6	2,4	800	1 700	4 800	10 000				
3,4	3,0	2,8	2,6	900	1 900	5 000					
3,6	3,2	3,0	2,8	900	2 000	5 200					
3,8	3,4	3,2	2,9	900	2 000	5 300					
4,0	3,6	3,4	3,0	1 000	2 100	5 500					
4,5	3,8	3,6	3.2	1 100	2 300	6 300					
5,0	4,0	3,8	3,4	1 200	2 400	6 700					
5,5	4,5	4,0	3,6	1 300	2 500	7 000					
6,0	5,0	4,5	3,8	1 300	2 700	7 400					
6,5	5,5	5,0	4,0	1 400	3 000	7 700					
7,0	6,0	5,5	4,5	1 500	3 100	8 003					
7,5	6,5	6,0	5,0	1 500	3 200	8 400					
8,0	7,0	6,5	5,5	1 700	3 300	8 700					
8,5	7,5	6,0	6,0	1 700	3 400	9 000					
9,0	8,0	7,5	6,5	1 800	3 500	9 200					
9,5	8,5	8,0	7,0	1 800	3 600	9 500					
10,0	9,0	8,5	7,5	1 900	3 800	9 800					
11,0	9,5	9,0	8,0	2 000	4 000	10 300					
12,0	10,0	9,5	8,5	2 100	4 100						
—	11,0	10,0	9,0	2 200	4 300						
—	12,0	11,0	9,5	2 300	4 500						
—	—	12,0	10,0	2 400	4 700						
—	—	—	11,0	2 400	4 800						
—	—	—	12,0	2 500	5 000						

Tabellen zur Annahme der Rohrweiten.

I. Temperaturdifferenz des Wassers: 20°.

1. Senkrechter Abstand des Kessels vom höchstgelegenen Heizkörper der Anlage bis zu 12 m.

B. Heizkörperanschlüsse.

d) Der unterste Heizkörper des in seinen Rohrweiten zu bestimmenden Stranges liegt 0,8 m über Mitte Kessel.

Senkrechter Abstand (h) von Mitte Heizkörper bis Mitte Kessel für die Heizkörper des in einer horizontalen Entfernung vom Kessel liegenden Fallstranges von:				Wärmemenge, welche stündlich vom Heizkörper abgegeben werden kann bei einem Anschluss von:							
				0,010	0,013	0,019	0,025	0,032	0,038	0,045	0,051
				m Durchmesser							
(E) bis (E-25)	(E-25) bis (E-50)	(E-50) bis (E-75)	(E-75) bis (E-100)	79	133	284	491	804	1134	1590	2043
h	h	h	h	qmm Querschnitt							
0,8	—	—	—	100	300	700	1 500	2 800	4 300	6 600	9 100
0,9	0,8	—	—	200	400	1 000	2 400	4 400	6 800	10 400	13 800
1,0	0,9	0,8	—	200	400	1 400	2 800	5 300	9 200		
1,2	1,0	0,9	0,8	300	700	1 800	4 100	7 600	11 600		
1,4	1,2	1,0	0,9	400	800	2 400	4 900	8 900			
1,6	1,4	1,2	1,0	400	1 000	2 700	5 500	10 000			
1,8	1,6	1,4	1,2	500	1 100	3 000	6 100				
2,0	1,8	1,6	1,4	600	1 200	3 200	6 600				
2,2	2,0	1,8	1,6	600	1 300	3 500	7 800				
2,4	2,2	1,9	1,8	700	1 400	3 700	8 200				
2,6	2,4	2,0	1,9	700	1 500	4 200	8 700				
2,8	2,6	2,2	2,0	800	1 600	4 400	9 200				
3,0	2,8	2,4	2,2	800	1 600	4 600	9 600				
3,2	3,0	2,6	2,4	800	1 700	4 800	10 000				
3,4	3,2	2,8	2,6	900	1 900	5 000					
3,6	3,4	3,0	2,7	900	2 000	5 200					
3,8	3,6	3,2	2,8	900	2 100	5 400					
4,0	3,8	3,4	3,0	1 000	2 100	5 500					
4,5	4,0	3,6	3,2	1 100	2 300	6 300					
5,0	4,5	4,0	3,4	1 200	2 400	6 700					
5,5	5,0	4,5	3,6	1 300	2 600	7 100					
6,0	5,5	5,0	3,8	1 300	2 900	7 500					
6,5	6,0	5,5	4,0	1 400	3 000	7 800					
7,0	6,5	6,0	4,5	1 500	3 100	8 200					
7,5	7,0	6,5	5,0	1 500	3 200	8 500					
8,0	7,5	7,0	5,5	1 700	3 400	8 800					
8,5	8,0	7,5	6,0	1 800	3 500	9 100					
9,0	8,5	8,0	6,5	1 800	3 600	9 400					
9,5	8,8	8,3	7,0	1 900	3 700	9 700					
10,0	9,0	8,5	7,5	1 900	3 800	9 900					
11,0	9,5	9,0	8,0	2 000	4 005	10 400					
12,0	10,0	9,5	8,5	2 100	4 200						
—	11,0	10,0	9,0	2 200	4 400						
—	12,0	11,0	9,5	2 300	4 600						
—	—	12,0	10,0	2 400	4 700						
—	—	—	11,0	2 500	4 900						
—	—	—	12,0	2 600	5 000						

Tabellen zur Annahme der Rohrweiten.

I. Temperaturdifferenz des Wassers: 20°.

1. Senkrechter Abstand des Kessels vom höchstgelegenen Heizkörper der Anlage bis zu 12 m.

B. Heizkörperanschlüsse.

e) Der unterste Heizkörper des in seinen Rohrweiten zu bestimmenden Stranges liegt 0,9 m über Mitte Kessel.

Senkrechter Abstand (h) von Mitte Heizkörper bis Mitte Kessel für die Heizkörper des in einer horizontalen Entfernung vom Kessel liegenden Fallstranges von:				Wärmemenge, welche stündlich vom Heizkörper abgegeben werden kann bei einem Anschluss von:							
				0,010	**0,013**	**0,019**	**0,025**	**0,032**	**0,038**	**0,045**	**0,051**
				m Durchmesser							
(E) bis (E-25)	**(E-25) bis (E-50)**	**(E-50) bis (E-75)**	**(E-75) bis (E-100)**	**79**	**133**	**284**	**491**	**804**	**1134**	**1590**	**2043**
h	h	h	h	qmm Querschnitt							
0,9	—	—	—	100	300	700	1 500	2 800	5 100	7 800	10 700
1,0	0,9	—	—	200	400	1 000	2 400	4 400	6 800	10 400	
1,2	1,0	0,9	—	200	600	1 600	3 200	6 800	10 500		
1,4	1,2	1,0	0,9	300	700	2 200	4 500	8 200			
1,6	1,4	1,2	1,0	400	800	2 500	5 200	9 500			
1,8	1,6	1,4	1,2	500	1 100	2 800	5 800	10 600			
2,0	1,8	1,6	1,4	500	1 200	3 100	6 300				
2,2	2,0	1,8	1,6	600	1 300	3 400	7 500				
2,4	2,2	2,0	1,8	700	1 400	3 600	8 000				
2,6	2,4	2,2	1,9	700	1 400	3 800	8 500				
2,8	2,6	2,4	2,0	700	1 500	4 300	8 900				
3,0	2,8	2,6	2,2	800	1 600	4 500	9 400				
3,2	3,0	2,8	2,4	800	1 700	4 700	9 800				
3,4	3,2	3,0	2,6	900	1 700	4 900	10 200				
3,6	3,4	3,2	2,8	900	2 000	5 100					
3,8	3,6	3,4	3,0	900	2 000	5 300					
4,0	3,7	3,5	3,2	1 000	2 100	5 500					
4,5	3,8	3,6	3,4	1 100	2 200	6 300					
5,0	4,0	3,8	3,6	1 200	2 400	6 700					
5,5	4,5	4,0	3,8	1 300	2 500	7 000					
6,0	5,0	4,5	4,0	1 300	2 700	7 400					
6,5	5,5	5,0	4,5	1 400	3 000	7 700					
7,0	6,0	5,5	4,8	1 500	3 100	8 100					
7,5	6,5	6,0	5,0	1 500	3 200	8 400					
8,0	7,0	6,5	5,5	1 700	3 300	8 700					
8,5	7,5	7,0	6,0	1 700	3 500	9 000					
9,0	8,0	7,5	6,5	1 800	3 600	9 300					
9,5	8,5	8,0	7,0	1 900	3 700	9 600					
10,0	9,0	8,5	7,5	1 900	3 800	9 900					
11,0	9,5	9,0	8,0	2 000	4 000	10 400					
12,0	10,0	9,5	8,5	2 100	4 200						
—	11,0	10,0	9,0	2 200	4 400						
—	12,0	11,0	9,5	2 300	4 500						
—	—	12,0	10,0	2 400	4 700						
—	—	—	11,0	2 500	4 900						
—	—	—	12,0	2 500	5 000						

Tabellen zur Annahme der Rohrweiten.

I. Temperaturdifferenz des Wassers: 20°.

1. Senkrechter Abstand des Kessels vom höchstgelegenen Heizkörper der Anlage bis zu 12 m.

B. Heizkörperanschlüsse.

f) Der unterste Heizkörper des in seinen Rohrweiten zu bestimmenden Stranges liegt 1,0 m über Mitte Kessel.

Senkrechter Abstand (h) von Mitte Heizkörper bis Mitte Kessel für die Heizkörper des in einer horizontalen Entfernung vom Kessel liegenden Fallstranges von:				Wärmemenge, welche stündlich vom Heizkörper abgegeben werden kann bei einem Anschluss von:							
				0,010	0,013	0,019	0,025	0,032	0,038	0,045	0,051
				m Durchmesser							
(E) bis (E-25)	(E-25) bis (E-50)	(E-50) bis (E-75)	(E-75) bis (E-100)	79	133	284	491	804	1134	1590	2043
h	h	h	h	qmm Querschnitt							
1,0	—	—	—	100	200	700	1 500	2 800	5 000	7 600	10 500
1,2	1,0	—	—	200	400	1 300	2 600	4 800	7 400	12 600	
1,4	1,2	1,0	—	200	600	1 600	3 200	6 700	10 300		
1,6	1,4	1,2	1,0	300	700	1 800	4 200	7 700			
1,8	1,6	1,4	1,2	400	800	2 100	4 800	8 700			
2,0	1,8	1,6	1,4	400	800	2 600	5 200	9 500			
2,2	2,0	1,8	1,6	400	1 000	2 800	5 700	10 300			
2,4	2,2	2,0	1,8	500	1 100	3 000	6 100				
2,6	2,4	2,2	2,0	600	1 200	3 200	6 400				
2,8	2,6	2,4	2,2	600	1 300	3 300	7 500				
3,0	2,8	2,6	2,4	700	1 300	3 500	7 800				
3,2	3,0	2,7	2,6	700	1 400	3 700	8 200				
3,4	3,2	2,8	2,8	700	1 400	4 100	8 500				
3,6	3,4	3,0	2,9	700	1 500	4 300	8 800				
3,8	3,6	3,2	3,0	800	1 600	4 400	9 200				
4,0	3,8	3,4	3,2	800	1 600	4 600	9 500				
4,5	4,0	3,6	3,4	900	1 900	4 900	10 200				
5,0	4,5	3,8	3,6	900	2 000	5 200					
5,5	4,7	4,0	3,8	1 000	2 100	5 600					
6,0	5,0	4,5	4,0	1 100	2 200	6 200					
6,5	5,5	5,0	4,5	1 200	2 300	6 500					
7,0	6,0	5,5	5,0	1 200	2 400	6 800					
7,5	6,5	6,0	5,5	1 300	2 500	7 000					
8,0	7,0	6,5	6,0	1 300	2 600	7 300					
8,5	7,5	7,0	6,5	1 400	2 800	7 600					
9,0	8,0	7,5	7,0	1 400	2 900	7 800					
9,5	8,5	7,8	7,3	1 500	3 100	8 000					
10,0	9,0	8,0	7,5	1 500	3 200	8 300					
11,0	9,5	8,5	8,0	1 700	3 300	8 700					
12,0	10,0	9,0	8,5	1 800	3 500	9 200					
—	11,0	9,5	9,0	1 900	3 700	9 600					
—	12,0	10,0	9,5	1 900	3 800	10 000					
—	—	11,0	10,0	2 000	4 000						
—	—	12,0	11,0	2 100	4 100						
—	—	—	12,0	2 100	4 300						

Tabellen zur Annahme der Rohrweiten.

I. Temperaturdifferenz des Wassers: 20°.

1. Senkrechter Abstand des Kessels vom höchstgelegenen Heizkörper der Anlage bis zu 12 m.

B. Heizkörperanschlüsse.

g) Der unterste Heizkörper des in seinen Rohrweiten zu bestimmenden Stranges liegt 1,25 m über Mitte Kessel.

Senkrechter Abstand (h) von Mitte Heizkörper bis Mitte Kessel für die Heizkörper des in einer horizontalen Entfernung vom Kessel liegenden Fallstranges von:				Wärmemenge, welche stündlich vom Heizkörper abgegeben werden kann bei einem Anschluss von:							
				0,010	**0,013**	**0,019**	**0,025**	**0,032**	**0,038**	**0,045**	**0,051**
				m Durchmesser							
(E) bis **(E-25)**	**(E-25)** bis **(E-50)**	**(E-50)** bis **(E-75)**	**(E-75)** bis **(E-100)**	**79**	**133**	**284**	**491**	**804**	**1134**	**1590**	**2043**
h	h	h	h	qmm Querschnitt							
1,2	—	—	—	100	200	600	1 300	2 500	3 900	6 900	9 500
1,4	1,2	—	—	200	400	1 200	2 500	4 600	7 100	10 800	13 600
1,6	1,4	1,2	—	200	600	1 500	3 100	6 500	10 000		
1,8	1,6	1,4	1,2	300	700	1 800	4 200	7 600			
2,0	1,8	1,6	1,4	400	800	2 300	4 700	8 600			
2,2	2,0	1,8	1,6	400	800	2 500	5 200	9 500			
2,4	2,2	2,0	1,8	400	1 000	2 800	5 600	10 300			
2,6	2,4	2,2	2,0	500	1 100	3 000	6 000				
2,8	2,6	2,4	2,2	600	1 200	3 100	6 400				
3,0	2,8	2,6	2,4	600	1 300	3 300	7 400				
3,2	3,0	2,8	2,6	700	1 300	3 500	7 800				
3,4	3,2	3,0	2,8	700	1 400	3 700	8 200				
3,6	3,4	3,2	3,0	700	1 400	4 100	8 500				
3,8	3,6	3,4	3,1	700	1 500	4 300	8 800				
4,0	3,8	3,6	3,2	800	1 600	4 400	9 200				
4,5	4,0	3,8	3,4	800	1 700	4 800	9 900				
5,0	4,5	4,0	3,6	900	2 000	5 100	10 900				
5,5	4,7	4,5	3,8	1 000	2 100	5 500					
6,0	5,0	4,8	4,0	1 100	2 200	5 700					
6,5	5,5	5,0	4,5	1 200	2 300	6 400					
7,0	6,0	5,5	5,0	1 200	2 400	6 700					
7,5	6,5	6,0	5,5	1 300	2 500	7 000					
8,0	7,0	6,5	6,0	1 300	2 600	7 300					
8,5	7,5	7,0	6,5	1 400	2 900	7 500					
9,0	8,0	7,5	7,0	1 400	3 000	7 800					
9,5	8,5	8,0	7,3	1 500	3 100	8 000					
10,0	9,0	8,5	7,5	1 500	3 200	8 200					
11,0	9,5	9,0	8,0	1 700	3 300	8 700					
12,0	10,0	9,5	8,5	1 800	3 500	9 200					
—	11,0	10,0	9,0	1 800	3 600	9 500					
—	12,0	11,0	9,5	1 900	3 800	9 900					
—	—	12,0	10,0	2 000	4 000	10 300					
—	—	—	11,0	2 100	4 100						
—	—	—	12,0	2 100	4 200						

Tabellen zur Annahme der Rohrweiten.

I. Temperaturdifferenz des Wassers: 20°.

1. Senkrechter Abstand des Kessels vom höchstgelegenen Heizkörper der Anlage bis zu 12 m.

B. Heizkörperanschlüsse.

h) Der unterste Heizkörper des in seinen Rohrweiten zu bestimmenden Stranges liegt 1,5 m über Mitte Kessel.

Senkrechter Abstand (h) von Mitte Heizkörper bis Mitte Kessel für die Heizkörper des in einer horizontalen Entfernung vom Kessel liegenden Fallstranges von:				Wärmemenge, welche stündlich vom Heizkörper abgegeben werden kann bei einem Anschluss von:							
				0,010	0,013	0,019	0,025	0,032	0,038	0,045	0,051
(E) bis E-25)	(E-25) bis (E-50)	(E-50) bis (E-75)	(E-75) bis (E-100)	m Durchmesser							
				79	133	284	491	804	1134	1590	2043
h	h	h	h	qmm Querschnitt							
1,4	—	—	—	100	200	600	1 200	2 200	3 400	5 200	7 100
1,6	1,4	—	—	200	300	1 000	2 300	4 400	6 500	10 200	12 200
1,8	1,6	1,4	—	200	500	1 500	3 000	6 300	9 700		
2,0	1,8	1,6	1,4	300	700	1 800	4 100	7 400	11 400		
2,2	2,0	1,8	1,6	400	700	2 300	4 600	8 400			
2,4	2,2	2,0	1,8	400	800	2 500	5 100	9 300			
2,6	2,4	2,2	2,0	400	1 000	2 700	5 600	10 100			
2,8	2,6	2,4	2,2	500	1 100	2 900	6 000				
3,0	2,8	2,6	2,4	600	1 200	3 100	6 400				
3,2	3,0	2,8	2,6	600	1 200	3 300	7 400				
3,4	3,2	3,0	2,8	600	1 300	3 500	7 800				
3,6	3,4	3,2	2,9	700	1 400	3 600	8 100				
3,8	3,6	3,4	3,0	700	1 400	4 100	8 500				
4,0	3,8	3,6	3,2	700	1 500	4 200	8 800				
4,5	4,0	3,8	3,4	800	1 600	4 600	9 600				
5,0	4,5	4,0	3,6	900	1 900	5 000	10 300				
5,5	5,0	4,5	3,8	900	2 000	5 300					
6,0	5,2	5,0	4,0	1 000	2 100	5 600					
6,5	5,5	5,3	4,5	1 100	2 300	6 300					
7,0	6,0	5,5	5,0	1 200	2 400	6 600					
7,5	6,5	6,0	5,5	1 200	2 500	6 900					
8,0	7,0	6,5	6,0	1 300	2 600	7 100					
8,5	7,5	7,0	6,5	1 300	2 700	7 400					
9,0	8,0	7,5	6,8	1 400	2 900	7 700					
9,5	8,5	8,0	7,0	1 400	3 000	7 900					
10,0	9,0	8,5	7,5	1 500	3 100	8 200					
11,0	9,5	9,0	8,0	1 700	3 300	8 600					
12,0	10,0	9,5	8,5	1 700	3 500	9 000					
—	11,0	10,0	9,0	1 800	3 600	9 500					
—	12,0	11,0	9,5	1 900	3 800	9 900					
—	—	12,0	10,0	2 000	3 900	10 200					
—	—	—	11,0	2 100	4 100						
—	—	—	12,0	2 100	4 200						

Tabellen zur Annahme der Rohrweiten.

I. Temperaturdifferenz des Wassers: 20°.

1. Senkrechter Abstand des Kessels vom höchstgelegenen Heizkörper der Anlage bis zu 12 m.

B. Heizkörperanschlüsse.

i) Der unterste Heizkörper des in seinen Rohrweiten zu bestimmenden Stranges liegt 1,75 m über Mitte Kessel.

Senkrechter Abstand (h) von Mitte Heizkörper bis Mitte Kessel für die Heizkörper des in einer horizontalen Entfernung vom Kessel liegenden Fallstranges von:				Wärmemenge, welche stündlich vom Heizkörper abgegeben werden kann bei einem Anschluss von:							
				0,010	**0,013**	**0,019**	**0,025**	**0,032**	**0,038**	**0,045**	**0,051**
				m Durchmesser							
(E) bis (E-25)	(E-25) bis (E-50)	(E-50) bis (E-75)	(E-75) bis (E-100)	**79**	**133**	**284**	**491**	**804**	**1134**	**1590**	**2043**
h	h	h	h	qmm Querschnitt							
1,8	—	—	—	100	300	900	2 200	4 100	6 300	9 700	13 300
2,0	1,8	—	—	200	400	1 400	2 900	5 400	9 400	14 300	
2,2	2,0	1,8	—	300	600	1 700	4 000	7 300	11 300		
2,4	2,2	2,0	1,8	400	700	2 200	4 600	8 300			
2,6	2,4	2,2	2,0	400	800	2 500	5 100	9 300			
2,8	2,6	2,4	2,2	400	1 000	2 700	5 500	10 100			
3,0	2,8	2,6	2,4	500	1 100	2 900	6 000				
3,2	3,0	2,8	2,6	600	1 200	3 100	6 400				
3,4	3,2	3,0	2,8	600	1 200	3 300	7 400				
3,6	3,4	3,2	3,0	600	1 300	3 500	7 800				
3,8	3,6	3,4	3,1	700	1 400	3 600	8 100				
4,0	3,8	3,6	3,2	700	1 400	4 100	8 500				
4,5	4,0	3,8	3,4	800	1 600	4 500	9 300				
5,0	4,3	4,0	3,6	900	1 700	4 900	10 100				
5,5	4,5	4,5	3,8	900	2 000	5 200					
6,0	5,0	4,7	4,0	1 000	2 100	5 500					
6,5	5,5	5,0	4,5	1 100	2 200	6 200					
7,0	6,0	5,5	5,0	1 200	2 300	6 500					
7,5	6,5	6,0	5,5	1 200	2 500	6 800					
8,0	7,0	6,5	6,0	1 300	2 600	7 100					
8,5	7,5	7,0	6,5	1 300	2 700	7 400					
9,0	8,0	7,5	6,8	1 400	2 900	7 700					
9,5	8,5	8,0	7,0	1 400	3 000	7 900					
10,0	9,0	8,5	7,5	1 500	3 100	8 200					
11,0	9,5	9,0	8,0	1 700	3 300	8 600					
12,0	10,0	9,5	8,5	1 700	3 500	9 000					
—	11,0	10,0	9,0	1 800	3 600	9 500					
—	12,0	11,0	9,5	1 900	3 800	9 900					
—	—	12,0	10,0	2 000	4 000	10 300					
—	—	—	11,0	2 100	4 100	—					
—	—	—	12,0	2 100	4 200	—					

Tabellen zur Annahme der Rohrweiten.

I. Temperaturdifferenz des Wassers: 20°.

1. Senkrechter Abstand des Kessels vom höchstgelegenen Heizkörper der Anlage bis zu 12 m.

B. Heizkörperanschlüsse.

k) Der unterste Heizkörper des in seinen Rohrweiten zu bestimmenden Stranges liegt 2,0 m über Mitte Kessel.

Senkrechter Abstand (h) von Mitte Heizkörper bis Mitte Kessel für die Heizkörper des in einer horizontalen Entfernung vom Kessel liegenden Fallstranges von:				Wärmemenge, welche stündlich vom Heizkörper abgegeben werden kann bei einem Anschluss von:							
(E) bis (E-25)	(E-25) bis (E-50)	(E-50) bis (E-75)	(E-75) bis (E-100)	0,010	0,013	0,019	0,025	0,032	0,038	0,045	0,051
				m Durchmesser							
				79	133	284	491	804	1134	1590	2043
h	h	h	h	qmm Querschnitt							
2,0	—	—	—	100	300	800	1 700	3 800	5 800	8 900	12 200
2,2	2,0	—	—	200	400	1 400	2 800	5 300	9 100	13 900	
2,4	2,2	2,0	—	300	600	1 700	3 900	7 200	11 100		
2,6	2,4	2,2	2,0	300	700	2 200	4 500	8 300			
2,8	2,6	2,4	2,2	400	800	2 500	5 100	9 200			
3,0	2,8	2,6	2,4	400	1 000	2 700	5 500	10 100			
3,2	3,0	2,8	2,6	500	1 100	2 900	6 000				
3,4	3,2	3,0	2,8	600	1 200	3 100	6 400				
3,6	3,4	3,2	3,0	600	1 300	3 300	6 800				
3,8	3,6	3,4	3,2	600	1 300	3 500	7 800				
4,0	3,8	3,6	3,3	700	1 400	3 700	8 200				
4,5	4,0	3,8	3,4	800	1 500	4 400	9 000				
5,0	4,5	4,0	3,6	800	1 700	4 800	9 900				
5,5	4,7	4,5	3,8	900	2 000	5 100	10 800				
6,0	5,0	5,0	4,0	1 000	2 100	5 500	.				
6,5	5,5	5,3	4,5	1 100	2 200	6 200					
7,0	6,0	5,5	5,0	1 200	2 300	6 500					
7,5	6,5	6,0	5,5	1 200	2 400	6 800					
8,0	7,0	6,5	6,0	1 300	2 500	7 000					
8,5	7,5	7,0	6,5	1 300	2 600	7 500					
9,0	8,0	7,5	7,0	1 400	2 900	7 600					
9,5	8,5	8,0	7,3	1 400	3 000	7 900					
10,0	9,0	8,5	7,5	1 500	3 100	8 100					
11,0	9,5	9,0	8,0	1 700	3 300	8 600					
12,0	10,0	9,5	8,5	1 800	3 500	9 100					
—	11,0	10,0	9,0	1 800	3 600	9 500					
—	12,0	11,0	9,5	1 900	3 800	9 900					
—	—	12,0	10,0	2 000	4 000	10 300					
—	—	—	11,0	2 100	4 100	—					
—	—	—	12,0	2 100	4 300	—					

Tabellen zur Annahme der Rohrweiten.

I. Temperaturdifferenz des Wassers: 20°.

1. Senkrechter Abstand des Kessels vom höchstgelegenen Heizkörper der Anlage bis zu 12 m.

B. Heizkörperanschlüsse.

1) Der unterste Heizkörper des in seinen Rohrweiten zu bestimmenden Stranges liegt 2,5 m über Mitte Kessel.

Senkrechter Abstand (h) von Mitte Heizkörper bis Mitte Kessel für die Heizkörper des in einer horizontalen Entfernung vom Kessel liegenden Fallstranges von:				Wärmemenge, welche stündlich vom Heizkörper abgegeben werden kann bei einem Anschluss von:							
				0,010	0,013	0,019	0,025	0,032	0,038	0,045	0,051
(E) bis (E-25)	(E-25) bis (E-50)	(E-50) bis (E-75)	(E-75) bis (E-100)	m Durchmesser							
				79	133	284	491	804	1134	1590	2043
h	h	h	h	qmm Querschnitt							
2,4	—	—	—	100	200	600	1 300	2 400	3 800	5 700	9 300
2,6	2,4	—	—	200	400	1 200	2 500	4 600	7 100	10 800	14 400
2,8	2,6	—	—	200	600	1 600	3 100	6 600	10 100		
3,0	2,8	2,4	—	300	700	1 800	4 200	7 700			
3,2	3,0	2,6	2,4	400	800	2 300	4 800	8 800			
3,4	3,2	2,8	2,6	400	900	2 600	5 300	9 600			
3,6	3,4	3,0	2,8	500	1 100	2 800	5 800	10 500			
3,8	3,6	3,2	3,0	600	1 100	3 000	6 200				
4,0	3,8	3,4	3,2	600	1 200	3 200	6 600				
4,5	4,0	3,6	3,4	700	1 400	3 700	8 200				
5,0	4,5	3,8	3,6	800	1 500	4 400	9 000				
5,5	5,0	4,0	3,8	800	1 700	4 800	9 900				
6,0	5,5	4,5	4,0	900	2 000	5 100	10 800				
6,5	5,7	5,0	4,5	1 000	2 100	5 500					
7,0	6,0	5,5	4,8	1 100	2 200	6 200					
7,5	6,5	5,8	5,0	1 200	2 300	6 500					
8,0	7,0	6,0	5,5	1 200	2 400	6 800					
8,5	7,5	6,5	5,7	1 300	2 500	7 000					
9,0	8,0	7,0	6,0	1 300	2 600	7 300					
9,5	8,5	7,5	6,5	1 400	2 900	7 600					
10,0	9,0	8,0	7,0	1 400	3 000	7 900					
11,0	9,5	8,5	7,5	1 500	3 200	8 400					
12,0	10,0	9,0	8,0	1 700	3 400	8 800					
—	11,0	10,0	8,5	1 800	3 500	9 200					
—	12,0	11,0	9,0	1 900	3 500	9 700					
—	—	12,0	10,0	2 000	3 900	10 100					
—	—	—	11,0	2 000	4 000						
—	—	—	12,0	2 100	4 200						

Tabellen zur Annahme der Rohrweiten.

I. Temperaturdifferenz des Wassers: 20°.

1. Senkrechter Abstand des Kessels vom höchstgelegenen Heizkörper der Anlage bis zu 12 m.

B. Heizkörperanschlüsse.

m) Der unterste Heizkörper des in seinen Rohrweiten zu bestimmenden Stranges liegt 3,0 m über Mitte Kessel.

Senkrechter Abstand (h) von Mitte Heizkörper bis Mitte Kessel für die Heizkörper des in einer horizontalen Entfernung vom Kessel liegenden Fallstranges von:				Wärmemenge, welche stündlich vom Heizkörper abgegeben werden kann bei einem Anschluss von:							
				0,010	0,013	0,019	0,025	0,032	0,038	0,045	0,051
				m Durchmesser							
(E) bis (E-25)	(E-25) bis (E-50)	(E-50) bis (E-75)	(E-75) bis (E-100)	79	133	284	491	804	1134	1590	2043
h	h	h	h	qmm Querschnitt							
3,0	—	—	—	100	300	900	1 700	3 800	5 900	9 000	12 400
3,2	—	—	—	200	400	1 200	2 400	5 300	8 100	12 400	
3,4	—	—	—	300	500	1 700	3 400	6 400			
3,6	3,0	—	—	400	700	2 200	4 500	8 300			
3,8	3,2	—	—	400	800	2 500	5 100	9 200			
4,0	3,4	—	—	500	1 000	2 700	5 500	10 100			
4,5	3,6	3,0	—	600	1 200	3 200	6 600				
5,0	3,8	3,5	3,0	700	1 400	3 700	8 200				
5,5	4,0	3,7	3,2	800	1 500	4 100	9 100				
6,0	4,5	4,0	3,5	800	1 700	4 800	9 900				
6,5	5,0	4,5	4,0	900	2 000	5 100	10 800				
7,0	5,5	5,0	4,5	1 000	2 100	5 500					
7,5	6,0	5,5	5,0	1 100	2 200	6 200					
8,0	6,3	5,8	5,3	1 200	2 300	6 500					
8,5	6,5	6,0	5,5	1 200	2 400	6 800					
9,0	7,0	6,5	6,0	1 300	2 600	7 100					
9,5	7,5	7,0	6,5	1 300	2 700	7 400					
10,0	8,0	7,5	7,0	1 400	2 900	7 600					
11,0	9,0	7,7	7,5	1 500	3 100	8 100					
12,0	10,0	8,0	7,7	1 600	3 300	8 600					
—	11,0	9,0	8,0	1 700	3 500	9 100					
—	12,0	10,0	9,0	1 800	3 700	9 500					
—	—	11,0	10,0	1 900	3 800	10 000					
—	—	12,0	11,0	2 000	4 000						
—	—	—	12,0	2 100	4 100						

Tabellen zur Annahme der Rohrweiten.

I. Temperaturdifferenz des Wassers: 20°.

1. Senkrechter Abstand des Kessels vom höchstgelegenen Heizkörper der Anlage bis zu 12 m.

B. Heizkörperanschlüsse.

n) Der unterste Heizkörper des in seinen Rohrweiten zu bestimmenden Stranges liegt 4,0 m über Mitte Kessel.

Senkrechter Abstand (h) von Mitte Heizkörper bis Mitte Kessel für die Heizkörper des in einer horizontalen Entfernung vom Kessel liegenden Fallstranges von:				Wärmemenge, welche stündlich vom Heizkörper abgegeben werden kann bei einem Anschluss von:							
				0,010	0,013	0,019	0,025	0,032	0,038	0,045	0,051
				m Durchmesser							
(E) bis (E-25)	(E-25) bis (E-50)	(E-50) bis (E-75)	(E-75) bis (E-100)	79	133	284	491	804	1134	1590	2043
h	h	h	h	qmm Querschnitt							
4,0	—	—	—	100	300	800	1 700	3 800	5 900	9 000	12 400
4,5	—	—	—	300	700	1 800	4 200	7 700	11 900		
5,0	4,0	—	—	400	1 000	2 700	5 500	10 100			
5,5	4,5	—	—	600	1 200	3 200	6 600				
6,0	5,0	4,0	—	700	1 400	3 700	8 200				
6,5	5,5	4,5	—	800	1 500	4 400	9 000				
7,0	6,0	5,0	—	800	1 700	4 800	9 900				
7,5	6,5	5,5	4,0	900	2 000	5 100	10 800				
8,0	7,0	6,0	4,5	1 000	2 100	5 500					
8,5	7,5	6,5	5,0	1 100	2 200	6 200					
9,0	8,0	7,0	5,5	1 200	2 300	6 500					
9,5	8,5	7,5	6,0	1 200	2 400	6 800					
10,0	9,0	8,0	6,5	1 300	2 500	7 000					
11,0	10,0	8,5	7,0	1 400	2 900	7 600					
12,0	11,0	9,0	7,5	1 500	3 100	8 100					
—	12,0	10,0	8,0	1 600	3 300	8 600					
—	—	11,0	9,0	1 700	3 500	9 100					
—	—	12,0	10,0	1 800	3 600	9 500					
—	—	—	11,0	1 900	3 800	9 900					
—	—	—	12,0	2 000	4 000	10 300					

Tabellen zur Annahme der Rohrweiten.

I. Temperaturdifferenz des Wassers: 20°.

1. Senkrechter Abstand des Kessels vom höchstgelegenen Heizkörper der Anlage bis zu 12 m.

B. Heizkörperanschlüsse.

o) Der unterste Heizkörper des in seinen Rohrweiten zu bestimmenden Stranges liegt 5,0 m über Mitte Kessel.

Senkrechter Abstand (h) von Mitte Heizkörper bis Mitte Kessel für die Heizkörper des in einer horizontalen Entfernung vom Kessel liegenden Fallstranges von:				Wärmemenge, welche stündlich vom Heizkörper abgegeben werden kann bei einem Anschluss von:							
				0,010	0,013	0,019	0,025	0,032	0,038	0,045	0,051
(E) bis E-25)	(E-25) bis (E-50)	(E-50) bis (E-75)	(E-75) bis (E-100)	m Durchmesser							
				79	133	284	491	804	1134	1590	2043
h	h	h	h	qmm Querschnitt							
5,0	—	—	—	100	300	800	1 700	3 800	5 900	9 000	12 400
5,5	—	—	—	300	700	1 800	4 200	7 700	11 900		
6.0	5,0	—	—	400	900	2 700	5 500	10 100			
6,5	5,5	—	—	600	1 200	3 200	6 600				
7,0	6,0	—	—	700	1 400	3 700	8 200				
7,5	6,5	5,0	—	800	1 500	4 400	9 900				
8,0	7,0	5,5	—	800	1 700	4 800	10 800				
8,5	7,5	6,0	5,0	900	2 000	5 100					
9,0	8,0	6,5	5,5	1 000	2 100	5 500					
9,5	8,5	7,0	6,0	1 100	2 200	6 200					
10,0	9,0	7,5	6,5	1 200	2 300	6 500					
11,0	9,5	8,0	7,0	1 300	2 500	7 000					
12,0	10,0	9,0	7,5	1 400	2 900	7 600					
—	11,0	10,0	8.0	1 500	3 100	8 100					
—	12,0	11,0	9,0	1 600	3 300	8 600					
—	—	12,0	10,0	1 700	3 500	9 100					
—	—	—	11,0	1 800	3 600	9 500					
—	—	—	12,0	1 900	3 800	9 900					

p) Der unterste Heizkörper des in seinen Rohrweiten zu bestimmenden Stranges liegt 6,0 m über Mitte Kessel.

h	h	h	h	0,010	0,013	0,019	0,025	0,032	0,038	0,045	0,051
6,0	—	—	—	100	300	800	1 700	3 800	5 900	9 000	12 400
6,5	—	—	—	300	700	1 800	4 200	7 700	11 900		
7,0	6,0	—	—	400	1 000	2 700	5 500	10 100			
7,5	6,5	—	—	600	1 200	3 200	6 600				
8,0	7,0	6,0	—	700	1 400	3 700	8 200				
8,5	7,5	6,5	—	800	1 500	4 400	9 000				
9,0	8,0	7,0	—	800	1 700	4 800	9 900				
9,5	8,5	7,5	6,0	900	2 000	5 100	10 800				
10,0	9,0	8,0	6,5	1 000	2 100	5 500					
11,0	9,5	8,5	7,0	1 200	2 300	6 500					
12,0	10,0	9,0	7,5	1 300	2 600	7 100					
—	11,0	10,0	8,0	1 400	2 900	7 600					
—	12,0	11,0	9,0	1 500	3 100	8 100					
—	—	12,0	10,0	1 700	3 300	8 600					
—	—	—	11,0	1 800	3 500	9 100					
—	—	—	12,0	1 800	3 600	9 500					

Tabellen zur Annahme der Rohrweiten.

I. Temperaturdifferenz des Wassers: 20°.

1. Senkrechter Abstand des Kessels vom höchstgelegenen Heizkörper der Anlage bis zu 12 m.

B. Heizkörperanschlüsse.

q) Der unterste Heizkörper des in seinen Rohrweiten zu bestimmenden Stranges liegt 7,0 m über Mitte Kessel.

Senkrechter Abstand (h) von Mitte Heizkörper bis Mitte Kessel für die Heizkörper des in einer horizontalen Entfernung vom Kessel liegenden Fallstranges von:				Wärmemenge, welche stündlich vom Heizkörper abgegeben werden kann bei einem Anschluss von:							
(E) bis (E-25)	(E-25) bis (E-50)	(E-50) bis (E-75)	(E-75) bis (E-100)	0,010	0,013	0,019	0,025	0,032	0,038	0,045	0,051
				m Durchmesser							
				79	133	284	491	804	1134	1590	2043
h	h	h	h	qmm Querschnitt							
7,0	—	—	—	200	400	1 000	2 400	4 400	6 700	10 200	
7,5	—	—	—	300	600	1 600	3 400	6 200	9 500		
8,0	7,0	—	—	400	800	2 000	4 200	8 200	12 600		
8,5	7,5	—	—	400	900	2 300	5 300	9 500			
9,0	8,0	7,0	—	500	1 000	2 800	5 900	10 600			
9,5	8,5	7,5	—	500	1 100	3 100	6 500				
10,0	9,0	8,0	—	600	1 300	3 400	7 100				
11,0	10,0	8,5	7,0	700	1 500	4 100	8 100				
12,0	11,0	9,0	7,5	800	1 600	4 500	9 000				
—	12,0	10,0	8,0	900	1 900	4 900	9 700				
—	—	11,0	9,0	900	2 000	5 300	10 500				
—	—	12,0	10,0	1 100	2 100	5 600					
—	—	—	11,0	1 100	2 300	5 900					
—	—	—	12,0	1 200	2 400	6 300					

r) Der unterste Heizkörper des in seinen Rohrweiten zu bestimmenden Stranges liegt 8,0 m über Mitte Kessel.

(E) bis (E-25)	(E-25) bis (E-50)	(E-50) bis (E-75)	(E-75) bis (E-100)	0,010	0,013	0,019	0,025	0,032	0,038	0,045	0,051
8,0	—	—	—	200	400	1 000	2 400	4 400	6 700	10 200	—
8,5	—	—	—	300	600	1 600	3 400	6 200	9 500		
9,0	—	—	—	400	800	2 000	4 200	8 200	12 600		
9,5	—	—	—	400	900	2 300	5 300	9 500			
10,0	8,0	—	—	500	1 000	2 800	5 900	10 600			
11,0	10,0	8,0	—	600	1 300	3 400	7 100				
12,0	11,0	9,0	—	700	1 500	4 100	8 100				
—	12,0	10,0	8,0	800	1 600	4 500	9 000				
—	—	11,0	9,0	900	1 900	4 900	9 700				
—	—	12,0	10,0	900	2 000	5 300	10 500				
—	—	—	11,0	1 100	2 100	5 600					
—	—	—	12,0	1 100	2 300	5 900					

Tabellen zur Annahme der Rohrweiten.

I. Temperaturdifferenz des Wassers: 20°.

1. Senkrechter Abstand des Kessels vom höchstgelegenen Heizkörper der Anlage bis zu 12 m.

B. Heizkörperanschlüsse.

s) Der unterste Heizkörper des in seinen Rohrweiten zu bestimmenden Stranges liegt 9,0 m über Mitte Kessel.

Senkrechter Abstand (h) von Mitte Heizkörper bis Mitte Kessel für die Heizkörper des in einer horizontalen Entfernung vom Kessel liegenden Fallstranges von:				Wärmemenge, welche stündlich vom Heizkörper abgegeben werden kann bei einem Anschluss von:							
				0,010	0,013	0,019	0,025	0,032	0,038	0,045	0,051
				m Durchmesser							
(E) bis (E-25)	(E-25) bis (E-50)	(E-50) bis (E-75)	(E-75) bis (E-100)	79	133	284	491	804	1134	1590	2043
h	h	h	h	qmm Querschnitt							
9,0	—	—	—	200	400	1 000	2 400	4 400	6 700	10 200	—
9,5	—	—	—	300	600	1 600	3 400	6 200	9 500		
10,0	9,0	—	—	400	800	2 000	4 200	8 200	12 600		
11,0	9,5	—	—	500	1 000	2 800	5 900	10 600			
12,0	10,0	9,0	—	600	1 300	3 400	7 100				
—	11,0	9,5	—	700	1 500	4 100	8 100				
—	12,0	10,0	—	800	1 600	4 500	9 000				
—	—	11,0	9,0	900	1 900	4 900	9 700				
—	—	12,0	10,0	900	2 000	5 300	10 500				
—	—	—	11,0	1 100	2 100	5 600					
—	—	—	12,0	1 100	2 300	5 900					

t) Der unterste Heizkörper des in seinen Rohrweiten zu bestimmenden Stranges liegt 10,0 m über Mitte Kessel.

(E) bis (E-25) h	(E-25) bis (E-50) h	(E-50) bis (E-75) h	(E-75) bis (E-100) h	0,010	0,013	0,019	0,025	0,032	0,038	0,045	0,051
10,0	—	—	—	200	400	1 000	2 400	4 400	6 700	10 200	—
11,0	—	—	—	400	800	2 000	4 200	8 200	12 600		
12,0	10,0	—	—	500	1 000	2 800	5 900	10 600			
—	11,0	—	—	600	1 300	3 400	7 100				
—	12,0	10,0	—	700	1 500	4 100	8 100				
—	—	11,0	—	800	1 600	4 500	9 000				
—	—	12,0	10,0	900	1 900	4 900	9 700				
—	—	—	11,0	900	2 000	5 300	10 500				
—	—	—	12,0	1 100	2 100	5 600					

Tabellen zur Annahme der Rohrweiten.

I. Temperaturdifferenz des Wassers: 20°.

2. Senkrechter Abstand des Kessels vom höchstgelegenen Heizkörper der Anlage über 12 m.

A. Hauptleitung (Vertheilungs- und Sammelleitung).

a) Horizontale Entfernung des Kessels vom letzten Fallstrang: E bis 25 m

Wärmemenge, welche stündlich durch die Rohrleitung gefördert werden kann bei einer Rohrweite (in Metern) von:

Senkr. Abstand v. Mitte Kessel bis Mitte des tiefstgeleg. Heizkörpers der Anlage in Metern	0,032	0,038	0,045	0,051	0,057	0,063	0,069	0,075	0,082	0,088	0,094	0,100	0,106	0,111
0,5	1000	1600	2500	3400	4650	5900	7800	9700	12000	14600	17300	20400	23800	26700
0,6	1200	1800	2800	3850	5300	6600	8700	10750	13300	16300	19500	22700	26300	29900
0,7	1300	1950	3000	4150	5750	7400	9350	11600	14600	17500	20900	24600	28600	32300
0,8	1350	2100	3300	4500	6250	7950	10100	12600	15700	19000	22500	26400	31000	34900
0,9	1450	2250	3500	4800	6550	8500	10700	13300	16700	20300	24000	28100	32800	37100
1,0	1500	2400	3800	5050	6850	8850	11300	13900	17700	21300	25300	29800	34600	39200
1,25	1850	2900	4400	6200	8250	11000	13700	16900	21400	25900	30700	36100	42000	47300
1,5	2150	3300	5200	7250	9550	12400	15900	19700	24900	30000	34700	41900	48800	55100
1,75	2400	3750	5800	8100	10800	13900	17900	22200	28000	33700	39800	47100	55000	61800
2,0	2600	4150	6400	8900	11900	15300	19700	24400	30800	37200	44200	51800	60400	68000
2,5	3150	4900	7700	10600	14200	18400	23500	29000	36700	44200	52700	61600	71900	81000
3,0	3600	5600	8800	12200	16400	21100	26900	33400	42000	50800	60100	70600	82500	92500
4,0	4450	6900	10750	14800	20000	25800	32900	40900	51600	62000	73600	86200	100400	113100
5,0	5100	8100	12600	17300	23200	29900	38400	47500	59700	71800	85300	100000	116400	131100
6,0	5850	9200	14000	19500	26200	33800	43100	53500	67300	80900	96000	111700	131100	147900
7,0	6450	10000	15600	21600	28900	37300	47600	59100	74200	89300	106000	124200	144700	162700
8,0	7000	11000	17000	23500	31500	40600	51700	64200	80700	97100	115100	135200	156600	176800
9,0	7600	11800	18300	25300	33800	43700	55700	69100	86800	104400	123700	142000	169200	190300
10,0	8150	12600	19600	27100	36100	46700	59600	73800	92700	111400	132200	155100	180400	203100

b) Horizontale Entfernung des Kessels vom letzten Fallstrang: E über 25 bis 50 m

Wärmemenge, welche stündlich durch die Rohrleitung gefördert werden kann bei einer Rohrweite (in Metern) von:

Senkr. Abstand v. Mitte Kessel bis Mitte des tiefstgeleg. Heizkörpers der Anlage in Metern	0,032	0,038	0,045	0,051	0,057	0,063	0,069	0,075	0,082	0,088	0,094	0,100	0,106	0,111
0,5	750	1200	1900	2600	3550	4550	5800	7050	9250	11100	13200	15500	18200	20400
0,6	850	1350	2150	2850	4000	5050	6550	8200	10300	12600	14800	17400	20300	22500
0,7	950	1500	2350	3150	4350	5550	7150	9000	11200	13600	16100	19000	22000	24700
0,8	1050	1600	2500	3400	4650	6000	7750	9600	12100	14600	17300	20400	23800	26600
0,9	1100	1700	2600	3600	4950	6350	8200	10100	12900	15400	18300	21400	25100	28200
1,0	1150	1800	2800	3800	5300	6800	8700	10700	13500	16000	19500	22800	26500	29900
1,25	1400	2150	3450	4600	6400	8250	10500	13000	16400	19700	23400	27400	32100	36200
1,5	1600	2550	4000	5450	7300	9450	12100	15000	18800	22800	27100	31900	37500	42200
1,75	1800	2950	4400	6200	8200	10600	13600	16900	21300	25800	30600	35900	41800	47100
2,0	2050	3400	4900	6800	9100	11700	15100	18700	23600	28300	34000	39700	46300	52200
2,5	2400	3800	5850	8100	10900	14000	18000	22400	28200	34000	40100	47400	55500	62300
3,0	2750	4300	6700	9300	12500	15900	20700	25700	32200	38900	46200	54200	63100	71000
4,0	3400	5250	8200	11400	15300	19800	25400	31400	39600	47500	56400	66400	77100	86900
5,0	3950	6150	9600	13300	17700	23000	29600	36600	45900	55300	65300	77000	89600	100800
6,0	4500	7000	10850	15000	20100	26000	33100	41200	51900	62400	74200	86800	101300	113700
7,0	4950	7750	11900	16500	22200	28700	36500	45600	57200	68800	81600	95900	111600	125600
8,0	5400	8450	13050	18000	24100	31400	39900	49500	62200	74900	88800	104400	121400	136800
9,0	5850	9100	14050	19400	26100	33600	42900	53200	67000	80400	95700	112300	130700	146900
10,0	6250	9700	15100	20900	27900	36000	45900	57000	71600	86000	102200	120000	139700	156900

Tabellen zur Annahme der Rohrweiten.

I. Temperaturdifferenz des Wassers: 20°.

2. Senkrechter Abstand des Kessels vom höchstgelegenen Heizkörper der Anlage über 12 m.

A. Hauptleitung (Vertheilungs- und Sammelleitung).

a) Horizontale Entfernung des Kessels vom letzten Fallstrang: E bis 25 m

Wärmemenge, welche stündlich durch die Rohrleitung gefördert werden kann bei einer Rohrweite (in Metern) von:

0,118	0,124	0,130	0,136	0,143	0,155	0,168	0,178	0,191	0,202	0,215	0,226	Senkr. Abstand v. Mitte Kessel bis Mitte des tiefstgeleg. Heizkörpers der Anlage in Metern
31200	35100	40900	45900	51900	64700	79200	92700	110600	128400	150900	171300	0,5
35400	40000	45600	51000	58000	72500	88800	103800	123200	142800	169400	192400	0,6
38100	43300	49300	55000	62400	79100	95600	111700	132200	155600	182200	207200	0,7
41000	47000	53300	59500	67400	84000	103300	119500	143300	167100	196100	223300	0,8
43700	49700	56200	63000	71300	88900	109300	127200	152100	176000	207200	235900	0,9
46100	52200	60300	66300	75200	94000	115400	134400	160900	185300	218400	249500	1,0
55600	63200	71600	80400	91300	113900	139800	162700	194400	224700	265000	301000	1,25
64400	73000	83100	93400	105900	132100	162100	199500	223800	260600	307400	349300	1,5
72400	82200	93400	104600	118600	148200	182400	211900	252300	293100	344400	390200	1,75
79700	90600	102500	115100	130700	162400	200100	232400	277700	320700	377300	429500	2,0
95000	106700	122000	137400	155300	193800	238000	274100	331200	382000	448500	511000	2,5
108600	123100	139500	156400	177800	221100	272000	315800	377200	435800	513600	583100	3,0
132500	150400	170400	191200	216500	269800	331600	385400	459700	530500	622800	710500	4,0
153700	174200	197500	221500	251400	312500	383200	446100	526400	614200	721200	819700	5,0
172900	196200	222400	246000	282800	350900	431600	500400	598300	691300	812600	923100	6,0
191000	216500	245400	274800	311400	387900	475200	551700	659600	756700	896800	1016300	7,0
207400	235000	266500	298600	338000	420500	516500	600000	715400	824600	972900	1104800	8,0
222900	253000	286100	320900	363900	452100	555600	644900	770000	876000	1043300	1187700	9,0
237900	269700	305600	342500	388700	482000	592800	687000	820500	944900	1112700	1267600	10,0

b) Horizontale Entfernung des Kessels vom letzten Fallstrang: E über 25 bis 50 m

Wärmemenge, welche stündlich durch die Rohrleitung gefördert werden kann bei einer Rohrweite (in Metern) von:

0,118	0,124	0,130	0,136	0,143	0,155	0,168	0,178	0,191	0,202	0,215	0,226	Senkr. Abstand v. Mitte Kessel bis Mitte des tiefstgeleg. Heizkörpers der Anlage in Metern
24000	27200	30700	34200	39300	48900	59900	70100	83800	99600	114700	129500	0,5
26900	30600	34700	39100	44100	55200	67700	78900	94500	110000	129700	146400	0,6
29200	33100	37900	42700	48100	60000	74200	86200	103400	119800	140300	159600	0,7
31600	35400	40800	45900	51900	64700	79200	92700	110600	128400	151900	171300	0,8
33300	37700	43100	48200	54700	68300	83700	97700	116400	134800	159300	180700	0,9
35400	40000	45600	51000	58000	72400	88800	104200	123200	142800	169400	192500	1,0
42600	48600	55100	61600	69600	86600	106700	123900	148400	172200	202400	230600	1,25
49300	55800	63700	71400	80900	100600	124100	144200	173000	199400	234300	267600	1,5
55300	62800	71200	79900	94500	113300	139600	161700	193300	223400	263600	299300	1,75
61200	69400	78700	88100	100600	124000	153900	178900	212900	247100	290800	331800	2,0
73000	82700	94100	105400	119200	149200	183500	213200	254000	293100	346500	393000	2,5
83500	94600	107400	120500	136700	170200	209300	242900	290900	335300	395400	450700	3,0
101800	115600	131100	146600	166500	207400	255200	296400	360700	408800	481900	547300	4,0
118400	134200	152200	170800	193800	241000	296000	344000	411200	474300	558900	635200	5,0
133400	151400	171600	192300	216800	271300	333700	387700	462700	534000	626400	712500	6,0
147200	167000	189200	212200	240600	299100	367900	428000	509700	589600	690200	787800	7,0
160100	180900	206300	230700	261800	326000	400200	464900	554800	640400	754000	858300	8,0
172200	195600	221600	248700	281700	349800	430400	498900	596400	688900	810400	920700	9,0
183800	208700	236600	265300	300700	374300	459600	533200	635700	735100	875800	981000	10,0

Tabellen zur Annahme der Rohrweiten.

I. Temperaturdifferenz des Wassers: 20°.

2. Senkrechter Abstand des Kessels vom höchstgelegenen Heizkörper der Anlage über 12 m.

A. Hauptleitung (Vertheilungs- und Sammelleitung).

c) Horizontale Entfernung des Kessels vom letzten Fallstrang: E über 50 bis 75 m

Wärmemenge, welche stündlich durch die Rohrleitung gefördert werden kann bei einer Rohrweite (in Metern) von:

Senkr. Abstand v. Mitte Kessel bis Mitte des tiefstgeleg. Heizkörpers der Anlage in Metern	0,032	0,038	0,045	0,051	0,057	0,063	0,069	0,075	0,082	0,088	0,094	0,100	0,106	0,111
0,5	640	1000	1600	2200	2950	3600	4800	6000	7400	9300	11100	13000	15500	17400
0,6	720	1100	1800	2450	3300	4200	5400	6750	8500	10400	12400	14500	17000	19100
0,7	790	1250	1950	2650	3650	4650	5900	7400	9450	11400	13500	15800	18600	20700
0,8	850	1300	2050	2850	3850	4950	6300	7900	10000	12100	14300	16900	19600	21900
0,9	900	1400	2200	3000	4050	5250	6700	8400	10500	12800	15100	17800	20700	23000
1,0	950	1500	2350	3200	4350	5550	7150	9000	11200	13600	16100	19000	22000	24700
1,25	1200	1800	2800	3850	5300	6900	8700	10750	13300	16300	19500	22700	26300	29900
1,5	1350	2100	3300	4500	6250	7950	10100	12600	15700	19000	22500	26400	31000	34900
1,75	1500	2400	3700	5050	6850	8850	11300	13900	17700	21300	25300	29800	34600	39200
2,0	1650	2650	4050	5650	7500	9700	12400	15400	19400	23500	27900	32700	38300	43100
2,5	2000	3150	4850	6750	9000	11600	15000	18500	23300	28000	33600	39300	46100	51700
3,0	2300	3600	5550	7750	10300	13400	17000	21300	26800	32200	38200	45000	52600	59200
4,0	2850	4300	6850	9450	12700	16400	21100	26200	32900	39600	47100	55200	64400	72500
5,0	3200	5100	7950	11000	14800	19200	24500	30400	38200	45800	54500	64200	74800	84000
6,0	3700	5800	9000	12500	16700	21600	27700	34400	43000	52000	61500	72500	84200	94700
7,0	4100	6450	10000	13800	18500	24000	30700	37800	47500	57200	68400	80000	93200	104800
8,0	4500	7000	10900	15100	20200	26100	33200	41000	52200	62500	74500	87100	102400	114200
9,0	4850	7550	11750	16300	21700	28000	35800	44600	55900	67200	79800	93700	109000	122700
10,0	5200	8050	12260	17400	23200	29900	38400	47800	59700	71800	85200	100400	116500	131100

d) Horizontale Entfernung des Kessels vom letzten Fallstrang: E über 75 bis 100 m

Wärmemenge, welche stündlich durch die Rohrleitung gefördert werden kann bei einer Rohrweite (in Metern) von:

Senkr. Abstand v. Mitte Kessel bis Mitte des tiefstgeleg. Heizkörpers der Anlage in Metern	0,032	0,038	0,045	0,051	0,057	0,063	0,069	0,075	0,082	0,088	0,094	0,100	0,106	0,111
0,5	530	850	1350	1850	2450	3250	4100	5200	6450	7950	9350	11000	12900	14300
0,6	600	950	1550	2150	2750	3750	4650	5850	7400	8950	10800	12600	15000	17000
0,7	660	1050	1700	2300	3100	3950	5100	6350	8100	9850	11800	13800	16300	18300
0,8	720	1150	1800	2500	3400	4350	5500	6900	8800	10700	12700	14800	17500	19600
0,9	770	1200	1900	2600	3550	4550	5800	7050	9250	11100	13200	15500	18200	20400
1,0	830	1300	2050	2800	3750	4750	6200	7750	9800	11800	14000	16600	19300	21500
1,25	1000	1600	2450	3300	4550	5850	7550	9400	11700	14200	16800	19900	23100	25900
1,5	1200	1800	2800	3850	5300	6950	8700	10750	13300	16300	19500	22700	26300	29900
1,75	1300	2050	3200	4350	6050	7850	9850	12300	15300	18500	21900	25700	30000	34000
2,0	1450	2250	3550	4800	6550	8500	10800	13400	16900	20400	24100	28300	32100	37400
2,5	1750	2700	4200	5850	7750	10100	12900	16000	20100	24100	29100	34000	39900	44700
3,0	2000	3100	4800	6700	8900	11500	14800	18400	23100	27800	33300	39000	45400	51200
4,0	2450	3850	5900	8250	11000	14200	18300	22800	28600	34500	40600	48100	56200	63100
5,0	2850	4450	6900	9600	12900	16600	21300	26500	33200	40100	46600	55800	65000	74200
6,0	3200	5000	7850	10850	14700	19100	24000	29800	37500	44800	53400	62900	73400	82600
7,0	3550	5600	8700	11900	16200	20800	26600	32900	41300	50000	59300	69500	80900	91300
8,0	3900	6100	9450	13100	17500	22700	29000	36100	45200	54400	64500	75800	88200	99100
9,0	4200	6550	10200	14100	18800	24500	31300	38700	48400	58500	69600	81700	95100	107000
10,0	4500	7000	10900	15100	20200	26200	33200	41300	52200	62600	74600	87200	101100	114200

Tabellen zur Annahme der Rohrweiten.

I. Temperaturdifferenz des Wassers: 20°.

2. Senkrechter Abstand des Kessels vom höchstgelegenen Heizkörper der Anlage über 12 m.

A. Hauptleitung (Vertheilungs- und Sammelleitung).

c) Horizontale Entfernung des Kessels vom letzten Fallstrang: E über 50 bis 75 m

Wärmemenge, welche stündlich durch die Rohrleitung gefördert werden kann bei einer Rohrweite (in Metern) von:

0,118	0,124	0,130	0,136	0,143	0,155	0,168	0,178	0,191	0,202	0,215	0,226	Senkr. Abstand v. Mitte Kessel bis Mitte des tiefstgeleg. Heizkörpers der Anlage in Metern
20 300	23 000	26 100	28 900	32 700	41 100	50 700	57 900	70 400	80 800	95 500	109 100	0,5
22 500	25 400	28 700	32 000	36 500	45 500	56 000	64 900	78 400	89 900	107 100	121 000	0,6
24 500	27 800	31 300	35 000	40 100	50 000	61 200	71 600	85 400	98 900	117 200	132 300	0,7
25 900	29 600	33 400	37 400	42 500	53 300	65 100	75 900	90 500	105 600	125 000	140 800	0,8
27 400	31 000	35 300	39 900	44 900	56 200	69 000	80 400	96 500	112 200	131 800	149 200	0,9
29 200	33 100	37 900	42 700	48 100	60 000	74 200	86 200	103 400	119 800	140 300	159 600	1,0
35 400	40 000	45 600	51 000	58 000	72 500	88 800	103 800	123 200	142 800	169 400	192 400	1,25
41 000	47 000	53 300	59 500	67 400	84 000	103 300	119 500	143 300	167 100	196 100	223 300	1,5
46 100	52 200	59 500	66 300	75 200	94 000	115 400	134 400	160 900	185 300	218 400	249 500	1,75
50 600	57 300	65 400	72 300	83 100	103 300	127 300	148 100	177 000	204 700	240 700	274 600	2,0
60 600	69 000	78 400	87 700	99 500	123 700	152 300	177 200	211 200	244 900	288 300	328 600	2,5
69 400	78 800	89 500	99 700	113 600	141 600	174 400	202 500	242 300	279 800	329 300	374 600	3,0
85 000	96 800	109 500	122 700	139 300	173 700	213 300	247 600	296 300	342 100	403 500	458 800	4,0
98 700	111 800	127 100	142 300	161 200	201 200	246 800	287 300	342 700	395 600	467 000	530 500	5,0
111 300	126 200	143 200	160 800	182 100	226 600	278 800	323 500	387 000	446 600	526 300	598 000	6,0
122 900	139 400	158 200	177 300	201 100	250 200	307 500	357 400	426 800	493 600	579 100	659 300	7,0
133 700	151 900	172 200	193 100	218 600	272 100	335 000	389 100	464 200	536 000	628 500	716 700	8,0
143 900	163 300	185 000	207 400	235 700	293 000	360 100	418 100	498 400	576 700	676 500	770 300	9,0
153 800	174 300	197 800	221 800	251 600	317 000	383 600	446 500	531 700	614 700	722 100	820 600	10,0

d) Horizontale Entfernung des Kessels vom letzten Fallstrang: E über 75 bis 100 m

Wärmemenge, welche stündlich durch die Rohrleitung gefördert werden kann bei einer Rohrweite (in Metern) von:

0,118	0,124	0,130	0,136	0,143	0,155	0,168	0,178	0,191	0,202	0,215	0,226	Senkr. Abstand v. Mitte Kessel bis Mitte des tiefstgeleg. Heizkörpers der Anlage in Metern
16 900	19 400	22 200	24 500	28 100	34 600	42 900	49 100	60 300	69 900	81 600	91 500	0,5
19 700	22 400	25 500	28 000	31 800	40 000	49 400	56 100	68 400	78 600	92 500	105 500	0,6
21 400	24 200	27 300	30 600	34 600	43 300	53 300	61 400	74 400	85 600	102 000	115 400	0,7
23 000	26 000	29 300	32 800	37 400	46 600	57 200	66 700	80 400	92 100	109 600	123 900	0,8
24 000	27 200	30 700	34 200	39 300	48 900	59 900	70 100	83 800	99 600	114 700	129 500	0,9
25 400	29 000	32 700	36 500	41 700	52 200	63 800	74 500	88 800	103 300	122 400	138 000	1,0
30 700	34 300	39 700	44 600	50 500	62 800	77 000	90 200	107 800	125 200	144 500	166 600	1,25
35 400	40 000	45 600	51 000	58 000	72 500	88 800	103 800	123 200	142 800	169 400	192 400	1,5
40 000	45 400	51 800	57 800	65 500	82 000	100 500	115 100	139 400	162 900	191 300	217 200	1,75
44 000	50 000	56 900	63 500	71 900	90 600	110 200	128 300	153 400	176 600	208 800	237 600	2,0
53 200	59 600	68 200	76 000	85 300	107 300	132 000	153 500	183 300	212 200	250 300	284 800	2,5
60 000	68 100	77 200	86 700	98 500	122 700	150 700	175 400	209 400	242 600	285 700	325 500	3,0
73 900	83 900	95 400	106 800	121 400	151 300	185 700	215 500	257 500	297 200	350 700	398 500	4,0
85 900	97 200	110 600	124 100	140 800	175 500	215 700	250 400	299 500	346 200	408 100	463 500	5,0
96 900	109 700	125 700	139 800	158 300	197 800	242 200	281 900	336 900	388 700	458 100	520 100	6,0
107 100	121 300	137 600	154 200	175 100	217 900	268 100	311 200	371 500	429 300	506 000	575 100	7,0
116 500	132 200	149 700	168 100	191 000	237 700	291 600	340 000	404 900	467 200	551 500	626 300	8,0
125 400	142 400	161 400	180 900	205 100	255 500	314 000	364 700	436 400	503 100	591 500	673 200	9,0
134 000	152 100	172 400	193 400	218 800	272 300	335 000	389 500	464 800	536 600	629 300	717 500	10,0

Tabellen zur Annahme der Rohrweiten.

I. Temperaturdifferenz des Wassers: 20°.

2. Senkrechter Abstand des Kessels vom höchstgelegenen Heizkörper der Anlage über 12 m.

B. Heizkörperanschlüsse.

a) Der unterste Heizkörper des in seinen Rohrweiten zu bestimmenden Stranges liegt 0,5 m über Mitte Kessel.

Senkrechter Abstand (h) von Mitte Heizkörper bis Mitte Kessel für die Heizkörper des in einer horizontalen Entfernung vom Kessel liegenden Fallstranges von:				Wärmemenge, welche stündlich vom Heizkörper abgegeben werden kann bei einem Anschluss von:							
				0,010	0,013	0,019	0,025	0,032	0,038	0,045	0,051
				m Durchmesser							
(E) bis (E-25)	(E-25) bis (E-50)	(E-50) bis (E-75)	(E-75) bis (E-100)	79	133	284	491	804	1134	1590	2043
h	h	h	h	qmm Querschnitt							
0,5	—	—	—	100	200	500	1 100	2 000	3 100	4 800	6 600
0,6	0,5	—	—	100	200	700	1 400	2 500	3 900	6 000	9 700
0,7	0,6	0,5	—	100	300	800	1 600	3 000	5 400	8 300	11 300
0,8	0,7	0,6	0,5	100	300	900	1 800	3 900	6 100	9 300	
0,9	0,8	0,7	0,6	200	300	1 000	2 300	4 400	6 700	10 200	
1,0	0,9	0,8	0,7	200	400	1 200	2 500	4 700	7 300		
1,2	1,1	1,0	0,9	200	500	1 400	2 900	5 400	9 300		
1,4	1,3	1,2	1,1	200	600	1 600	3 200	6 700	10 300		
1,6	1,5	1,4	1,2	300	600	1 700	4 000	7 300			
1,8	1,7	1,6	1,6	300	700	2 100	4 300	7 800			
2,0	1,9	1,8	1,8	300	700	2 200	4 600	8 400			
2,2	2,1	2,0	1,9	400	800	2 400	4 900	8 800			
2,4	2,3	2,2	2,0	400	800	2 500	5 100	9 300			
2,6	2,5	2,4	2,2	400	1 000	2 600	5 400	9 800			
2,8	2,7	2,6	2,6	400	1 000	2 700	5 600	10 200			
3,0	2,9	2,8	2,7	500	1 100	2 800	5 800				
3,2	3,1	3,0	3,0	500	1 100	2 900	6 000				
3,4	3,3	3,2	3,2	500	1 100	3 000	6 200				
3,6	3,5	3,4	3,4	600	1 200	3 100	6 400				
3,8	3,7	3,6	3,6	600	1 200	3 200	6 600				
4,0	3,9	3,8	3,8	600	1 300	3 300	7 500				
4,5	4,4	4,3	4,1	700	1 300	3 600	8 000				
5,0	4,9	4,8	4,6	700	1 400	3 800	8 400				
5,5	5,4	5,3	5,0	700	1 500	4 300	8 900				
6,0	5,9	5,8	5,5	800	1 600	4 500	9 300				
6,5	6,4	6,3	6,0	800	1 700	4 700	9 700				
7,0	6,9	6,8	6,5	800	1 700	4 900	10 100				
7,5	7,4	7,3	7,0	900	1 900	5 100					
8,0	7,9	7,8	7,5	900	2 000	5 200					
8,5	8,4	8,3	8,0	900	2 100	5 400					
9,0	8,9	8,8	8,5	1 000	2 100	5 600					
9,5	9,4	9,3	9,0	1 100	2 200	5 700					
10,0	9,9	9,8	9,7	1 100	2 200	6 300					
11,0	11,0	11,0	10,0	1 200	2 400	6 600					
12,0	12,0	12,0	11,0	1 200	2 500	6 900					
13,0	13,0	13,0	12,0	1 300	2 600	7 200					
14,0	14,0	14,0	13,0	1 300	2 700	7 500					
15,0	15,0	15,0	14,0	1 400	3 000	7 700					
16,0	16 0	16,0	15,0	1 400	3 000	8 000					
17,0	17,0	17,0	16,0	1 500	3 200	8 200					
18,0	18,0	18,0	17,0	1 500	3 200	8 500					
19,0	19,0	19,0	18,0	1 700	3 300	8 700					
20,0	20,0	20,0	19,0	1 700	3 400	9 000					

Tabellen zur Annahme der Rohrweiten.

I. Temperaturdifferenz des Wassers: 20°.

2. Senkrechter Abstand des Kessels vom höchstgelegenen Heizkörper der Anlage über 12 m.

B. Heizkörperanschlüsse.

b) Der unterste Heizkörper des in seinen Rohrweiten zu bestimmenden Stranges liegt 0,6 m über Mitte Kessel.

Senkrechter Abstand (h) von Mitte Heizkörper bis Mitte Kessel für die Heizkörper des in einer horizontalen Entfernung vom Kessel liegenden Fallstranges von:				Wärmemenge, welche stündlich vom Heizkörper abgegeben werden kann bei einem Anschluss von:							
				0,010	0,013	0,019	0,025	0,032	0,038	0,045	0,051
(E) bis (E-25)	(E-25) bis (E-50)	(E-50) bis (E-75)	(E-75) bis (E-100)	m Durchmesser							
				79	133	284	491	804	1134	1590	2043
h	h	h	h	qmm Querschnitt							
0,6	—	—	—	100	200	600	1 200	2 200	3 400	5 200	7 100
0,7	0,6	—	—	100	200	700	1 400	2 700	4 900	7 500	10 300
0,8	0,7	0,6	—	100	300	800	1 600	3 600	5 500	8 400	
0,9	0,8	0,7	0,6	100	300	900	2 200	4 200	6 500	9 400	
1,0	0,9	0,8	0,7	200	300	1 200	2 300	4 400	6 800	10 300	
1,2	1,0	0,9	0,8	200	400	1 400	2 800	5 200	8 000		
1,4	1,2	1,0	0,9	200	600	1 500	3 100	5 800	8 900		
1,6	1,4	1,2	1,0	200	600	1 700	4 000	7 300	11 200		
1,8	1,6	1,4	1,2	300	700	1 800	4 200	7 700			
2,0	1,8	1,5	1,4	400	700	2 200	4 600	8 400			
2,2	2,0	1,6	1,6	400	800	2 400	4 900	8 900			
2,4	2,2	1,8	1,7	400	800	2 500	5 200	9 400			
2,6	2,4	2,0	1,8	400	1 000	2 600	5 400	9 800			
2,8	2,6	2,2	2,0	400	1 000	2 800	5 600	10 300			
3,0	2,8	2,4	2,2	500	1 100	2 900	5 900				
3,2	3,0	2,6	2,4	600	1 100	3 000	6 100				
3,4	3,2	2,8	2,6	600	1 200	3 100	6 300				
3,6	3,4	3,0	2,8	600	1 200	3 200	6 500				
3,8	3,6	3,2	3,0	600	1 200	3 300	6 700				
4,0	3,7	3,4	3,2	600	1 300	3 400	7 600				
4,5	3,8	3,6	3,4	700	1 400	3 600	8 100				
5,0	4,0	3,8	3,5	700	1 500	4 100	8 600				
5,5	4,5	4,0	3,6	800	1 500	4 400	9 000				
6,0	5,0	4,5	3,8	800	1 600	4 600	9 500				
6,5	5,5	5,0	4,0	800	1 700	4 800	9 900				
7,0	6,0	5,5	4,5	900	1 800	5 000	10 300				
7,5	6,5	6,0	5,0	900	2 000	5 200					
8,0	7,0	6,5	5,5	900	2 000	5 300					
8,5	7,5	6,8	6,0	1 000	2 100	5 500					
9,0	8,0	7,0	6,5	1 000	2 200	5 700					
9,5	8,5	7,5	7,0	1 100	2 200	6 200					
10,0	9,0	8,0	7,2	1 100	2 300	6 400					
11,0	9,5	8,5	7,5	1 200	2 400	6 700					
12,0	10,0	9,0	8,0	1 300	2 500	7 000					
13,0	11,0	9,5	8,5	1 300	2 600	7 300					
14,0	12,0	10,0	9,0	1 400	2 900	7 600					
15,0	13,0	11,0	9.5	1 400	3 000	7 900					
16,0	14,0	12,0	10,0	1 500	3 100	8 200					
17,0	15,0	13,0	11,0	1 500	3 200	8 400					
18,0	16,0	14,0	12,0	1 700	3 300	8 700					
19,0	17,0	15,0	13,0	1 700	3 400	8 900					
20,0	18,0	16,0	14,0	1 800	3 500	9 200					

Tabellen zur Annahme der Rohrweiten.

I. Temperaturdifferenz des Wassers: 20°.

2. Senkrechter Abstand des Kessels vom höchstgelegenen Heizkörper der Anlage über 12 m.

B. Heizkörperanschlüsse.

c) Der unterste Heizkörper des in seinen Rohrweiten zu bestimmenden Stranges liegt 0,7 m über Mitte Kessel.

Senkrechter Abstand (h) von Mitte Heizkörper bis Mitte Kessel für die Heizkörper des in einer horizontalen Entfernung vom Kessel liegenden Fallstranges von:				Wärmemenge, welche stündlich vom Heizkörper abgegeben werden kann bei einem Anschluss von:							
(E) bis (E-25)	(E-25) bis (E-50)	(E-50) bis (E-75)	(E-75) bis (E-100)	0,010	0,013	0,019	0,025	0,032	0,038	0,045	0,051
				m Durchmesser							
				79	133	284	491	804	1134	1590	2043
				qmm Querschnitt							
h	h	h	h								
0,7	—	—	—	100	200	700	1 300	2 500	3 900	6 000	9 700
0,8	0,7	—	—	100	300	800	1 600	3 000	5 500	8 400	11 600
0,9	0,8	0,7	—	100	300	900	1 800	4 000	6 200	9 400	
1,0	0,9	0,8	0,7	200	300	1 000	2 300	4 400	6 800	10 300	
1,2	1,0	0,9	0,8	200	400	1 400	2 800	5 200	9 000		
1,4	1,2	1,0	0,9	200	600	1 500	3 100	6 500	10 000		
1,6	1,4	1,2	1,0	200	600	1 700	4 000	7 200			
1,8	1,6	1,4	1,2	300	700	1 900	4 500	8 100			
2,0	1,8	1,6	1,4	400	700	2 200	4 600	8 300			
2,2	2,0	1,8	1,6	400	800	2 400	4 800	8 800			
2,4	2,2	2,0	1,8	400	800	2 500	5 200	9 500			
2,6	2,4	2,2	2,0	400	1 000	2 600	5 300	9 700			
2,8	2,6	2,4	2,2	400	1 000	2 700	5 600	10 200			
3,0	2,8	2,6	2,3	500	1 100	2 900	5 800				
3,2	3,0	2,8	2,4	500	1 100	3 000	6 100				
3,4	3,2	3,0	2,6	600	1 100	3 000	6 200				
3,6	3,4	3,2	2,8	600	1 200	3 200	6 500				
3,8	3,6	3,4	3,0	600	1 200	3 300	6 700				
4,0	3,8	3,6	3,2	600	1 300	3 400	7 600				
4,5	4,0	3,7	3,4	700	1 400	3 600	8 000				
5,0	4,5	3,8	3,6	700	1 500	4 200	8 700				
5,5	5,0	4,0	3,8	800	1 600	4 400	9 100				
6,0	5,5	4,5	4,0	800	1 600	4 500	9 400				
6,5	6,0	5,0	4,5	800	1 700	4 800	10 000				
7,0	6,5	5,0	5,0	900	1 900	5 000					
7,5	7,0	5,5	5,5	900	2 000	5 200					
8,0	7,5	6,0	5,8	1 000	2 100	5 400					
8,5	8,0	6,5	6,0	1 000	2 100	5 500					
9,0	8,5	7,0	6,5	1 100	2 200	5 700					
9,5	9,0	7,5	7,0	1 100	2 200	6 300					
10.0	9,5	7,8	7,5	1 200	2 300	6 400					
11,0	10,0	8,0	8,0	1 200	2 400	6 800					
12,0	11,0	8,5	8,5	1 300	2 500	7 000					
13,0	12,0	9,0	9,0	1 300	2 700	7 400					
14,0	13,0	10,0	9,5	1 400	2 900	7 700					
15,0	14,0	11,0	10,0	1 400	3 000	8 000					
16,0	15,0	12,0	11,0	1 500	3 200	8 200					
17,0	16,0	13,0	11,5	1 500	3 200	8 500					
18,0	17,0	14,0	12,0	1 700	3 300	8 700					
19,0	18,0	15,0	13,0	1 700	3 400	9 000					
20,0	19,0	16,0	14,0	1 800	3 500	9 200					

Tabellen zur Annahme der Rohrweiten.

I. Temperaturdifferenz des Wassers: 20°.

2. Senkrechter Abstand des Kessels vom höchstgelegenen Heizkörper der Anlage über 12 m.

B. Heizkörperanschlüsse.

d) Der unterste Heizkörper des in seinen Rohrweiten zu bestimmenden Stranges liegt 0,8 m über Mitte Kessel.

Senkrechter Abstand (h) von Mitte Heizkörper bis Mitte Kessel für die Heizkörper des in einer horizontalen Entfernung vom Kessel liegenden Fallstranges von:				Wärmemenge, welche stündlich vom Heizkörper abgegeben werden kann bei einem Anschluss von:							
				0,010	0,013	0,019	0,025	0,032	0,038	0,045	0,051
(E) bis E-25)	(E-25) bis (E-50)	(E-50) bis (E-75)	(E-75) bis (E-100)	m Durchmesser							
				79	133	284	491	804	1134	1590	2043
h	h	h	h	qmm Querschnitt							
0,8	—	—	—	100	200	700	1 400	2 700	4 900	7 500	10 300
0,9	0,8	—	—	100	300	800	1 700	3 800	5 800	8 900	
1,0	0,9	0,8	—	200	300	1 000	2 300	4 400	6 800	10 300	
1,2	1,0	0,9	0,8	200	400	1 300	2 700	5 000	8 700		
1,4	1,2	1,0	0,9	200	600	1 500	3 100	6 500	10 000		
1,6	1,4	1,2	1,0	300	600	1 700	4 000	7 200			
1,8	1,6	1,4	1,2	300	700	1 900	4 500	8 100			
2,0	1,8	1,6	1,4	400	700	2 200	4 600	8 300			
2,2	2,0	1,8	1,6	400	800	2 400	4 800	8 800			
2,4	2,2	2,0	1,8	400	800	2 500	5 200	9 500			
2,6	2,4	2,2	2,0	400	1 000	2 700	5 500	9 900			
2,8	2,6	2,3	2,2	500	1 000	2 800	5 700	10 400			
3,0	2,8	2,4	2,3	500	1 100	2 800	5 800				
3,2	3,0	2,6	2,4	500	1 100	3 000	6 100				
3,4	3,2	2,8	2,6	600	1 200	3 100	6 300				
3,6	3,4	3,0	2,8	600	1 200	3 200	6 600				
3,8	3,6	3,2	3,0	600	1 300	3 300	7 500				
4,0	3,8	3,4	3,2	600	1 300	3 500	7 800				
4,5	4,0	3,6	3.4	700	1 400	3 700	8 300				
5,0	4,5	3,8	3,6	700	1 500	4 200	8 700				
5,5	5,0	4,0	3,8	800	1 600	4 400	9 100				
6,0	5,5	4,5	4,0	800	1 600	4 700	9 700				
6,5	5,8	5,0	4,5	900	1 700	4 900	10 100				
7,0	6,0	5,5	5,0	900	1 900	5 100					
7,5	6,5	6,0	5,5	900	2 000	5 300					
8,0	7,0	6,5	5,8	1 000	2 100	5 500					
8,5	7,5	7,0	6,0	1 100	2 200	5 700					
9,0	8,0	7,5	6,5	1 100	2 200	6 300					
9,5	8,5	8,0	7,0	1 200	2 300	6 400					
10,0	9,0	8,5	7,5	1 200	2 300	6 500					
11,0	9,5	9,0	8,0	1 200	2 500	6 900					
12,0	10,0	9,5	8,5	1 300	2 600	7 200					
13,0	11,0	10,0	9,0	1 400	2 900	7 500					
14,0	12,0	11,0	9,5	1 400	3 000	7 800					
15,0	13,0	11,5	10,0	1 500	3 100	8 100					
16,0	14,0	12,0	11,0	1 500	3 200	8 400					
17,0	15,0	13,0	11,5	1 700	3 300	8 700					
18,0	16,0	14,0	12,0	1 700	3 400	9 000					
19,0	17,0	15,0	13,0	1 800	3 500	9 200					
20,0	18,0	16,0	14,0	1 800	3 600	9 500					

Tabellen zur Annahme der Rohrweiten.

I. Temperaturdifferenz des Wassers: 20°.

2. Senkrechter Abstand des Kessels vom höchstgelegenen Heizkörper der Anlage über 12 m.

B. Heizkörperanschlüsse.

e) Der unterste Heizkörper des in seinen Rohrweiten zu bestimmenden Stranges liegt 0,9 m über Mitte Kessel.

Senkrechter Abstand (h) von Mitte Heizkörper bis Mitte Kessel für die Heizkörper des in einer horizontalen Entfernung vom Kessel liegenden Fallstranges von:				Wärmemenge, welche stündlich vom Heizkörper abgegeben werden kann bei einem Anschluss von:							
				0,010	0,013	0,019	0,025	0,032	0,038	0,045	0,051
				m Durchmesser							
(E) bis (E-25)	(E-25) bis (E-50)	(E-50) bis (E-75)	(E-75) bis (E-100)	79	133	284	491	804	1134	1590	2043
h	h	h	h	qmm Querschnitt							
0,9	—	—	—	100	300	800	1 900	3 600	5 500	8 400	11 600
1,0	0,9	—	—	100	300	1 100	2 200	4 200	6 500	11 100	
1,2	1,0	0,9	—	200	500	1 300	2 600	5 400	8 300		
1,4	1,2	1,0	0,9	200	500	1 500	3 000	6 300	9 700		
1,6	1,4	1,2	1,0	300	600	1 700	3 800	7 000	10 700		
1,8	1,6	1,4	1,2	300	700	2 000	4 200	7 700			
2,0	1,8	1,6	1,4	400	700	2 200	4 600	8 300			
2,2	2,0	1,8	1,6	400	800	2 400	4 800	8 800			
2,4	2,2	2,0	1,8	400	800	2 500	5 200	9 500			
2,6	2,4	2,2	2,0	400	1 000	2 600	5 300	9 700			
2,8	2,6	2,4	2,2	400	1 000	2 700	5 600	10 200			
3,0	2,8	2,6	2,4	500	1 100	2 800	5 800				
3,2	3,0	2,8	2,6	500	1 100	3 000	6 100				
3,4	3,2	3,0	2,7	600	1 200	3 100	6 300				
3,6	3,4	3,2	2,8	600	1 200	3 200	7 200				
3,8	3,6	3,4	3,0	600	1 200	3 300	7 300				
4,0	3,8	3,6	3,2	600	1 300	3 400	7 600				
4,5	4,0	3,8	3,4	700	1 400	4 000	8 300				
5,0	4,5	4,0	3,6	700	1 500	4 200	8 700				
5,5	5,0	4,5	3,8	800	1 600	4 400	9 100				
6,0	5,5	5,0	4,0	800	1 600	4 700	9 700				
6,5	6,0	5,5	4,5	900	1 900	4 900	10 300				
7,0	6,5	6,0	5,0	900	1 900	5 100					
7,5	7,0	6,2	5,5	900	2 000	5 200					
8,0	7,5	6,5	6,0	1 000	2 100	5 500					
8,5	8,0	7,0	6,3	1 100	2 100	6 000					
9,0	8,5	7,5	6,5	1 100	2 200	6 200					
9,5	9,0	8,0	7,0	1 200	2 300	6 400					
10,0	9,5	8,5	7,5	1 200	2 300	6 500					
11,0	10,0	9,0	8,0	1 200	2 500	6 800					
12,0	11,0	9,5	8,5	1 300	2 800	7 300					
13,0	11,5	10,0	9,0	1 400	2 900	7 500					
14,0	12,0	11,0	9,5	1 400	3 000	7 800					
15,0	13,0	11,5	10,0	1 500	3 100	8 100					
16,0	14,0	12,0	11,0	1 500	3 200	8 400					
17,0	15,0	13,0	11,5	1 700	3 300	8 700					
18,0	16,0	14,0	12,0	1 700	3 400	9 000					
19,0	17,0	15,0	13,0	1 800	3 500	9 200					
20,0	18,0	16,0	14,0	1 800	3 600	9 400					

Tabellen zur Annahme der Rohrweiten.

I. Temperaturdifferenz des Wassers: 20°.

2. Senkrechter Abstand des Kessels vom höchstgelegenen Heizkörper der Anlage über 12 m.

B. Heizkörperanschlüsse.

f) Der unterste Heizkörper des in seinen Rohrweiten zu bestimmenden Stranges liegt 1,0 m über Mitte Kessel.

Senkrechter Abstand (h) von Mitte Heizkörper bis Mitte Kessel für die Heizkörper des in einer horizontalen Entfernung vom Kessel liegenden Fallstranges von:				Wärmemenge, welche stündlich vom Heizkörper abgegeben werden kann bei einem Anschluss von:							
				0,010	0,013	0,019	0,025	0,032	0,038	0,045	0,051
(E) bis (E-25)	(E-25) bis (E-50)	(E-50) bis (E-75)	(E-75) bis (E-100)	m Durchmesser							
				79	133	284	491	804	1134	1590	2043
h	h	h	h	qmm Querschnitt							
1,0	—	—	—	100	300	700	1 500	2 900	5 200	8 000	10 900
1,2	1,0	—	—	100	300	900	1 900	4 200	6 500	9 900	
1,4	1,2	1,0	—	200	400	1 000	2 500	4 600	7 100	10 800	
1,6	1,4	1,2	1,0	200	400	1 400	2 800	5 200	9 000		
1,8	1,6	1,4	1,2	200	500	1 500	3 100	6 500	10 000		
2,0	1,8	1,6	1,4	200	600	1 700	3 800	7 000			
2,2	2,0	1,8	1,6	300	700	1 800	4 100	7 400			
2,4	2,2	2,0	1,8	300	700	2 100	4 300	7 900			
2,6	2,4	2,2	2,0	400	700	2 200	4 600	8 300			
2,8	2,6	2,4	2,2	400	800	2 400	4 800	8 800			
3,0	2,8	2,6	2,4	400	800	2 500	5 100	9 300			
3,2	3,0	2,8	2,6	400	800	2 500	5 200	9 500			
3,4	3,2	3,0	2,8	400	1 000	2 700	5 500	9 900			
3,6	3,4	3,2	3,0	400	1 000	2 700	5 600	10 200			
3,8	3,6	3,4	3,2	500	1 000	2 800	5 700				
4,0	3,8	3,6	3,4	500	1 100	2 900	6 000				
4,5	4,0	3,8	3,6	600	1 200	3 100	6 300				
5,0	4,5	3,9	3,8	600	1 300	3 300	7 500				
5,5	5,0	4,0	3,9	700	1 300	3 500	7 900				
6,0	5,5	4,5	4,0	700	1 400	3 700	8 300				
6,5	6,0	5,0	4,5	700	1 500	4 200	8 700				
7,0	6,5	5,5	5,0	800	1 500	4 300	9 000				
7,5	7,0	6,0	5,5	800	1 600	4 500	9 400				
8,0	7,5	6,5	6,0	800	1 600	4 700	9 700				
8,5	8,0	7,0	6,5	800	1 700	4 800	10 000				
9,0	8,5	7,5	7,0	900	1 900	5 000					
9,5	9,0	8,0	7,5	900	2 000	5 100					
10,0	9,5	8,5	8,0	900	2 000	5 300					
11,0	10,0	9,0	8,2	1 000	2 100	5 600					
12,0	11,0	9,5	8,5	1 100	2 200	5 800					
13,0	11,5	10,0	9,0	1 200	2 300	6 500					
14,0	12,0	11,0	9,5	1 200	2 400	6 800					
15,0	13,0	11,5	10,0	1 300	2 500	7 000					
16,0	14,0	12,0	11,0	1 300	2 600	7 300					
17,0	15,0	13,0	11,5	1 300	2 700	7 500					
18,0	16,0	14,0	12,0	1 400	2 900	7 700					
19,0	17,0	15,0	13,0	1 400	3 000	7 900					
20,0	18,0	16,0	14,0	1 500	3 100	8 100					

Tabellen zur Annahme der Rohrweiten.

I. Temperaturdifferenz des Wassers: 20°.

2. Senkrechter Abstand des Kessels vom höchstgelegenen Heizkörper der Anlage über 12 m.

B. Heizkörperanschlüsse.

g) Der unterste Heizkörper des in seinen Rohrweiten zu bestimmenden Stranges liegt 1,25 m über Mitte Kessel.

Senkrechter Abstand (h) von Mitte Heizkörper bis Mitte Kessel für die Heizkörper des in einer horizontalen Entfernung vom Kessel liegenden Fallstranges von:				Wärmemenge, welche stündlich vom Heizkörper abgegeben werden kann bei einem Anschluss von:							
				0,010	0,013	0,019	0,025	0,032	0,038	0,045	0,051
				m Durchmesser							
(E) bis (E-25)	(E-25) bis (E-50)	(E-50) bis (E-75)	(E-75) bis (E-100)	79	133	284	491	804	1134	1590	2043
h	h	h	h	qmm Querschnitt							
1,2	—	—	—	100	200	700	1 400	2 700	4 200	7 500	10 300
1,4	1,2	—	—	100	300	900	1 900	4 200	6 500	9 900	
1,6	1,4	1,2	—	200	400	1 000	2 500	4 600	7 100	12 100	
1,8	1,6	1,4	1,2	200	400	1 400	2 900	5 200	8 000		
2,0	1,8	1,6	1,4	200	600	1 500	3 100	6 500	10 000		
2,2	2,0	1,8	1,6	200	600	1 700	3 800	7 000			
2,4	2,2	2,0	1,8	300	700	1 800	4 200	7 700			
2,6	2,4	2,2	2,0	300	700	2 100	4 300	7 900			
2,8	2,6	2,4	2,2	400	700	2 200	4 600	8 300			
3,0	2,8	2,6	2,4	400	800	2 400	4 800	8 800			
3,2	3,0	2,8	2,6	400	800	2 500	5 100	9 300			
3,4	3,2	3,0	2,8	400	900	2 600	5 300	9 700			
3,6	3,4	3,2	3,0	400	1 000	2 700	5 500	9 900			
3,8	3,6	3,4	3,2	400	1 000	2 700	5 600	10 200			
4,0	3,8	3,6	3,4	500	1 100	2 900	5 800				
4,5	3,9	3,8	3,6	600	1 200	3 100	6 300				
5,0	4,0	3,9	3,8	600	1 200	3 300	6 700				
5,5	4,5	4,0	4,0	600	1 300	3 500	7 800				
6,0	5,0	4,5	4,2	700	1 400	3 700	8 300				
6,5	5,5	5,0	4,5	700	1 500	4 100	8 800				
7,0	6,0	5,5	5,0	800	1 500	4 300	9 000				
7,5	6,5	6,0	5,5	800	1 600	4 500	9 300				
8,0	7,0	6,5	6,0	800	1 600	4 700	9 700				
8,5	7,5	7,0	6,5	800	1 700	4 800	10 000				
9,0	8,0	7,5	7,0	900	1 900	5 000					
9,5	8,5	8,0	7,2	900	2 000	5 100					
10,0	9,0	8,5	7,5	900	2 000	5 300					
11,0	9,5	9,0	8,0	1 000	2 100	5 600					
12,0	10,0	9,5	8,5	1 100	2 200	6 200					
13,0	11,0	10,0	9,0	1 200	2 300	6 500					
14,0	12,0	11,0	9,5	1 200	2 400	6 800					
15,0	13,0	11,5	10,0	1 300	2 500	7 000					
16,0	14,0	12,0	11,0	1 300	2 600	7 300					
17,0	15,0	13,0	11,5	1 300	2 900	7 500					
18,0	16,0	14,0	12,0	1 400	2 900	7 700					
19,0	17,0	15,0	13,0	1 400	3 000	8 000					
20,0	18,0	16,0	14,0	1 500	3 100	8 200					

Tabellen zur Annahme der Rohrweiten.

I. Temperaturdifferenz des Wassers: 20°.

2. Senkrechter Abstand des Kessels vom höchstgelegenen Heizkörper der Anlage über 12 m.

B. Heizkörperanschlüsse.

h) Der unterste Heizkörper des in seinen Rohrweiten zu bestimmenden Stranges liegt 1,5 m über Mitte Kessel.

Senkrechter Abstand (h) von Mitte Heizkörper bis Mitte Kessel für die Heizkörper des in einer horizontalen Entfernung vom Kessel liegenden Fallstranges von:				Wärmemenge, welche stündlich vom Heizkörper abgegeben werden kann bei einem Anschluss von:							
				0,010	0,013	0,019	0,025	0,032	0,038	0,045	0,051
(E) bis (E-25)	(E-25) bis (E-50)	(E-50) bis (E-75)	(E-75) bis (E-100)	m Durchmesser							
				79	133	284	491	804	1134	1590	2043
h	h	h	h	qmm Querschnitt							
1,4	—	—	—	100	200	700	1400	2700	4200	7500	10 300
1,6	1,4	—	—	100	300	800	2000	3800	5800	8900	
1,8	1,6	1,4	—	200	400	1 200	2500	4600	7100	10 800	
2,0	1,8	1,6	—	200	400	1 400	2800	5200	9000		
2,2	2,0	1,8	1,4	200	600	1 500	3100	6500	10 000		
2,4	2,2	2,0	1,6	200	600	1 700	3300	7000			
2,6	2,4	2,2	1,8	300	700	1 800	4100	7400			
2,8	2,6	2,4	2,0	300	700	1 900	4300	7900			
3,0	2,8	2,6	2,2	400	700	2 200	4600	8300			
3,2	3,0	2,8	2,4	400	800	2 400	4800	8800			
3,4	3,1	3,0	2,6	400	800	2 500	5100	9300			
3,6	3,2	3,1	2,8	400	800	2 500	5200	9500			
3,8	3,4	3,2	3,0	500	1 000	2 700	5500	9900			
4,0	3,6	3,4	3,1	500	1 000	2 700	5600	10 200			
4,5	3,8	3,6	3,2	500	1 100	3 000	6100				
5,0	4,0	3,8	3,4	600	1 200	3 200	6500				
5,5	4,5	4,0	3,6	600	1 300	3 400	7600				
6,0	5,0	4,5	3,8	700	1 400	3 600	8000				
6,5	5,5	5,0	4,0	700	1 500	4 100	8600				
7,0	6,0	5,5	4,5	700	1 500	4 300	8900				
7,5	6,5	6,0	5,0	800	1 600	4 400	9100				
8,0	7,0	6,5	5,5	800	1 600	4 500	9400				
8,5	7,5	7,0	6,0	800	1 700	4 700	9800				
9,0	8,0	7,5	6,5	900	1 900	4 900	10 100				
9,5	8,5	8,0	7,0	900	1 900	5 100					
10,0	9,0	8,5	7,5	900	2 000	5 200					
11,0	9,5	9,0	8,0	1 000	2 100	5 500					
12,0	10,0	9,5	8,5	1 100	2 100	6 200					
13,0	11,0	10,0	9,0	1 200	2 300	6 500					
14,0	12,0	11,0	9,5	1 200	2 400	6 700					
15,0	13,0	11,5	10,0	1 300	2 500	7 000					
16,0	14,0	12,0	11,0	1 300	2 600	7 300					
17,0	15,0	13,0	11,5	1 300	2 900	7 500					
18,0	16,0	14,0	12,0	1 400	2 900	7 700					
19,0	17,0	15,0	13,0	1 400	3 000	7 900					
20,0	18,0	16,0	14,0	1 500	3 100	8 100					

Tabellen zur Annahme der Rohrweiten.

I. Temperaturdifferenz des Wassers: 20°.

2. Senkrechter Abstand des Kessels vom höchstgelegenen Heizkörper der Anlage über 12 m.

B. Heizkörperanschlüsse.

i) Der unterste Heizkörper des in seinen Rohrweiten zu bestimmenden Stranges liegt 1,75 m über Mitte Kessel.

Senkrechter Abstand (h) von Mitte Heizkörper bis Mitte Kessel für die Heizkörper des in einer horizontalen Entfernung vom Kessel liegenden Fallstranges von:				Wärmemenge, welche stündlich vom Heizkörper abgegeben werden kann bei einem Anschluss von:							
				0,010	0,013	0,019	0,025	0,032	0,038	0,045	0,051
(E) bis (E-25)	(E-25) bis (E-50)	(E-50) bis (E-75)	(E-75) bis (E-100)	m Durchmesser							
				79	133	284	491	804	1134	1590	2043
h	h	h	h	qmm Querschnitt							
1,8	—	—	—	200	400	1 000	2 500	4 600	7 100	10 800	
2,0	1,8	—	—	200	400	1 400	2 800	5 200	9 000		
2,2	2,0	—	—	200	600	1 500	3 100	6 500	10 000		
2,4	2,2	1,8	—	300	600	1 700	3 800	7 000			
2,6	2,4	2,0	1,8	300	700	1 800	4 100	7 400			
2,8	2,6	2,2	2,0	300	700	2 100	4 300	7 900			
3,0	2,8	2,4	2,2	400	700	2 200	4 600	8 300			
3,2	3,0	2,6	2,4	400	800	2 400	4 800	8 800			
3,4	3,2	2,8	2,6	400	800	2 500	5 100	9 300			
3,6	3,4	3,0	2,8	400	800	2 500	5 200	9 500			
3,8	3,6	3,2	3,0	500	1 000	2 700	5 500	9 900			
4,0	3,8	3,4	3,2	500	1 060	2 700	5 600	10 200			
4,5	4,0	3,6	3,4	500	1 100	3 000	6 100				
5,0	4,5	3,8	3,6	600	1 200	3 200	6 500				
5,5	5,0	4,0	3,8	600	1 300	3 400	7 600				
6,0	5.5	4,5	4,0	700	1 400	3 600	8 000				
6,5	5,8	5,0	4.5	700	1 500	3 800	8 600				
7,0	6,0	5,5	5,0	700	1 500	4 300	8 900				
7.5	6,5	6,0	5,5	800	1 600	4 400	9 100				
8,0	7,0	6,5	5,7	800	1 600	4 500	9 400				
8,5	7,5	7,0	6,0	800	1 700	4 700	9 800				
9,0	8,0	7,5	6,5	900	1 700	4 900	10 100				
9.5	8,5	8,0	7,0	900	1 900	5 100					
10,0	9,0	8,5	7,5	900	2 000	5 300					
11.0	9,5	9,0	8,0	1 000	2 100	5 500					
12,0	10,0	9,5	8,5	1 100	2 200	5 800					
13,0	11,0	10,0	9,0	1 200	2 300	6 500					
14.0	12.0	11,0	9,5	1 200	2 400	6 700					
15.0	13,0	11,5	10,0	1 300	2 500	7 000					
16,0	14,0	12,0	11,0	1 300	2 600	7 300					
17,0	15,0	13,0	11,5	1 300	2 700	7 500					
18,0	16,0	14,0	12,0	1 400	2 900	7 700					
19,0	17,0	15,0	13,0	1 400	3 000	7 900					
20,0	18,0	16,0	14,0	1 500	3 100	8 100					

Tabellen zur Annahme der Rohrweiten.

I. Temperaturdifferenz des Wassers: 20°.

2. Senkrechter Abstand des Kessels vom höchstgelegenen Heizkörper der Anlage über 12 m.

B. Heizkörperanschlüsse.

k) Der unterste Heizkörper des in seinen Rohrweiten zu bestimmenden Stranges liegt 2,0 m über Mitte Kessel.

Senkrechter Abstand (h) von Mitte Heizkörper bis Mitte Kessel für die Heizkörper des in einer horizontalen Entfernung vom Kessel liegenden Fallstranges von:				Wärmemenge, welche stündlich vom Heizkörper abgegeben werden kann bei einem Anschluss von:							
				0,010	0,013	0,019	0,025	0,032	0,038	0,045	0,051
(E) bis (E-25)	(E-25) bis (E-50)	(E-50) bis (E-75)	(E-75) bis (E-100)	m Durchmesser							
				79	133	284	491	804	1134	1590	2043
h	h	h	h	qmm Querschnitt							
2,0	—	—	—	100	300	800	1 700	3 800	5 800	8 900	12 200
2,2	2,0	—	—	200	400	1 000	2 500	4 600	7 100	10 800	
2,4	2,2	—	—	200	400	1 400	2 800	5 200	9 000		
2,6	2,4	2,0	—	200	600	1 500	3 100	6 500	10 000		
2,8	2,6	2,2	2,0	300	600	1 700	3 800	7 000			
3,0	2,8	2,2	2,2	300	600	1 700	4 000	7 200			
3,2	3,0	2,6	2.4	300	700	2 100	4 300	7 900			
3,4	3,2	2,8	2,6	400	700	2 200	4 600	8 300			
3,6	3,4	3,0	2.8	400	800	2 400	4 800	8 800			
3,8	3,6	3,2	3,0	400	800	2 500	5 100	9 300			
4,0	3,8	3,4	3,2	500	1 000	2 600	5 300	9 700			
4,5	4,0	3,6	3,4	500	1 000	2 800	5 700	10 400			
5,0	4,5	3,8	3,6	600	1 200	3 100	6 300				
5,5	5,0	4,0	3,8	600	1 200	3 300	6 700				
6,0	5,5	4,5	4,0	600	1 300	3 500	7 800				
6,5	5,8	5,0	4,5	700	1 400	3 700	8 300				
7,0	6,0	5,5	5,0	700	1 500	4 100	8 600				
7,5	6,5	5,8	5,5	800	1 500	4 300	9 000				
8,0	7,0	6,0	6,0	800	1 600	4 500	9 400				
8,5	7,5	6,5	6,5	800	1 600	4 700	9 700				
9,0	8,0	7,0	6,7	900	1 700	4 900	10 100				
9,5	8,5	7,5	7,0	900	1 900	5 000					
10,0	9,0	8,0	7,5	900	2 000	5 100					
11.0	9,5	8,5	8,0	1 000	2 100	5 500					
12.0	10,0	9,0	8,5	1 100	2 200	5 800					
13,0	11,0	9,5	9,0	1 200	2 300	6 500					
14,0	12,0	10,0	9,5	1 200	2 400	6 700					
15,0	13,0	11,0	10,0	1 200	2 500	6 900					
16,0	14,0	12,0	11,0	1 300	2 600	7 300					
17,0	15,0	13,0	11,5	1 300	2 900	7 500					
18,0	16,0	14,0	12,0	1 400	2 900	7 700					
19,0	17,0	15,0	13,0	1 400	3 000	7 900					
20,0	18,0	16,0	14,0	1 500	3 100	8 100					

Tabellen zur Annahme der Rohrweiten.

I. Temperaturdifferenz des Wassers: 20°.

2. Senkrechter Abstand des Kessels vom höchstgelegenen Heizkörper der Anlage über 12 m.

B. Heizkörperanschlüsse.

1) Der unterste Heizkörper des in seinen Rohrweiten zu bestimmenden Stranges liegt 2,5 m über Mitte Kessel.

Senkrechter Abstand (h) von Mitte Heizkörper bis Mitte Kessel für die Heizkörper des in einer horizontalen Entfernung vom Kessel liegenden Fallstranges von:				Wärmemenge, welche stündlich vom Heizkörper abgegeben werden kann bei einem Anschluss von:							
				0,010	0,013	0,019	0,025	0,032	0,038	0,045	0,051
(E) bis (E-25)	(E-25) bis (E-50)	(E-50) bis (E-75)	(E-75) bis (E-100)	m Durchmesser							
				79	133	284	491	804	1134	1590	2043
h	h	h	h	qmm Querschnitt							
2,4	—	—	—	100	300	800	1 600	2 900	5 300	8 100	11 100
2,6	2,4	—	—	100	300	1 100	2 200	4 200	6 500	9 900	
2,8	2,6	—	—	200	400	1 300	2 600	4 900	7 500	12 800	
3,0	2,8	2,4	—	200	400	1 400	2 900	5 400	9 400		
3,2	3,0	2,6	—	200	600	1 600	3 200	6 700	10 300		
3,4	3,2	2,8	2,4	300	600	1 700	3 400	7 200			
3,6	3,4	3,0	2,6	300	700	1 800	4 200	7 700			
3,8	3,6	3,2	2,8	300	700	2 200	4 500	8 200			
4,0	3,8	3,4	3,0	400	800	2 300	4 700	8 600			
4,5	4,0	3,6	3,2	400	900	2 600	5 300	9 600			
								10 600			
5,0	4,5	3,8	3,4	500	1 100	2 800	5 800				
5,5	5,0	4,0	3,6	600	1 200	3 100	6 300				
6,0	5,5	4,5	3,8	600	1 200	3 200	6 700				
6,5	6,0	5,0	4,0	600	1 300	3 500	7 800				
7,0	6,5	5,5	4,5	700	1 400	3 700	8 200				
7,5	7,0	6,0	5,0	700	1 500	4 200	8 600				
8,0	7,5	6,5	5,5	800	1 500	4 300	9 000				
8,5	8,0	7,0	6,0	800	1 600	4 500	9 300				
9,0	8,5	7,5	6,5	800	1 700	4 700	9 800				
9,5	9,0	8,0	7,0	900	1 700	4 900	10 000				
10,0	9,5	8,5	7,5	900	1 900	5 000					
11,0	10,0	9,0	8,0	900	2 000	5 300					
12,0	11,0	9,5	8,5	1 000	2 100	5 600					
13,0	12,0	10.0	9,0	1 100	2 300	6 300					
14,0	13,0	11,0	9,5	1 200	2 400	6 600					
15,0	14,0	12,0	10,0	1 200	2 500	6 800					
16,0	15,0	13,0	11,0	1 300	2 600	7 100					
17,0	16,0	14,0	12,0	1 300	2 600	7 300					
18,0	17,0	15,0	13,0	1 400	2 900	7 500					
19,0	18,0	16,0	14,0	1 400	3 000	7 800					
20,0	19,0	17,0	15,0	1 500	3 100	8 000					

Tabellen zur Annahme der Rohrweiten.

I. Temperaturdifferenz des Wassers: 20°.

2. Senkrechter Abstand des Kessels vom höchstgelegenen Heizkörper der Anlage über 12 m.

B. Heizkörperanschlüsse.

m) Der unterste Heizkörper des in seinen Rohrweiten zu bestimmenden Stranges liegt 3,0 m über Mitte Kessel.

Senkrechter Abstand (h) von Mitte Heizkörper bis Mitte Kessel für die Heizkörper des in einer horizontalen Entfernung vom Kessel liegenden Fallstranges von:				Wärmemenge, welche stündlich vom Heizkörper abgegeben werden kann bei einem Anschluss von:							
				0,010	0,013	0,019	0,025	0,032	0,038	0,045	0,051
(E) bis (E-25)	(E-25) bis (E-50)	(E-50) bis (E-75)	(E-75) bis (E-100)	m Durchmesser							
				79	133	284	491	804	1134	1590	2043
h	h	h	h	qmm Querschnitt							
3,0	—	—		100	300	900	1 700	3 800	5 900	9 100	12 400
3,2	—	—	—	200	400	1 200	2 400	4 500	7 000	12 000	
3,4	—	—	—	200	400	1 400	2 800	5 200	9 000		
3,6	3,0	—	—	200	600	1 500	3 000	6 400	9 800		
3,8	3,2	—	—	300	600	1 600	3 800	6 900	10 700		
4,0	3,4	3,0	—	300	700	1 800	4 100	7 500			
4,5	3,6	3,4	3,0	400	800	2 370	4 700	8 600			
5,0	3,8	3,6	3,2	400	1 000	2 680	5 300	9 600			
5,5	4,0	3,8	3,4	500	1 100	2 800	5 800	10 600			
6,0	4,5	4,0	3,6	600	1 200	3 100	6 300				
6,5	5,0	4,5	3,8	600	1 200	3 300	6 700				
7,0	5,5	5,0	4,0	600	1 300	3 500	7 800				
7,5	6,0	5,5	4,5	700	1 400	3 700	8 200				
8,0	7,0	6,0	5,0	700	1 500	4 200	8 600				
8,5	8,0	6,5	5,5	800	1 500	4 300	9 000				
9,0	8,5	7,0	6,0	800	1 690	4 500	9 300				
9,5	9,0	8,0	5,0	800	1 700	4 700	9 700				
10,0	9,5	9,0	8,0	900	1 700	4 900	10 000				
11,0	10,0	9,5	9,0	900	2 000	5 200					
12,0	11,0	10,0	10,0	1 000	2 100	5 500					
13,0	12,0	11,0	11,0	1 100	2 200	5 700					
14,0	13,0	12,0	12,0	1 200	2 300	6 400					
15,0	14,0	13,0	13,0	1 200	2 400	6 700					
16,0	15,0	14,0	14,0	1 300	2 500	7 000					
17,0	16,0	14,5	14,5	1 300	2 600	7 300					
18,0	17,0	15,0	15,0	1 390	2 700	7 500					
19,0	18,0	16,0	15,5	1 400	2 900	7 700					
20,0	19,0	17,0	16,0	1 400	3 000	8 000					

Tabellen zur Annahme der Rohrweiten.

I. Temperaturdifferenz des Wassers: 20°.

2. Senkrechter Abstand des Kessels vom höchstgelegenen Heizkörper der Anlage über 12 m.

B. Heizkörperanschlüsse.

n) Der unterste Heizkörper des in seinen Rohrweiten zu bestimmenden Stranges liegt 4,0 m über Mitte Kessel.

Senkrechter Abstand (h) von Mitte Heizkörper bis Mitte Kessel für die Heizkörper des in einer horizontalen Entfernung vom Kessel liegenden Fallstranges von:				Wärmemenge, welche stündlich vom Heizkörper abgegeben werden kann bei einem Anschluss von:							
				0,010	0,013	0,019	0,025	0,032	0,038	0,045	0,051
				m Durchmesser							
(E) bis (E-25)	(E-25) bis (E-50)	(E-50) bis (E-75)	(E-75) bis (E-100)	79	133	284	491	804	1134	1590	2043
h	h	h	h	qmm Querschnitt							
4,0	—	—	—	100	300	800	1 700	3 800	5 800	8 900	12 200
4,5	4,0	—	—	200	400	1 400	2 900	5 400	9 300	14 200	
5,0	4,5	—	—	300	700	1 800	4 100	7 400	11 400		
5,5	5,0	4,0	—	400	800	2 390	4 700	8 600			
6,0	5,5	4,5	—	400	800	2 500	5 200	9 500			
6,5	6,0	5,0	4,0	500	1 000	2 800	5 700	10 400			
7,0	6,5	5,5	4,5	600	1 100	3 000	6 200				
7,5	7,0	6,0	5,0	600	1 200	3 200	6 600				
8,0	7,5	6,5	5,5	600	1 300	3 500	7 800				
8,5	8,0	7,0	6,0	700	1 400	3 700	8 200				
9,0	8,5	7,5	6,5	700	1 400	4 000	8 300				
9,5	9,0	8,0	7,0	800	1 500	4 300	9 000				
10,0	9,5	8,5	7,5	800	1 600	4 500	9 300				
11,0	10,0	9,0	8,0	800	1 700	4 800	10 000				
12,0	11,0	9,5	8,5	900	2 000	5 100					
13,0	12,0	10,0	9,0	1 000	2 100	5 500					
14,0	13,0	11,0	9,5	1 100	2 200	5 700					
15,0	14,0	12,0	10,0	1 200	2 300	6 400					
16,0	15,0	13,0	11,0	1 200	2 400	6 700					
17,0	16,0	14,0	12,0	1 200	2 500	6 900					
18,0	17,0	15,0	13,0	1 300	2 600	7 200					
19,0	18,0	16,0	14,0	1 300	2 900	7 500					
20,0	19,0	17,0	15,0	1 400	2 900	7 700					

Tabellen zur Annahme der Rohrweiten.

I. Temperaturdifferenz des Wassers: 20°.

2. Senkrechter Abstand des Kessels vom höchstgelegenen Heizkörper der Anlage über 12 m.

B. Heizkörperanschlüsse.

o) Der unterste Heizkörper des in seinen Rohrweiten zu bestimmenden Stranges liegt 5,0 m über Mitte Kessel.

Senkrechter Abstand (h) von Mitte Heizkörper bis Mitte Kessel für die Heizkörper des in einer horizontalen Entfernung vom Kessel liegenden Fallstranges von:				Wärmemenge, welche stündlich vom Heizkörper abgegeben werden kann bei einem Anschluss von:							
(E) bis (E-25)	(E-25) bis (E-50)	(E-50) bis (E-75)	(E-75) bis (E-100)	0,010	0,013	0,019	0,025	0,032	0,038	0,045	0,051
				m Durchmesser							
				79	133	284	491	804	1134	1590	2043
h	h	h	h	qmm Querschnitt							
5,0	—	—	—	100	300	800	1 700	3 200	5 000	7 600	10 400
5,5	—	—	—	200	400	1 400	2 900	5 400	9 300	14 200	
6,0	5,0	—	—	300	700	2 000	4 100	7 400	11 400		
6,5	5,5	5,0	—	400	800	2 300	4 700	8 600			
7,0	6,0	5,5	—	400	800	2 500	5 200	9 500			
7,5	6,5	6,0	5,0	500	1 000	2 800	5 700	10 400			
8,0	7,0	6,5	5,5	600	1 100	3 000	6 200				
8,5	7,5	7,0	6,0	600	1 200	3 200	6 600				
9,0	8,0	7,5	6,5	600	1 300	3 500	7 800				
9,5	8,5	8,0	7,0	700	1 400	3 700	8 200				
10,0	9,0	8,5	7,5	700	1 500	4 100	8 600				
11,0	9,5	9,0	8,0	800	1 600	4 500	9 300				
12,0	10,0	9,5	8,5	800	1 700	4 800	10 000				
13,0	11,0	10,0	9,0	900	2 000	5 100					
14,0	12,0	11,0	9,5	1 000	2 100	5 500					
15,0	13,0	12,0	10,0	1 100	2 200	5 700					
16,0	14,0	13,0	11,0	1 200	2 300	6 400					
17,0	15,0	14,0	12,0	1 200	2 400	6 700					
18,0	16,0	15,0	13,0	1 200	2 500	6 900					
19,0	17,0	16,0	14,0	1 300	2 600	7 200					
20,0	18,0	17,0	15,0	1 300	2 900	7 500					

p) Der unterste Heizkörper des in seinen Rohrweiten zu bestimmenden Stranges liegt 6,0 m über Mitte Kessel.

(E) bis (E-25)	(E-25) bis (E-50)	(E-50) bis (E-75)	(E-75) bis (E-100)	0,010	0,013	0,019	0,025	0,032	0,038	0,045	0,051
6,0	—	—	—	100	300	800	1 700	3 200	5 000	7 600	10 400
6,5	—	—	—	200	400	1 400	2 900	5 400	9 300	14 200	
7,0	6,0	—	—	300	700	2 000	4 100	7 400	11 400		
7,5	6,5	—	—	400	800	2 300	4 700	8 600			
8,0	7,0	6,0	—	400	800	2 500	5 200	9 500			
8,5	7,5	6,5	—	500	1 000	2 800	5 700	10 400			
9,0	8,0	7,0	6,0	600	1 100	3 000	6 200				
9,5	8,5	7,5	6,5	600	1 200	3 200	6 600				
10.0	9,0	8,0	7,0	600	1 300	3 500	7 800				
11,0	9,5	8,5	7,5	700	1 500	4 100	8 600				
12,0	10,0	9,0	8,0	800	1 600	4 500	9 300				
13,0	11,0	9,5	8,5	800	1 700	4 800	10 000				
14,0	12,0	10,0	9,0	900	2 000	5 100					
15.0	13.0	11,0	9.5	1 000	2 100	5 500					
16,0	14,0	12,0	10,0	1 100	2 200	5 700					
17,0	15,0	13,0	11,0	1 200	2 300	6 400					
18.0	16,0	14,0	12,0	1 200	2 400	6 700					
19,0	17,0	15,0	13,0	1 200	2 500	6 900					
20,0	18,0	16,0	14,0	1 300	2 600	7 200					

Tabellen zur Annahme der Rohrweiten.

I. Temperaturdifferenz des Wassers: 20°.

2. Senkrechter Abstand des Kessels vom höchstgelegenen Heizkörper der Anlage über 12 m.

B. Heizkörperanschlüsse.

q) Der unterste Heizkörper des in seinen Rohrweiten zu bestimmenden Stranges liegt 7,0 m über Mitte Kessel.

Senkrechter Abstand (h) von Mitte Heizkörper bis Mitte Kessel für die Heizkörper des in einer horizontalen Entfernung vom Kessel liegenden Fallstranges von:				Wärmemenge, welche stündlich vom Heizkörper abgegeben werden kann bei einem Anschluss von:							
				0,010	0,013	0,019	0,025	0,032	0,038	0,045	0,051
(E) bis (E-25)	(E-25) bis (E-50)	(E-50) bis (E-75)	(E-75) bis (E-100)	m. Durchmesser							
				79	133	284	491	804	1134	1590	2043
h	h	h	h	qmm Querschnitt							
7,0	—	—	—	100	300	800	1 700	3 200	5 000	7 600	10 400
7,5	—	—	—	200	400	1 400	2 900	5 400	9 300	14 200	
8,0	7,0	—	—	300	700	2 000	4 100	7 400	11 400		
8,5	7,5	—	—	400	800	2 300	4 700	8 600			
9,0	8,0	7,0	—	400	800	2 500	5 200	9 500			
9,5	8,5	7,5	—	500	1 000	2 800	5 700	10 400			
10,0	9,0	8,0	7,0	600	1 100	3 000	6 200				
11,0	10,0	8,5	7,5	600	1 300	3 500	7 800				
12,0	11,0	9,0	8,0	700	1 500	4 100	8 600				
13,0	12,0	10,0	8,5	800	1 600	4 500	9 300				
14,0	13,0	11,0	9,0	800	1 700	4 800	10 000				
15,0	14,0	12,0	10,0	900	2 000	5 100					
16,0	15,0	13,0	11,0	1 000	2 100	5 500					
17,0	16,0	14,0	12,0	1 100	2 200	5 700					
18,0	17,0	15,0	13,0	1 200	2 300	6 400					
19,0	18,0	16,0	14,0	1 200	2 400	6 700					
20,0	19,0	17,0	15,0	1 200	2 500	6 900					

r) Der unterste Heizkörper des in seinen Rohrweiten zu bestimmenden Stranges liegt 8,0 m über Mitte Kessel.

h	h	h	h	0,010	0,013	0,019	0,025	0,032	0,038	0,045	0,051
8,0	—	—	—	100	300	800	1 700	3 200	5 000	7 600	10 400
8,5	—	—	—	200	400	1 400	2 900	5 400	9 300	14 200	
9,0	—	—	—	300	700	2 000	4 100	7 400	11 400		
9,5	8,0	—	—	400	800	2 300	4 700	8 600			
10,0	9,0	—	—	400	800	2 500	5 200	9 500			
11,0	10,0	8,0	—	600	1 100	3 000	6 200	11 400			
12,0	11,0	9,0	—	600	1 300	3 500	7 800				
13,0	12,0	10,0	8,0	700	1 500	4 100	8 600				
14,0	13,0	11,0	9,0	800	1 600	4 500	9 300				
15,0	14,0	12,0	10,0	800	1 700	4 800	10 000				
16,0	15,0	13,0	11,0	900	2 000	5 100					
17,0	16,0	14,0	12,0	1 000	2 100	5 500					
18,0	17,0	15,0	13,0	1 100	2 200	5 700					
19,0	18,0	16,0	14,0	1 200	2 300	6 400					
20,0	19,0	17,0	15,0	1 200	2 400	6 700					

Tabellen zur Annahme der Rohrweiten.

I. Temperaturdifferenz des Wassers: 20°.

2. Senkrechter Abstand des Kessels vom höchstgelegenen Heizkörper der Anlage über 12 m.

B. Heizkörperanschlüsse.

s) Der unterste Heizkörper des in seinen Rohrweiten zu bestimmenden Stranges liegt 9,0 m über Mitte Kessel.

Senkrechter Abstand (h) von Mitte Heizkörper bis Mitte Kessel für die Heizkörper des in einer horizontalen Entfernung vom Kessel liegenden Fallstranges von:				Wärmemenge, welche stündlich vom Heizkörper abgegeben werden kann bei einem Anschluss von:							
				0,010	0,013	0,019	0,025	0,032	0,038	0,045	0,051
(E) bis (E-25)	(E-25) bis (E-50)	(E-50) bis (E-75)	(E-75) bis (E-100)	m Durchmesser							
				79	133	284	491	804	1134	1590	2043
h	h	h	h	qmm Querschnitt							
9,0	—	—	—	100	300	800	1 700	3 200	5 000	7 600	10 400
9,5	—	—	—	200	400	1 400	2 900	5 400	9 300	14 200	
10,0	9,0	—	—	300	700	2 000	4 100	7 400	11 400		
11,0	10,0	—	—	400	800	2 500	5 200	9 500			
12,0	11,0	9,0	—	600	1 100	3 000	6 200	11 400			
13,0	12,0	10,0	—	600	1 300	3 500	7 800				
14,0	13,0	11,0	9,0	700	1 560	4 100	8 600				
15,0	14,0	12,0	10,0	800	1 600	4 500	9 300				
16,0	15,0	13,0	11,0	800	1 700	4 800	10 000				
17,0	16,0	14,0	12,0	900	2 000	5 100					
18,0	17,0	15,0	13,0	1 000	2 100	5 500					
19,0	18,0	16,0	14,0	1 100	2 200	5 700					
20,0	19,0	17,0	15,0	1 200	2 300	6 400					

t) Der unterste Heizkörper des in seinen Rohrweiten zu bestimmenden Stranges liegt 10,0 m über Mitte Kessel.

(E) bis (E-25)	(E-25) bis (E-50)	(E-50) bis (E-75)	(E-75) bis (E-100)	0,010	0,013	0,019	0,025	0,032	0,038	0,045	0,051
10,0	—	—	—	100	300	800	1 700	3 200	5 000	7 600	10 400
11,0	—	—	—	300	700	2 000	4 100	7 400	11 400		
12,0	—	—	—	400	800	2 500	5 200	9 500			
13,0	10,0	—	—	600	1 100	3 000	6 200	11 400			
14,0	11,0	—	—	600	1 300	3 500	7 800				
15,0	12,0	10,0	—	700	1 500	4 100	8 600				
16,0	13,0	11,0	—	800	1 600	4 500	9 300				
17,0	14,0	12,0	10,0	800	1 700	4 800	10 000				
18,0	16,0	14,0	11,0	900	2 000	5 100					
19,0	18,0	16,0	12,0	1 000	2 100	5 500					
20,0	20,0	18,0	14,0	1 100	2 200	5 700					

Tabellen zur Annahme der Rohrweiten.

II. Temperaturdifferenz des Wassers: 15°.

1. Senkrechter Abstand des Kessels vom höchstgelegenen Heizkörper der Anlage über 12 m.

A. Hauptleitung (Vertheilungs- und Sammelleitung).

a) Horizontale Entfernung des Kessels vom letzten Fallstrang: E bis 25 m

Wärmemenge, welche stündlich durch die Rohrleitung gefördert werden kann bei einer Rohrweite (in Metern) von:

Senkr. Abstand v. Mitte Kessel bis Mitte des tiefstgeleg. Heizkörpers der Anlage in Metern	0,032	0,038	0,045	0,051	0,057	0,063	0,069	0,075	0,082	0,088	0,094	0,100	0,106	0,111
0,5	760	1200	1750	2500	3450	4450	5750	7150	8950	10700	12800	15100	17200	19700
0,6	850	1350	2050	2850	3900	5000	6450	7950	10000	12200	14400	16900	19700	22200
0,7	950	1450	2300	3150	4350	5600	7100	8800	11100	13300	15800	18600	21600	24500
0,8	1000	1600	2500	3400	4700	5900	7650	9500	11900	14400	17000	20000	23400	26400
0,9	1100	1750	2700	3700	5000	6500	8300	10200	13000	15600	18500	21700	25400	28700
1,0	1150	1850	2900	3950	5250	6850	8750	10800	13800	16600	19700	23100	27100	30600
1,25	1400	2200	3350	4700	6250	8050	10400	12800	16200	19700	23300	27200	31700	35900
1,5	1700	2650	4100	5650	7600	9850	12500	15600	19700	23700	28100	33100	38600	43500
1,75	1800	2800	4300	5950	8000	10200	13200	16400	20600	24900	29400	34800	40600	45700
2,0	1900	3050	4700	6600	8750	11300	14400	17900	22700	27300	32300	38000	44300	49900
2,5	2300	3600	5600	7750	10400	13500	17200	21400	26900	32400	38600	45200	52700	59200
3,0	2650	4150	6500	8900	12100	15400	19700	24400	30800	37000	44100	51600	59900	67700
4,0	3250	5100	7900	10900	14600	18900	23900	29800	37600	45300	53700	63000	73500	82700
5,0	3850	5900	9150	12650	17000	21800	27900	34700	43600	52500	62200	73200	85000	95800
6,0	4250	6700	10300	14250	19100	24700	31500	39000	48900	59100	70100	82600	95800	107900
7,0	4650	7400	11400	15800	21100	27100	34800	43100	54200	65200	77400	90800	105600	118400
8,0	5150	8050	12450	17200	23000	29600	37900	46800	58800	70900	84200	99000	114900	129200
9,0	5550	8700	13350	18500	24700	31900	40700	47700	63400	76400	90500	106100	123700	139100
10,0	5900	9250	14300	19750	26300	34400	43500	53800	67700	81300	96600	113100	131800	147500

b) Horizontale Entfernung des Kessels vom letzten Fallstrang: E über 25 bis 50 m

Wärmemenge, welche stündlich durch die Rohrleitung gefördert werden kann bei einer Rohrweite (in Metern) von:

Senkr. Abstand v. Mitte Kessel bis Mitte des tiefstgeleg. Heizkörpers der Anlage in Metern	0,032	0,038	0,045	0,051	0,057	0,063	0,069	0,075	0,082	0,088	0,094	0,100	0,106	0,111
0,5	530	840	1350	1800	2450	3150	4050	5050	6400	8200	9350	10800	12800	14300
0,6	620	980	1500	2100	2800	3600	4600	5800	7350	8900	10500	12400	14400	16100
0,7	680	1050	1650	2300	3100	4000	5100	6400	8050	9750	11500	13500	15800	17500
0,8	720	1150	1750	2450	3300	4250	5500	6850	8600	10300	12200	14500	16800	18500
0,9	790	1250	1900	2650	3600	4600	6000	7400	9350	11200	13300	15700	18300	20600
1,0	850	1300	2050	2800	3850	4950	6400	7850	9950	11800	14200	16700	19400	21900
1,25	1000	1600	2450	3300	4650	6000	7550	9350	11700	14100	16700	18700	23000	26900
1,5	1200	1900	2950	4100	5450	7100	9050	11200	14200	17100	20400	23900	28100	31600
1,75	1250	2000	3100	4350	5750	7460	9600	11800	14900	18000	21500	25100	29400	33100
2,0	1350	2200	3350	4700	6300	8100	10400	12800	16300	19700	23400	27500	32000	36100
2,5	1700	2600	4050	5650	7550	9750	12400	15500	19600	23500	27900	32800	38300	43200
3,0	1900	2900	4650	6450	8650	11100	14500	17700	22400	26900	31800	37600	43800	49300
4,0	2300	3600	5600	7750	10400	13500	17200	21400	26900	32400	38600	45200	52700	59200
5,0	2750	4300	6650	9200	12400	16000	20400	25400	31900	38500	45500	53400	62300	70100
6,0	3100	4850	7550	10450	14200	18200	23100	28500	35800	43100	51500	60300	70200	79000
7,0	3400	5350	8300	11550	15450	19900	25400	31400	39900	47800	57100	66600	77500	87200
8,0	3750	5850	9100	12550	16800	21600	27600	34400	43200	52000	61700	72600	84400	94900
9,0	4050	6300	9800	13500	18000	23400	29800	36900	46500	56200	66400	78000	90800	102200
10,0	4300	6750	10400	14450	19400	24800	31800	39500	49700	59600	71000	83300	96900	109000

Tabellen zur Annahme der Rohrweiten.

II. Temperaturdifferenz des Wassers: 15°.

1. Senkrechter Abstand des Kessels vom höchstgelegenen Heizkörper der Anlage bis zu 12 m.

A. Hauptleitung (Vertheilungs- und Sammelleitung).

a) Horizontale Entfernung des Kessels vom letzten Fallstrang: E bis 25 m

Wärmemenge, welche stündlich durch die Rohrleitung gefördert werden kann bei einer Rohrweite (in Metern) von:

0,118	0,124	0,130	0,136	0,143	0,155	0,168	0,178	0,191	0,202	0,215	0,226	Senkr. Abstand v. Mitte Kessel bis Mitte des tiefstgeleg. Heizkörpers der Anlage in Metern
23400	26200	30200	33900	38400	47800	58600	68600	80700	95500	111600	126700	0,5
26200	29300	33800	37800	43000	53700	65900	77000	91400	105900	125700	142600	0,6
28800	32800	37200	41600	47200	59300	72500	84000	100100	118000	138000	156800	0,7
30900	35500	40300	45000	51000	63500	78100	90400	108400	126400	148200	169000	0,8
34100	38400	43600	48700	55200	68900	84600	98600	117800	135900	160200	182600	0,9
35800	40500	46200	51600	58500	73000	89800	104500	125300	144400	169800	194100	1,0
42100	47900	54300	60900	69100	86500	106000	123500	147400	170500	200900	228400	1,25
50100	58000	65700	73800	83400	104200	128300	149100	178200	206100	235600	275700	1,5
53600	60800	69100	77000	87600	109500	134700	156700	187600	215700	254400	289000	1,75
58400	66500	75300	84400	96000	119300	146900	171000	204200	235400	277400	315100	2,0
69500	78800	89300	100400	113700	141600	174500	202500	242400	280000	328700	374100	2,5
79200	89700	102100	114300	129800	161500	198800	230700	275500	318700	374600	427500	3,0
96800	109900	124500	139600	158400	197600	242500	281400	335900	388700	456800	520700	4,0
112300	127400	144300	162000	183800	231300	280400	326300	388700	450300	526700	602100	5,0
126500	143300	162300	182400	206800	256800	315600	366900	437700	505000	594700	675100	6,0
139300	157900	179100	200900	227600	283300	347700	403900	481500	555900	654900	742900	7,0
151300	171800	194700	218300	247200	307400	377700	437300	523200	605400	711400	805000	8,0
163000	184700	210300	234300	265700	330900	404500	471000	563100	648900	762500	867700	9,0
173900	197200	223600	250200	283700	352800	433300	502300	601100	694100	815400	921500	10,0

b) Horizontale Entfernung des Kessels vom letzten Fallstrang: E über 25 bis 50 m

Wärmemenge, welche stündlich durch die Rohrleitung gefördert werden kann bei einer Rohrweite (in Metern) von:

0,118	0,124	0,130	0,136	0,143	0,155	0,168	0,178	0,191	0,202	0,215	0,226	Senkr. Abstand v. Mitte Kessel bis Mitte des tiefstgeleg. Heizkörpers der Anlage in Metern
16900	19000	21500	24000	27400	33300	42000	48700	58800	67400	80300	90800	0,5
19100	21800	24500	27400	31500	39100	47800	55900	66600	77700	91800	103500	0,6
20500	23600	27000	30600	34300	42800	52700	61200	73900	85700	100800	114000	0,7
22300	25000	28900	32500	36700	45700	56000	65700	78600	91300	106800	121400	0,8
24300	27400	31500	35200	40000	50000	61100	71400	85100	98700	116300	132000	0,9
25900	29300	33500	37400	42600	53100	65100	76000	90500	104700	124300	140800	1,0
30300	34900	39600	44200	50100	62500	76600	88800	106500	124300	145800	165900	1,25
37000	41900	48800	53500	60600	75500	94400	108200	129700	149600	175700	200700	1,5
38900	44200	50200	56300	63900	79500	97800	113800	135700	157400	185300	211200	1,75
42300	48100	54600	61200	69500	86800	106500	124500	148700	171400	201900	235000	2,0
50700	57600	65200	73200	82600	106500	127300	148000	176800	204600	240900	273500	2,5
57700	65600	74400	83400	94600	118000	145200	168800	201500	232500	273000	311600	3,0
69500	78800	89300	100400	113700	141600	174500	202500	242400	280000	328700	374100	4,0
81500	93400	105800	118800	134800	167700	206300	239600	286500	330900	389500	442200	5,0
92600	105100	119300	133700	151600	188600	231900	269700	322900	372400	436800	497100	6,0
102400	115900	131600	147500	167100	208100	254800	297000	354000	409800	479800	547900	7,0
111300	126300	143100	160500	182200	226300	278000	323300	385000	446000	521900	596100	8,0
119700	135800	154000	172500	195800	243700	299300	347700	414700	479200	563800	642200	9,0
127900	145000	164300	184500	208600	259600	319200	370700	442300	510900	602100	683500	10,0

Tabellen zur Annahme der Rohrweiten.

II. Temperaturdifferenz des Wassers: 15°.

1. Senkrechter Abstand des Kessels vom höchstgelegenen Heizkörper der Anlage bis zu 12 m.

A. Hauptleitung (Vertheilungs- und Sammelleitung).

c) Horizontale Entfernung des Kessels vom letzten Fallstrang: E über 50 bis 75 m

Wärmemenge, welche stündlich durch die Rohrleitung gefördert werden kann bei einer Rohrweite (in Metern) von:

Senkr. Abstand v. Mitte Kessel bis Mitte des tiefstgeleg. Heizkörpers der Anlage in Metern	0,032	0,038	0,045	0,051	0,057	0,063	0,069	0,075	0,082	0,088	0,094	0,100	0,106	0,111
0,5	430	680	1050	1500	2000	2650	3250	4150	5200	6400	7550	8850	10400	11700
0,6	490	780	1250	1700	2250	2900	3700	4650	5900	7200	8600	10000	11900	13400
0,7	550	870	1350	1850	2550	3250	4150	5150	6600	8000	9550	11100	13100	14600
0,8	600	930	1450	2000	2700	3500	4450	5550	7100	8550	10100	11900	13900	15600
0,9	640	1000	1550	2150	2900	3750	4800	6050	7650	9250	10900	12800	15000	16700
1,0	680	1050	1660	2300	3100	4000	5100	6400	8050	9750	11500	13500	15800	17500
1,25	820	1250	1950	2700	3700	4750	6150	7600	9600	11500	13700	16100	18800	21100
1,5	1000	1550	2400	3250	4500	5800	7400	9200	11500	13900	16400	19300	22600	25500
1,75	1050	1650	2550	3450	4750	6150	7800	9650	12100	14600	17300	20300	23800	26900
2,0	1150	1800	2800	3750	5100	6650	8450	10400	13300	16000	19000	22200	26000	29400
2,5	1350	2100	3250	4550	6100	7950	10100	12500	15700	19100	22600	26600	31000	34900
3,0	1550	2450	3700	5250	7000	9100	11600	14400	18200	21900	26100	30600	35700	40200
4,0	1900	3000	4600	6450	8600	11100	14200	17700	22300	26900	31800	37500	43700	49200
5,0	2200	3500	5400	7550	10000	13000	16600	20600	25900	31300	37200	43600	50800	57200
6,0	2500	3950	6100	8450	11200	14700	18800	23200	29300	35100	41800	49200	57100	64200
7,0	2800	4350	6750	9300	12500	16200	20800	25700	32300	39000	46100	54300	63200	71000
8,0	3050	4750	7400	10250	13600	17700	22700	27900	35200	42400	50400	59100	68800	77500
9,0	3250	5150	7950	11000	14700	19100	26300	30100	38000	45700	54200	63700	74100	83400
10,0	3500	5500	8450	11800	15800	20400	34000	32100	40700	48800	58000	68000	79200	89100

d) Horizontale Entfernung des Kessels vom letzten Fallstrang: E über 75 bis 100 m

Wärmemenge, welche stündlich durch die Rohrleitung gefördert werden kann bei einer Rohrweite (in Metern) von:

Senkr. Abstand v. Mitte Kessel bis Mitte des tiefstgeleg. Heizkörpers der Anlage in Metern	0,032	0,038	0,045	0,051	0,057	0,063	0,069	0,075	0,082	0,088	0,094	0,100	0,106	0,111
0,5	390	590	900	1070	1400	1850	2400	3100	3900	4800	5500	6550	7450	8500
0,6	420	660	1040	1400	1900	2500	3200	4150	5000	6200	7300	8600	10100	11200
0,7	460	730	1150	1600	2150	2750	3500	4400	5550	6800	8100	9400	11200	12700
0,8	490	780	1250	1700	2250	2900	3700	4650	5900	7200	8600	10000	11900	13400
0,9	540	840	1350	1800	2450	3150	4050	5050	6400	8200	9350	10800	12800	14300
1,0	580	910	1400	1950	2650	3400	4300	5450	6950	8400	10200	11600	13700	15300
1,25	690	1100	1700	2300	3150	4050	5200	6500	8200	9900	11700	13800	16000	17800
1,5	840	1300	2050	2750	3800	4900	6300	7800	9800	11800	13900	16500	19200	21700
1,75	900	1400	2150	2950	4050	5250	6650	8250	10400	12500	14900	17500	20300	22900
2,0	970	1500	2300	3200	4450	5750	7250	9000	11300	13600	16100	19000	22100	25000
2,5	1150	1850	2850	3850	5200	6800	8600	10700	13600	16400	19400	22800	26700	30100
3,0	1300	2100	3200	4450	5950	7650	9900	12200	15300	18600	22200	25900	30200	33700
4,0	1650	2550	3950	5500	7350	9500	12100	15100	19100	22900	27300	32100	37400	42200
5,0	1900	3000	4600	6400	8600	11000	14200	17600	22300	26800	31600	37400	43600	49000
6,0	2150	3400	5200	7250	9700	12500	16100	20000	25100	30300	36000	42200	49100	55400
7,0	2400	3700	5800	8000	10700	13900	17700	22000	27700	33300	39600	46600	54300	61200
8,0	2600	4050	6300	8750	11700	15200	19400	24000	30300	36400	43300	50800	59000	66500
9,0	2800	4400	6800	9450	12600	16400	20900	26000	32600	39200	46600	54700	63600	71600
10,0	3000	4700	7300	10150	13500	17500	22300	27600	34800	41900	49600	58400	68000	76500

Tabellen zur Annahme der Rohrweiten.

II. Temperaturdifferenz des Wassers: 15°.

1. Senkrechter Abstand des Kessels vom höchstgelegenen Heizkörper der Anlage bis zu 12 m.

A. Hauptleitung (Vertheilungs- und Sammelleitung).

c) Horizontale Entfernung des Kessels vom letzten Fallstrang: E über 50 bis 75 m

Wärmemenge, welche stündlich durch die Rohrleitung gefördert werden kann bei einer Rohrweite (in Metern) von:

0,118	0,124	0,130	0,136	0,143	0,155	0,168	0,178	0,191	0,202	0,215	0,226	Senkr. Abstand v. Mitte Kessel bis Mitte des tiefstgeleg. Heizkörpers der Anlage in Metern
13800	15900	18000	19700	22400	28000	35100	39400	48200	55600	65000	73900	0,5
15600	17700	20000	22300	25200	31600	39000	44700	54300	62400	74100	84500	0,6
17300	19500	22000	24500	29100	35000	42900	50000	60300	69100	82200	92900	0,7
18400	21000	23500	26200	30100	37100	45900	53700	64100	74200	88000	99300	0,8
19800	22600	25500	28700	32000	40700	49800	58100	69300	81300	95600	107700	0,9
20500	23600	27000	30600	34300	42800	52700	61200	73900	85700	100800	114000	1,0
25000	28200	32300	36100	41000	50600	62700	73300	83400	101100	119500	135500	1,25
30000	34200	38900	43300	49100	61200	75400	87100	104500	122200	143500	163000	1,5
31700	36000	41000	45900	51800	64500	79400	92100	110200	128300	151100	171600	1,75
34600	39200	44600	49700	56400	70500	86500	100800	120600	139100	163800	187100	2,0
41000	46600	52800	59300	67400	84000	103100	119900	143200	165800	195600	221800	2,5
47100	53500	60600	68200	77200	96300	118600	138100	163300	190500	224300	255600	3,0
57500	65400	74200	83100	94600	117600	144700	168300	200700	231800	273100	310700	4,0
67000	76100	86300	96800	110000	136800	168400	195400	234300	270400	320000	361600	5,0
75400	85600	97200	108800	123400	153900	189000	219700	261900	302900	357400	405900	6,0
83500	94700	107400	120600	136600	170000	208900	242600	290100	335100	393700	448500	7,0
90800	103000	116900	131200	148500	185000	227500	264700	315000	365200	428200	487900	8,0
97700	110900	125600	141000	159800	199400	244600	284000	338600	392000	460700	525000	9,0
104500	118400	133600	150400	170700	212500	260900	302900	361500	418300	489300	559200	10,0

d) Horizontale Entfernung des Kessels vom letzten Fallstrang: E über 75 bis 100 m

Wärmemenge, welche stündlich durch die Rohrleitung gefördert werden kann bei einer Rohrweite (in Metern) von:

0,118	0,124	0,130	0,136	0,143	0,155	0,168	0,178	0,191	0,202	0,215	0,226	Senkr. Abstand v. Mitte Kessel bis Mitte des tiefstgeleg. Heizkörpers der Anlage in Metern
9800	11400	12600	14500	16800	21000	24900	29600	35200	40000	47800	52800	0,5
12700	15200	17500	19100	21700	27000	33600	38100	46700	53500	63100	71300	0,6
14800	16800	19000	21000	23800	30000	37100	42100	51200	59000	69300	79200	0,7
15600	17700	20000	22300	25200	31600	39000	44700	54300	62400	74100	84500	0,8
16900	19000	21500	24000	27400	33300	42000	48700	58800	67400	80300	90800	0,9
18000	20400	23000	25600	29500	36600	43900	52600	62800	72500	86100	97200	1,0
21200	25000	27500	31100	34900	43500	53500	62500	75400	87100	103000	116200	1,25
25600	28900	33100	37000	42100	52500	64400	75100	89400	103500	122700	139100	1,5
27100	30700	35000	39100	44600	55600	68100	79600	94200	109600	129800	147900	1,75
29400	33500	38100	42500	48200	60500	72900	85500	102300	120100	140700	160100	2,0
35400	40000	45500	50800	57700	72000	88500	103000	123400	142200	167400	191400	2,5
40100	45500	51700	58000	65800	82000	100700	117100	139900	162000	191300	217100	3,0
49400	56200	63600	71500	80900	101100	124100	144700	172600	199800	235300	267200	4,0
57300	65200	74100	82900	94400	117300	144400	167600	200100	231100	272200	309800	5,0
64900	73800	83600	93700	106400	132600	163100	189700	226200	262000	308500	350300	6,0
71800	81200	92200	103700	117200	146600	179500	208600	249800	288300	338800	385500	7,0
78000	88600	100500	112400	127600	158800	195500	226800	270900	313600	368800	419900	8,0
84200	95500	108200	121800	137700	171400	210600	244600	292300	337800	398000	452600	9,0
89800	103000	115600	129700	147000	182800	224700	260900	311700	360700	423400	482100	10,0

Tabellen zur Annahme der Rohrweiten.

II. Temperaturdifferenz des Wassers: 15°.

1. Senkrechter Abstand des Kessels vom höchstgelegenen Heizkörper der Anlage bis zu 12 m.

B. Heizkörperanschlüsse.

a) Der unterste Heizkörper des in seinen Rohrweiten zu bestimmenden Stranges liegt 0,5 m über Mitte Kessel.

Senkrechter Abstand (h) von Mitte Heizkörper bis Mitte Kessel für die Heizkörper des in einer horizontalen Entfernung vom Kessel liegenden Fallstranges von:				Wärmemenge, welche stündlich vom Heizkörper abgegeben werden kann bei einem Anschluss von:							
				0,010	0,013	0,019	0,025	0,032	0,038	0,045	0,051
(E) bis (E-25)	(E-25) bis (E-50)	(E-50) bis (E-75)	(E-75) bis (E-100)	m Durchmesser							
				79	133	284	491	804	1134	1590	2043
h	h	h	h	qmm Querschnitt							
0,5	—		—	100	200	500	1 100	2 100	3 300	5 000	6 900
0,6	0,5	—	—	100	200	700	1 400	2 700	4 100	7 400	10 200
0,7	0,6	0,5	—	100	300	800	1 800	3 700	5 700	8 700	
0,8	0,7	0,6	0,5	100	300	900	2 200	4 200	6 400	9 800	
0,9	0,8	0,7	0,6	200	400	1 200	2 400	4 600	7 000	10 800	
1,0	0,9	0,8	0,7	200	400	1 300	2 700	5 000	7 700		
1,2	1,0	0,9	0,8	200	600	1 500	3 000	6 400	9 800		
1,4	1,2	1,0	0,9	300	600	1 700	3 900	7 100	10 900		
1,6	1,4	1,2	1,0	300	700	1 800	4 200	7 700			
1,8	1,6	1,4	1,2	400	700	2 200	4 600	8 300			
2,0	1,8	1,6	1,4	400	800	2 400	4 900	8 800			
2,2	2,0	1,8	1,6	400	800	2 500	5 100	9 400			
2,4	2,2	2,0	1,8	500	1 000	2 600	5 400	9 900			
2,6	2,4	2,4	2,0	500	1 000	2 800	5 700	10 300			
2,8	2,6	2,6	2,2	500	1 100	2 900	5 900				
3,0	2,8	2,8	2,4	500	1 100	3 000	6 200				
3,2	3,0	3,0	2,6	600	1 200	3 100	6 400				
3,4	3,2	3,2	3,0	600	1 200	3 200	6 600				
3,6	3,4	3,4	3,2	600	1 300	3 300	7 500				
3,8	3,6	3,6	3,4	600	1 300	3 400	7 700				
4,0	3,8	3,8	3,6	700	1 300	3 500	7 900				
4,5	4,0	4,0	3,8	700	1 400	3 800	8 400				
5,0	4,5	4,5	4,0	800	1 500	4 300	8 900				
5,5	5,0	5,0	4,5	800	1 600	4 500	9 400				
6,0	5,5	5,5	5,0	800	1 700	4 800	9 900				
6,5	6,0	6,0	5,5	900	1 900	5 000	10 300				
7,0	6,5	6,5	6,0	900	2 000	5 209					
7,5	7,0	7,0	6,5	900	2 000	5 400					
8,0	7,5	7,5	7,0	1 000	2 100	5 500					
8,5	8,0	8,0	7,5	1 100	2 200	5 700					
9,0	8,5	8,5	8,0	1 100	2 300	6 300					
9,5	9,0	9,0	8,5	1 200	2 300	6 500					
10,5	9,5	9,5	9,0	1 200	2 400	6 600					
11,0	10,0	10,0	9,5	1 300	2 500	7 000					
12,0	11,0	11,0	10,0	1 300	2 600	7 300					
—	12,0	12,0	11,0	1 400	2 900	7 600					
—	—	—	12,0	1 400	3 000	7 900					

Tabellen zur Annahme der Rohrweiten.

II. Temperaturdifferenz des Wassers: 15°.

1. Senkrechter Abstand des Kessels vom höchstgelegenen Heizkörper der Anlage bis zu 12 m.

B. Heizkörperanschlüsse.

b) Der unterste Heizkörper des in seinen Rohrweiten zu bestimmenden Stranges liegt 0,6 m über Mitte Kessel.

Senkrechter Abstand (h) von Mitte Heizkörper bis Mitte Kessel für die Heizkörper des in einer horizontalen Entfernung vom Kessel liegenden Fallstranges von:				Wärmemenge, welche stündlich vom Heizkörper abgegeben werden kann bei einem Anschluss von:							
				0,010	0,013	0,019	0,025	0,032	0,038	0,045	0,051
(E) bis (E-25)	(E-25) bis (E-50)	(E-50) bis (E-75)	(E-75) bis (E-100)	m Durchmesser							
				79	133	284	491	804	1134	1590	2043
h	h	h	h	qmm Querschnitt							
0,6	—	—	—	100	200	600	1 200	2 300	3 500	5 300	7 400
0,7	0,6	—	—	100	300	700	1 500	2 800	5 100	7 800	10 700
0,8	0,7	0,6	—	100	300	800	1 700	3 800	5 900	9 000	
0,9	0,8	0,7	0,6	100	300	1 000	2 300	4 300	6 600	10 100	
1,0	0,9	0,8	0,7	200	400	1 200	2 500	4 700	7 200		
1,2	1,0	0,9	0,8	200	400	1 400	2 900	5 400	9 400		
1,4	1,2	1,0	0,9	200	600	1 600	3 300	6 900	10 500		
1,6	1,4	1,2	1,0	300	700	1 800	4 100	7 500			
1.8	1,6	1,4	1,2	300	700	1 900	4 400	8 400			
2,0	1,8	1,6	1,4	400	800	2 300	4 800	8 700			
2,2	2,0	1,8	1,6	400	800	2 500	5 000	9 200			
2,4	2,2	2,0	1.8	400	900	2 600	5 300	9 700			
2,6	2,4	2,2	2,0	500	1 000	2 700	5 600	10 200			
2,8	2,6	2,4	2,2	500	1 100	2 900	5 800				
3,0	2,8	2,6	2,4	500	1 100	3 000	6 100				
3,2	3,0	2,8	2,6	600	1 200	3 100	6 300				
3,4	3,2	3,0	2,8	600	1 200	3 200	6 500				
3,6	3,4	3,2	3,0	600	1 200	3 300	7 400				
3,8	3,6	3,4	3,2	600	1 300	3 400	7 600				
4,0	3,8	3,6	3,4	700	1 300	3 500	7 800				
4,5	4,0	3,8	3,6	700	1 400	3 700	8 400				
5,0	4,5	4,0	3,8	700	1 500	4 300	8 900				
5,5	5,0	4,5	4,0	800	1 600	4 500	9 300				
6,0	5,5	5,0	4,5	800	1 700	4 700	9 800				
6,5	6,0	5,5	5,0	900	1 900	4 900	10 200				
7,0	6,5	6,0	5,5	900	2 000	5 100					
7,5	7,0	6,5	6,0	900	2 000	5 300					
8,0	7,5	7,0	6,5	1 000	2 100	5 500					
8,5	8,0	7,5	7,0	1 100	2 200	5 700					
9,0	8,5	8,0	7,5	1 100	2 200	6 300					
9,5	8,0	8,5	8,0	1 200	2 300	6 400					
10,0	9,5	9,0	8,5	1 200	2 400	6 600					
11,0	10,0	10,0	9,0	1 300	2 500	7 000					
12,0	11,0	11,0	10,0	1 300	2 600	7 300					
—	12,0	12,0	11,0	1 400	2 900	7 600					
—	—	—	12,0	1 400	3 000	7 900					

Tabellen zur Annahme der Rohrweiten.

II. Temperaturdifferenz des Wassers: 15°.

1. Senkrechter Abstand des Kessels vom höchstgelegenen Heizkörper der Anlage bis zu 12 m.

B. Heizkörperanschlüsse.

c) Der unterste Heizkörper des in seinen Rohrweiten zu bestimmenden Stranges liegt 0,7 m über Mitte Kessel.

Senkrechter Abstand (h) von Mitte Heizkörper bis Mitte Kessel für die Heizkörper des in einer horizontalen Entfernung vom Kessel liegenden Fallstranges von:				Wärmemenge, welche stündlich vom Heizkörper abgegeben werden kann bei einem Anschluss von:							
				0,010	0,013	0,019	0,025	0,032	0,038	0,045	0,051
				m Durchmesser							
(E) bis (E-25)	(E-25) bis (E-50)	(E-50) bis (E-75)	(E-75) bis (E-100)	79	133	284	491	804	1134	1590	2043
h	h	h	h	qmm Querschnitt							
0,7	—	—	—	100	200	500	1 100	2 100	3 300	5 000	6 900
0,8	0,7	—	—	100	200	700	1 400	2 600	4 000	7 100	9 800
0,9	0,8	0,7	—	100	300	800	1 600	2 900	5 300	8 100	11 100
1,0	0,9	0,8	0,7	100	300	800	1 400	3 800	5 900	9 000	
1,2	1,0	0,9	0,8	200	400	1 000	2 400	4 500	6 900	10 600	
1,4	1,2	1,0	0,9	200	400	1 400	2 700	5 100	7 900		
1,6	1,4	1,2	1,0	200	500	1 500	3 000	6 300	9 700		
1,8	1,6	1,4	1,2	200	600	1 600	3 300	6 900	10 500		
2,0	1,8	1,6	1,4	300	600	1 700	4 000	7 400			
2,2	2,0	1,8	1,6	300	700	1 900	4 300	7 800			
2,4	2,2	2,0	1,8	400	700	2 200	4 500	8 300			
2,6	2,4	2,2	2,0	400	800	2 300	4 800	8 700			
2,8	2,6	2,4	2,2	400	800	2 400	5 000	9 100			
3,0	2,8	2,6	2,4	400	800	2 500	5 200	9 500			
3,2	3,0	2,8	2,6	400	1 000	2 600	5 400	9 800			
3,4	3,2	3,0	2,8	400	1 000	2 700	5 600	10 200			
3,6	3,4	3,2	3,0	500	1 100	2 800	5 800				
3,8	3,6	3,4	3,2	500	1 100	2 900	6 000				
4,0	3,8	3,6	3,4	500	1 100	3 000	6 200				
4,5	4,0	3,8	3,6	600	1 200	3 100	6 400				
5,0	4,5	4,0	3,8	600	1 300	3 400	7 600				
5,5	5,0	4,5	4,0	700	1 400	3 600	8 100				
6,0	5,5	5,0	4,5	700	1 400	4 100	8 500				
6,5	6,0	5,5	5,0	700	1 500	4 300	8 800				
7,0	6,5	6,0	5,5	800	1 500	4 400	9 200				
7,5	7,0	6,5	6,0	800	1 600	4 600	9 500				
8,0	7,5	7,0	6,5	800	1 700	4 800	9 900				
8,5	8,0	7,5	7,0	900	1 700	4 900	10 200				
9,0	8,5	8,0	7,5	900	1 900	5 100					
9,5	9,0	8,5	8,0	900	2 000	5 200					
10,0	9,5	8,0	8,5	900	2 100	5 400					
11,0	10,0	9,5	9,0	1 100	2 200	5 600					
12,0	11,0	10,0	9,5	1 100	2 300	6 300					
—	12,0	11,0	10,0	1 200	2 400	6 600					
—	—	12,0	11,0	1 200	2 500	6 800					
—	—	—	12,0	1 300	2 600	7 100					

Tabellen zur Annahme der Rohrweiten.

II. Temperaturdifferenz des Wassers: 15°.

1. Senkrechter Abstand des Kessels vom höchstgelegenen Heizkörper der Anlage bis zu 12 m.

B. Heizkörperanschlüsse.

d) Der unterste Heizkörper des in seinen Rohrweiten zu bestimmenden Stranges liegt 0,8 m über Mitte Kessel.

Senkrechter Abstand (h) von Mitte Heizkörper bis Mitte Kessel für die Heizkörper des in einer horizontalen Entfernung vom Kessel liegenden Fallstranges von:				Wärmemenge, welche stündlich vom Heizkörper abgegeben werden kann bei einem Anschluss von:							
				0,010	0,013	0,019	0,025	0,032	0,038	0,045	0,051
				m Durchmesser							
(E) bis (E-25)	(E-25) bis (E-50)	(E-50) bis (E-75)	(E-75) bis (E-100)	79	133	284	491	804	1134	1590	2043
h	h	h	h	qmm Querschnitt							
0,8	—	—	—	100	200	600	1 200	2 300	3 500	5 400	7 400
0,9	0,5	—	—	100	200	700	1 400	2 700	4 100	7 400	10 200
1,0	0,9	0,8	—	100	300	800	1 600	3 000	5 500	8 400	
1,2	1,0	0,9	0,8	100	300	900	2 300	4 200	6 500	9 900	
1,4	1,2	1,0	0,9	200	400	1 300	2 500	4 700	7 300	12 500	
1,6	1,4	1,2	1,0	200	400	1 400	2 900	5 300	9 200		
1,8	1,6	1,4	1,2	200	600	1 600	3 100	6 600	10 100		
2,0	1,8	1,6	1,4	200	600	1 700	3 400	7 100			
2,2	2,0	1,8	1,6	300	700	1 800	4 100	7 500			
2,4	2,2	2,0	1,8	300	700	1 900	4 400	7 900			
2,6	2,4	2,2	2,0	300	700	2 200	4 600	8 400			
2,8	2,6	2,4	2,2	400	800	2 300	4 800	8 800			
3,0	2,8	2,6	2,4	400	800	2 400	5 000	9 100			
3,2	3,0	2,8	2,6	400	800	2 500	5 200	9 500			
3,4	3,2	3,0	2,8	400	900	2 600	5 400	9 800			
3,6	3,4	3,2	3,0	500	1 000	2 700	5 600	10 200			
3,8	3,6	3,4	3,2	500	1 100	2 800	5 800				
4,0	3,8	3,6	3,4	500	1 100	2 900	6 000				
4,5	4,0	3,8	3,6	600	1 200	3 100	6 400				
5,0	4,5	4,0	3,8	600	1 300	3 300	7 600				
5,5	5,0	4,5	4,0	700	1 300	3 500	7 800				
6,0	5,5	5,0	4,5	700	1 400	3 700	8 200				
6,5	6,0	5,5	5,0	700	1 500	4 100	8 600				
7,0	6,5	6,0	5,5	700	1 500	4 300	8 900				
7,5	7,0	6,5	6,0	800	1 600	4 500	9 300				
8,0	7,5	7,0	6,5	800	1 600	4 600	9 600				
8,5	8,0	7,5	7,0	800	1 700	4 800	9 900				
9,0	8,5	8,0	7,5	900	1 900	4 900	10 200				
9,5	9,0	8,5	8,0	900	1 900	5 100					
10,0	9,5	9,0	8,5	900	2 000	5 200					
11,0	10,0	9,5	9,0	1 000	2 100	5 500					
12,0	11,0	10,0	9,5	1 100	2 200	5 700					
—	12,0	11,0	10,0	1 100	2 300	6 400					
—	—	12,0	11,0	1 200	2 400	6 600					
—	—	—	12,0	1 200	2 500	6 900					

Tabellen zur Annahme der Rohrweiten.

II. Temperaturdifferenz des Wassers: 15°.

1. Senkrechter Abstand des Kessels vom höchstgelegenen Heizkörper der Anlage bis zu 12 m.

B. Heizkörperanschlüsse.

e) Der unterste Heizkörper des in seinen Rohrweiten zu bestimmenden Stranges liegt 0,9 m über Mitte Kessel.

Senkrechter Abstand (h) von Mitte Heizkörper bis Mitte Kessel für die Heizkörper des in einer horizontalen Entfernung vom Kessel liegenden Fallstranges von				Wärmemenge, welche stündlich vom Heizkörper abgegeben werden kann bei einem Anschluss von:							
				0,010	0,013	0,019	0,025	0,032	0,038	0,045	0,051
				m Durchmesser							
(E) bis (E-25)	(E-25) bis (E-50)	(E-50) bis (E-75)	(E-75) bis (E-100)	79	133	284	491	804	1134	1590	2043
h	h	h	h	qmm Querschnitt							
0,9	—	—	—	100	200	700	1 300	2 500	3 900	6 000	9 700
1,0	—	—	—	100	300	700	1 500	2 800	5 200	7 900	10 800
1,2	0,9	—	—	100	300	900	2 200	4 100	6 300	9 700	
1,4	1,0	0,9	—	200	400	1 300	2 500	4 800	7 300	12 500	
1,6	1,2	1,0	0,9	200	400	1 400	2 800	5 300	9 200		
1,8	1,4	1,2	1,0	200	600	1 600	3 100	6 600	12 100		
2,0	1,6	1,4	1,2	300	600	1 700	3 900	7 100			
2,2	1,8	1,6	1,4	300	700	1 300	4 200	7 600			
2,4	2,0	1,8	1,6	300	700	1 900	4 400	8 100			
2,6	2,2	2,0	1,8	300	800	2 300	4 700	8 500			
2,8	2,4	2,2	2,0	400	800	2 400	4 900	8 900			
3,0	2,6	2,4	2,1	400	800	2 500	5 100	9 300			
3,2	2,8	2,6	2,4	400	900	2 600	5 300	9 700			
3,4	3,0	2,8	2,6	400	1 000	2 700	5 500	10 100			
3,6	3,2	3,0	2,8	500	1 000	2 800	5 700				
3,8	3,4	3,2	3,0	500	1 100	2 900	5 900				
4,0	3,6	3,4	3,2	500	1 100	3 000	6 100				
4.5	3,8	3,6	3,4	600	1 200	3 200	6 500				
5,0	4,0	3,8	3,6	600	1 300	3 400	7 600				
5,5	4,5	4,0	3,8	700	1 400	3 600	8 000				
6,0	5,0	4,5	4,0	700	1 400	3 800	8 400				
6,5	5,5	5,0	4,5	700	1 500	4 200	8 800				
7,0	6,0	5,5	5,0	800	1 600	4 400	9 200				
7,5	6 5	6,0	5,5	800	1 600	4 600	9 500				
8,0	7,0	6,5	6,0	800	1 700	4 800	9 900				
8,5	7,5	7,0	6,5	900	1 700	4 900	10 200				
9,0	8,0	7,5	7,0	900	1 900	5 100					
9,5	8,5	8,0	7,5	1 000	2 000	5 200					
10,0	9,0	8,5	8,0	1 000	2 100	5 400					
11,0	10,0	9,0	8,5	1 100	2 200	5 600					
12,0	11,0	10,0	9,0	1 100	2 300	6 300					
—	12,0	11,0	10,0	1 200	2 400	6 600					
—	—	12,0	11,0	1 200	2 500	6 800					
—	—	—	12,0	1 300	2 600	7 100					

Tabellen zur Annahme der Rohrweiten.

II. Temperaturdifferenz des Wassers: 15°.

1. Senkrechter Abstand des Kessels vom höchstgelegenen Heizkörper der Anlage bis zu 12 m.

B. Heizkörperanschlüsse.

f) Der unterste Heizkörper des in seinen Rohrweiten zu bestimmenden Stranges liegt 1,0 m über Mitte Kessel.

Senkrechter Abstand (h) von Mitte Heizkörper bis Mitte Kessel für die Heizkörper des in einer horizontalen Entfernung vom Kessel liegenden Fallstranges von:				Wärmemenge, welche stündlich vom Heizkörper abgegeben werden kann bei einem Anschluss von:							
				0,010	**0,013**	**0,019**	**0,025**	**0,032**	**0,038**	**0,045**	**0,051**
(E) bis **(E-25)**	**(E-25)** bis **(E-50)**	**(E-50)** bis **(E-75)**	**(E-75)** bis **(E-100)**	m Durchmesser							
				79	**133**	**284**	**491**	**804**	**1134**	**1590**	**2043**
h	h	h	h	qmm Querschnitt							
1,0	—	—	—	100	200	700	1 400	2 600	4 000	7 300	10 000
1,2	—	—	—	100	300	900	1 800	3 900	6 000	9 200	
1,4	1,0	—	—	200	400	1 200	2 500	4 600	7 100	10 800	
1,6	1,2	1,0	—	200	400	1 400	2 800	5 200	9 000		
1,8	1,4	1,2	1,0	200	600	1 500	3 100	6 400	9 900		
2,0	1,6	1 4	1,2	300	600	1 700	3 300	7 000	10 700		
2,2	1,8	1,6	1,4	300	700	1 800	4 100	7 500			
2,4	2,0	1,8	1,6	300	700	1 900	4 400	8 000			
2,6	2,2	2,0	1,8	400	700	2 300	4 600	8 400			
2,8	2,4	2,2	2,0	400	800	2 400	4 800	8 800			
3,0	2,6	2.4	2,2	400	800	2 500	5 100	9 200			
3,2	2,8	2,6	2,4	400	900	2 600	5 300	9 000			
3,4	3,0	2,8	2,6	500	1 000	2 700	5 500	10 000			
3,6	3,2	3,0	2,8	500	1 000	2 800	5 700				
3,8	3,4	3,2	3,0	500	1 100	2 900	5 900				
4,0	3,6	3,4	3,2	600	1 100	3 000	6 100				
4,5	3,8	3,6	3,4	600	1 200	3 200	6 560				
5,0	4,0	3,8	3,6	600	1 300	3 400	7 600				
5,5	4,5	4,0	3,8	700	1 400	3 600	8 000				
6,0	5,0	4,5	4,0	700	1 400	3 800	8 400				
6,5	5,5	5,0	4,5	700	1 500	4 300	8 800				
7,0	6,0	5,5	5,0	800	1 600	4 400	9 200				
7,5	6,5	6,0	5,5	800	1 600	4 600	9 500				
8,0	7,0	6,5	6,0	800	1 700	4 800	9 900				
8,5	7,5	7,0	6,5	900	1 900	4 900	10 200				
9,0	8,0	7,5	7,0	900	1 900	5 100					
9,5	8,5	8,0	7,5	1 000	2 000	5 200					
10,0	9,0	8,5	8,0	1 000	2 100	5 400					
11,0	10,0	9,5	8,5	1 100	2 200	5 700					
12,0	11,0	10,0	9,0	1 100	2 300	6 300					
—	12,0	11,0	10,0	1 200	2 400	6 600					
—	—	12,0	11,0	1 200	2 500	6 900					
—	—	—	12,0	1 300	2 600	7 100					

Tabellen zur Annahme der Rohrweiten.

II. Temperaturdifferenz des Wassers: 15°.

1. Senkrechter Abstand des Kessels vom höchstgelegenen Heizkörper der Anlage bis zu 12 m.

B. Heizkörperanschlüsse.

g) Der unterste Heizkörper des in seinen Rohrweiten zu bestimmenden Stranges liegt 1,25 m über Mitte Kessel.

Senkrechter Abstand (h) von Mitte Heizkörper bis Mitte Kessel für die Heizkörper des in einer horizontalen Entfernung vom Kessel liegenden Fallstranges von:				Wärmemenge, welche stündlich vom Heizkörper abgegeben werden kann bei einem Anschluss von:							
				0,010	0,013	0,019	0,025	0,032	0,038	0,045	0,051
(E) bis (E-25)	(E-25) bis (E-50)	(E-50) bis (E-75)	(E-75) bis (E-100)	m Durchmesser							
				79	133	284	491	804	1134	1590	2043
h	h	h	h	qmm Querschnitt							
1,2	—	—	—	100	200	700	1 400	2 600	4 000	7 200	9 900
1,4	—	—	—	100	300	900	1 800	3 900	6 000	9 200	12 600
1,6	1,2	—	—	200	400	1 200	2 500	4 600	7 100	10 800	
1,8	1,4	1,2	—	200	400	1 400	2 800	5 200	9 000		
2,0	1,6	1,4	—	200	600	1 500	3 100	6 400	9 900		
2,2	1,8	1,6	1,2	300	600	1 700	3 300	7 000	10 800		
2,4	2,0	1,8	1,4	300	700	1 800	4 100	7 500			
2,6	2,2	2,0	1,6	300	700	1 900	4 400	8 000			
2,8	2,4	2,2	1,8	400	700	2 300	4 600	8 400			
3,0	2,6	2,4	2,0	400	800	2 400	4 900	8 900			
3,2	2,8	2,6	2,2	400	800	2 500	5 100	9 300			
3,4	3,0	2,8	2,4	400	900	2 600	5 300	9 700			
3,6	3,2	3,0	2,6	500	1 000	2 700	5 500	10 100			
3,8	3,4	3,2	2,8	500	1 100	2 800	5 700				
4,0	3,6	3,4	3,0	500	1 100	2 900	5 900				
4,5	3,8	3,6	3,2	600	1 200	3 100	6 400				
5,0	4,0	3,8	3,4	600	1 300	3 300	7 500				
5,5	4,5	4,0	3,6	700	1 300	3 500	7 900				
6,0	5,0	4,5	3,8	700	1 400	3 700	8 300				
6,5	5,5	5,0	4,0	700	1 500	4 200	8 700				
7,0	6,0	5,5	4,5	800	1 500	4 400	9 100				
7,5	6,5	6,0	5,0	800	1 600	4 600	9 500				
8,0	7,0	6,5	5,5	800	1 700	4 700	9 800				
8,5	7,5	7,0	6,0	900	1 700	4 900	10 200				
9,0	8,0	7,5	6,5	900	1 900	5 100					
9,5	8,5	8,0	7,0	1 000	2 000	5 200					
10,0	9,0	8,5	7,5	1 000	2 100	5 400					
11,0	10,0	9,0	8,0	1 100	2 200	5 700					
12,0	11,0	10,0	9,0	1 100	2 300	6 300					
—	12,0	11,0	10,0	1 200	2 400	6 600					
—	—	12,0	11,0	1 200	2 500	6 900					
—	—	—	12,0	1 300	2 600	7 000					

Tabellen zur Annahme der Rohrweiten.

II. Temperaturdifferenz des Wassers: 15°.

1. Senkrechter Abstand des Kessels vom höchstgelegenen Heizkörper der Anlage bis zu 12 m.

B. Heizkörperanschlüsse.

h) Der unterste Heizkörper des in seinen Rohrweiten zu bestimmenden Stranges liegt 1,5 m über Mitte Kessel.

Senkrechter Abstand (h) von Mitte Heizkörper bis Mitte Kessel für die Heizkörper des in einer horizontalen Entfernung vom Kessel liegenden Fallstranges von:				Wärmemenge, welche stündlich vom Heizkörper abgegeben werden kann bei einem Anschluss von:							
				0,010	**0,013**	**0,019**	**0,025**	**0,032**	**0,038**	**0,045**	**0,051**
(E) bis (E-25)	**(E-25) bis (E-50)**	**(E-50) bis (E-75)**	**(E-75) bis (E-100)**	m Durchmesser							
				79	**133**	**284**	**491**	**804**	**1134**	**1590**	**2043**
h	h	h	h	qmm Querschnitt							
1,4	—	—	—	100	200	500	1 100	2 100	3 200	4 900	6 800
1,6	—	—	—	100	300	800	1 600	2 900	5 300	8 100	11 100
1,8	1,4	—	—	100	300	900	2 200	4 200	6 500	9 900	
2,0	1,6	1,4	—	200	400	1 300	2 600	4 900	7 500	11 500	
2,2	1,8	1,6	—	200	400	1 400	2 900	5 400	9 400		
2,4	2,0	1,8	1,4	200	600	1 600	3 200	6 700	10 300		
2,6	2,2	2,0	1,6	300	600	1 700	4 000	7 300			
2,8	2,4	2,2	1,8	300	700	1 800	4 300	7 800			
3,0	2,6	2,4	2,0	300	700	2 200	4 500	8 200			
3,2	2,8	2,6	2,2	400	800	2 300	4 800	8 700			
3,4	3,0	2,8	2,4	400	800	2 400	5 000	9 100			
3,6	3,2	3,0	2,6	400	800	2 500	5 200	9 500			
3,8	3,4	3,2	2,8	500	1 000	2 700	5 400	9 900			
4,0	3,6	3,4	3,0	500	1 000	2 800	5 600	10 300			
4,5	3,8	3,6	3,2	500	1 100	3 000	6 100				
5,0	4,0	3,8	3,4	600	1 200	3 200	6 600				
5,5	4,5	4,0	3,6	600	1 300	3 400	7 700				
6,0	5,0	4,5	3,8	700	1 400	3 600	8 100				
6,5	5,5	5,0	4,0	700	1 400	4 100	8 500				
7,0	6,0	5,5	4,5	700	1 500	4 300	8 900				
7,5	6,5	6,0	5,0	800	1 600	4 500	9 300				
8,0	7,0	6,5	5,5	800	1 600	4 700	9 600				
8,5	7,5	7,0	6,0	800	1 700	4 800	10 000				
9,0	8,0	7,5	6,5	900	1 900	5 000					
9,5	8,5	8,0	7,0	900	2 000	5 100					
10,0	9,0	8,5	7,5	900	2 000	5 300					
11,0	10,0	9,0	8,0	1 000	2 100	5 600					
12,0	11,0	10,0	9,0	1 100	2 200	6 300					
—	12,0	11,0	10,0	1 200	2 400	6 600					
—	—	12,0	11,0	1 200	2 500	6 800					
—	—	—	12,0	1 300	2 500	7 000					

Tabellen zur Annahme der Rohrweiten.

II. Temperaturdifferenz des Wassers: 15°.

1. Senkrechter Abstand des Kessels vom höchstgelegenen Heizkörper der Anlage bis zu 12 m.

B. Heizkörperanschlüsse.

i) Der unterste Heizkörper des in seinen Rohrweiten zu bestimmenden Stranges liegt 1,75 m über Mitte Kessel.

Senkrechter Abstand (h) von Mitte Heizkörper bis Mitte Kessel für die Heizkörper des in einer horizontalen Entfernung vom Kessel liegenden Fallstranges von:				Wärmemenge, welche stündlich vom Heizkörper abgegeben werden kann bei einem Anschluss von:							
				0,010	0,013	0,019	0,025	0,032	0,038	0,045	0,051
(E) bis (E-25)	(E-25) bis (E-50)	(E-50) bis (E-75)	(E-75) bis (E-100)	m Durchmesser							
				79	133	284	491	804	1134	1590	2043
h	h	h	h	qmm Querschnitt							
1,8	—	—	—	100	300	900	1 800	3 900	6 000	9 200	12 600
2,0	—	—	—	200	400	1 200	2 500	4 600	7 100	10 900	
2,2	1,8	—	—	200	400	1 400	2 800	5 200	9 000		
2,4	2,0	1,8	—	200	600	1 500	3 100	6 500	10 000		
2,6	2,2	2,0	—	300	600	1 700	3 900	7 100			
2,8	2,4	2,2	1,8	300	700	1 800	4 200	7 600			
3,0	2,6	2,4	2,0	300	700	1 900	4 400	8 100			
3,2	2,8	2,6	2,2	400	800	2 300	4 700	8 600			
3,4	3,0	2,8	2,4	400	800	2 400	4 900	9 000			
3,6	3,2	3,0	2,6	400	800	2 500	5 200	9 400			
3,8	3,4	3,2	2,8	500	1 000	2 600	5 400	9 800			
4,0	3,6	3,4	3,0	500	1 000	2 700	5 600	10 200			
4,5	3,8	3,6	3,2	500	1 100	3 000	6 100				
5,0	4,0	3,8	3,4	600	1 200	3 200	6 600				
5,5	4,5	4,0	3,6	600	1 300	3 400	7 600				
6,0	5,0	4,5	3,8	700	1 400	3 600	8 100				
6,5	5,5	5,0	4,0	700	1 400	4 100	8 500				
7,0	6,0	5,5	4,5	700	1 500	4 300	8 900				
7,5	6,5	6,0	5,0	800	1 600	4 400	9 300				
8,0	7,0	6,5	5,5	800	1 600	4 700	9 700				
8,5	7,5	7,0	6,0	800	1 700	4 800	10 000				
9,0	8,0	7,5	6,5	900	1 900	5 000					
9,5	8,5	8,0	7,0	900	2 000	5 200					
10,0	9,0	8,5	7,5	1 000	2 000	5 300					
11,0	10,0	9,0	8,0	1 100	2 200	5 600					
12,0	11,0	10,0	9,0	1 100	2 300	6 300					
—	12,0	11,0	10,0	1 200	2 400	6 600					
—	—	12,0	11,0	1 200	2 500	6 900					
—	—	—	12,0	1 300	2 600	7 100					

Tabellen zur Annahme der Rohrweiten.

II. Temperaturdifferenz des Wassers: 15°.

1. Senkrechter Abstand des Kessels vom höchstgelegenen Heizkörper der Anlage bis zu 12 m.

B. Heizkörperanschlüsse.

k) Der unterste Heizkörper des in seinen Rohrweiten zu bestimmenden Stranges liegt 2,0 m über Mitte Kessel.

Senkrechter Abstand (h) von Mitte Heizkörper bis Mitte Kessel für die Heizkörper des in einer horizontalen Entfernung vom Kessel liegenden Fallstranges von:				Wärmemenge, welche stündlich vom Heizkörper abgegeben werden kann bei einem Anschluss von:							
				0,010	0,013	0,019	0,025	0,032	0,038	0,045	0,051
(E) bis (E-25)	(E-25) bis (E-50)	(E-50) bis (E-75)	(E-75) bis (E-100)	m Durchmesser							
				79	133	284	491	804	1134	1590	2043
h	h	h	h	qmm Querschnitt							
2,0	—	—	—	100	300	900	1 800	3 900	6 000	9 100	12 500
2,2	—	—	—	200	400	1 200	2 500	4 600	7 100	10 800	
2,4	2,0	—	—	200	400	1 400	2 800	5 200	9 000		
2,6	2,2	2,0	—	200	600	1 500	3 100	6 500	10 000		
2,8	2,4	2,2	—	300	600	1 700	3 900	7 100			
3,0	2,6	2,4	2,0	300	700	1 800	4 200	7 600			
3,2	2,8	2,6	2,2	300	700	1 900	4 400	8 100			
3,4	3,0	2,8	2,4	400	800	2 300	4 700	8 500			
3,6	3,2	3,0	2,6	400	800	2 400	4 900	9 000			
3,8	3,4	3,2	2,8	400	800	2 500	5 200	9 400			
4,0	3,6	3,4	3,0	500	1 000	2 600	5 400	9 800			
4,5	3,8	3,6	3,2	500	1 100	2 900	5 900	10 700			
5,0	4,0	3,8	3,4	600	1 200	3 100	6 400				
5,5	4,5	4,0	3,6	600	1 300	3 300	7 500				
6,0	5,0	4,5	3,8	700	1 300	3 500	7 900				
6,5	5,5	5,0	4,0	700	1 400	3 700	8 300				
7,0	6,0	5,5	4,5	700	1 500	4 200	8 800				
7,5	6,5	6,0	5,0	800	1 600	4 400	9 200				
8,0	7,0	6,5	5,5	800	1 600	4 600	9 500				
8,5	7,5	7,0	6,0	800	1 700	4 800	9 900				
9,0	8,0	7,5	6,5	900	1 900	4 900	10 200				
9,5	8,5	8,0	7,0	900	2 000	5 100					
10,0	9,0	8,5	7,5	1 000	2 000	5 300					
11,0	10,0	9,0	8,0	1 000	2 100	5 600					
12,0	11,0	10,0	9,0	1 100	2 200	6 300					
—	12,0	11,0	10,0	1 200	2 300	6 500					
—	—	12,0	11,0	1 200	2 500	6 800					
—	—	—	12,0	1 300	2 500	7 000					

Tabellen zur Annahme der Rohrweiten.

II. Temperaturdifferenz des Wassers: 15°.

1. Senkrechter Abstand des Kessels vom höchstgelegenen Heizkörper der Anlage bis zu 12 m.

B. Heizkörperanschlüsse.

1) Der unterste Heizkörper des in seinen Rohrweiten zu bestimmenden Stranges liegt 2,5 m über Mitte Kessel.

Senkrechter Abstand (h) von Mitte Heizkörper bis Mitte Kessel für die Heizkörper des in einer horizontalen Entfernung vom Kessel liegenden Fallstranges von:				Wärmemenge, welche stündlich vom Heizkörper abgegeben werden kann bei einem Anschluss von:							
				0,010	0,013	0,019	0,025	0,032	0,038	0,045	0,051
(E) bis (E-25)	(E-25) bis (E-50)	(E-50) bis (E-75)	(E-75) bis (E-100)	m Durchmesser							
				79	133	284	491	804	1134	1590	2043
h	h	h	h	qmm Querschnitt							
2,4	—	—	—	100	300	800	1 600	2 900	5 300	5 200	11 200
2,6	—	—	—	100	300	900	2 300	4 300	6 600	10 000	
2,8	2,4	—	—	200	400	1 300	2 600	4 900	7 500		
3,0	2,6	—	—	200	400	1 500	2 900	5 500	9 500		
3,2	2,8	2,4	—	200	600	1 600	3 200	6 800	10 400		
3,4	3,0	2,6	—	300	600	1 700	4 000	7 300			
3,6	3,2	2,8	2,4	300	700	1 900	4 300	7 800			
3,8	3,4	3,0	2,6	400	700	2 200	4 600	8 300			
4,0	3,6	3,2	2,8	400	800	2 300	4 800	8 800			
4,5	3,8	3,4	3,0	400	900	2 600	5 400	9 800			
5,0	4,0	3,6	3,2	500	1 100	2 900	5 900	10 700			
5,5	4,5	3,8	3,4	600	1 200	3 100	6 400				
6,0	5,0	4,0	3,6	600	1 300	3 300	7 500				
6,5	5,5	4,5	3,8	700	1 300	3 500	7 900				
7,0	6,0	5,0	4,0	700	1 400	3 700	8 300				
7,5	6,5	5,5	4,5	700	1 500	4 200	8 800				
8,0	7,0	6,0	5,0	800	1 600	4 400	9 200				
8,5	7,5	6,5	5,5	800	1 600	4 600	9 500				
9,0	8,0	7,0	6,0	800	1 700	4 800	9 900				
9,5	8,5	7,5	6,5	900	1 900	4 900	10 200				
10,0	9,0	8,0	7,0	900	2 000	5 100					
11,0	10,0	8,5	7,5	1 000	2 100	5 400					
12,0	11,0	9,0	8,0	1 100	2 200	5 700					
—	12,0	10,0	9,0	1 200	2 300	6 400					
—	—	11,0	10,0	1 200	2 400	6 700					
—	—	12,0	11,0	1 300	2 500	7 000					
—	—	—	12,0	1 300	2 600	7 200					

Tabellen zur Annahme der Rohrweiten.

II. Temperaturdifferenz des Wassers: 15°.

1. Senkrechter Abstand des Kessels vom höchstgelegenen Heizkörper der Anlage bis zu 12 m.

B. Heizkörperanschlüsse.

m) Der unterste Heizkörper des in seinen Rohrweiten zu bestimmenden Stranges liegt 3,0 m über Mitte Kessel.

Senkrechter Abstand (h) von Mitte Heizkörper bis Mitte Kessel für die Heizkörper des in einer horizontalen Entfernung vom Kessel liegenden Fallstranges von:				Wärmemenge, welche stündlich vom Heizkörper abgegeben werden kann bei einem Anschluss von:							
				0,010	0,013	0,019	0,025	0,032	0,038	0,045	0,051
				m Durchmesser							
(E) bis (E-25)	(E-25) bis (E-50)	(E-50) bis (E-75)	(E-75) bis (E-100)	79	133	284	491	804	1134	1590	2043
h	h	h	h	qmm Querschnitt							
3,0	—	—	—	100	300	900	1 800	3 900	6 000	9 100	12 500
3,2	—	—	—	200	400	1 200	2 500	4 600	7 100	10 800	
3,4	—	—	—	200	400	1 400	2 800	5 200	9 000		
3,6	3,0	—	—	300	600	1 500	3 100	6 500	10 000		
3,8	3,2	—	—	300	600	1 700	3 400	7 100			
4,0	3,4	—	—	300	700	1 800	4 200	7 600			
4,5	3,6	3,0	—	400	800	2 300	4 800	8 800			
5,0	3,8	3,2	3,0	400	900	2 600	5 400	9 800			
5,5	4,0	3,4	3,2	500	1 100	2 900	5 900	10 700			
6,0	4,5	3,6	3,4	600	1 200	3 100	6 400				
6,5	5,0	3,8	3,6	600	1 300	3 300	7 500				
7,0	5,5	4,0	3,8	700	1 300	3 500	7 900				
7,5	6,0	5,0	4,0	700	1 400	3 700	8 300				
8,0	7,5	5,5	4,5	700	1 500	4 200	8 800				
8,5	8,0	6,0	5,0	800	1 600	4 400	9 200				
9,0	8,5	7,0	6,0	800	1 600	4 600	9 500				
9,5	9,0	7,5	7,0	800	1 700	4 800	9 900				
10,0	9,5	8,0	7,5	900	1 900	4 900	10 200				
11,0	10,0	8,5	8,0	900	2 000	5 300					
12,0	11,0	9,0	8,5	1 000	2 100	5 600					
—	12,0	10,0	9,0	1 100	2 200	6 300					
—	—	11,0	10,0	1 200	2 300	6 500					
—	—	12,0	11,0	1 200	2 500	6 800					
—	—	—	12,0	1 300	2 600	7 100					

Tabellen zur Annahme der Rohrweiten.

II. Temperaturdifferenz des Wassers: 15°.

1. Senkrechter Abstand des Kessels vom höchstgelegenen Heizkörper der Anlage bis zu 12 m.

B. Heizkörperanschlüsse.

n) Der unterste Heizkörper des in seinen Rohrweiten zu bestimmenden Stranges liegt 4,0 m über Mitte Kessel.

Senkrechter Abstand (h) von Mitte Heizkörper bis Mitte Kessel für die Heizkörper des in einer horizontalen Entfernung vom Kessel liegenden Fallstranges von:				Wärmemenge, welche stündlich vom Heizkörper abgegeben werden kann bei einem Anschluss von:							
				0,010	0,013	0,019	0,025	0,032	0,038	0,045	0,051
				m Durchmesser							
(E) bis (E-25)	(E-25) bis (E-50)	(E-50) bis (E-75)	(E-75) bis (E-100)	79	133	284	491	804	1134	1590	2043
h	h	h	h	qmm Querschnitt							
4,0	—	—	—	100	300	900	1 800	3 900	6 000	9 100	12 500
4,5	—	—	—	200	500	1 500	2 900	5 500	9 500	14 400	
5,0	—	—	—	300	700	1 800	4 200	7 600	11 600		
5,5	4,0	—	—	400	800	2 300	4 800	8 800			
6,0	4,5	—	—	400	900	2 600	5 400	9 800			
6,5	5,0	4,0	—	500	1 100	2 900	5 900	10 700			
7,0	5,5	4,5	—	600	1 200	3 100	6 400				
7,5	6,0	5,0	4,0	600	1 300	3 300	7 500				
8,0	6,5	5,5	4,5	700	1 300	3 500	7 900				
8,5	7,0	6,0	5,0	700	1 400	3 700	8 300				
9,0	7,5	6,5	5,5	700	1 500	4 200	8 800				
9,5	8,0	7,0	6,0	800	1 600	4 400	9 200				
10,0	8,5	7,5	6,5	800	1 600	4 600	9 500				
11,0	9,0	8,0	7,0	900	1 900	4 900	10 200				
12,0	10,0	9,0	8,0	900	2 000	5 300					
—	11,0	10,0	9,0	1 000	2 100	5 600					
—	12,0	11,0	10,0	1 100	2 200	6 300					
—	—	12,0	11,0	1 200	2 300	6 500					
—	—	—	12,0	1 200	2 500	6 800					

o) Der unterste Heizkörper des in seinen Rohrweiten zu bestimmenden Stranges liegt 5,0 m über Mitte Kessel.

(E) bis (E-25)	(E-25) bis (E-50)	(E-50) bis (E-75)	(E-75) bis (E-100)	0,010	0,013	0,019	0,025	0,032	0,038	0,045	0,051
5,0	—	—	—	100	300	900	1 800	3 900	6 000	9 100	12 500
5,5	—	—	—	200	500	1 500	2 900	5 500	9 500	14 400	
6,0	—	—	—	300	700	1 800	4 200	7 600	11 600		
6,5	5,0	—	—	400	800	2 300	4 800	8 800			
7,0	5,5	—	—	400	900	2 600	5 400	9 800			
7,5	6,0	5,0	—	500	1 100	2 900	5 900	10 700			
8,0	6,5	5,5	—	600	1 200	3 100	6 400				
8,5	7,0	6,0	5,0	600	1 300	3 300	7 500				
9,0	7,5	6,5	5,5	700	1 300	3 500	7 900				
9,5	8,0	7,0	6,0	700	1 400	3 700	8 300				
10,0	8,5	7,5	6,5	700	1 500	4 200	8 800				
11,0	9,0	8,0	7,0	800	1 600	4 600	9 500				
12,0	10,0	9,0	8,0	900	1 900	4 900	10 200				
—	11,0	10,0	9,0	900	2 000	5 300					
—	12,0	11,0	10,0	1 000	2 100	5 600					
—	—	12,0	11,0	1 100	2 200	6 300					
—	—	—	12,0	1 200	2 300	6 500					

Tabellen zur Annahme der Rohrweiten.

II. Temperaturdifferenz des Wassers: 15°.

1. Senkrechter Abstand des Kessels vom höchstgelegenen Heizkörper der Anlage bis zu 12 m.

B. Heizkörperanschlüsse.

p) Der unterste Heizkörper des in seinen Rohrweiten zu bestimmenden Stranges liegt 6,0 m über Mitte Kessel.

Senkrechter Abstand (h) von Mitte Heizkörper bis Mitte Kessel für die Heizkörper des in einer horizontalen Entfernung vom Kessel liegenden Fallstranges von:				Wärmemenge, welche stündlich vom Heizkörper abgegeben werden kann bei einem Anschluss von:							
				0,010	0,013	0,019	0,025	0,032	0,038	0,045	0,051
(E) bis (E-25)	(E-25) bis (E-50)	(E-50) bis (E-75)	(E-75) bis (E-100)	m Durchmesser							
				79	133	284	491	804	1134	1590	2043
h	h	h	h	qmm Querschnitt							
6,0	—	—	—	100	300	900	1 800	3 900	6 000	9 100	12 500
6,5	—	—	—	200	500	1 500	2 900	5 500	9 500	14 400	
7,0	—	—	—	300	700	1 800	4 200	7 600	11 600		
7,5	6,0	—	—	400	800	2 300	4 800	8 800			
8,0	6,5	—	—	400	900	2 600	5 400	9 800			
8,5	7,0	6,0	—	500	1 100	2 900	5 900	10 700			
9,0	7,5	6,5	—	600	1 200	3 100	6 400				
9,5	8,0	7,0	6,0	600	1 300	3 300	7 500				
10,0	9,0	7,5	6,5	700	1 300	3 500	7 900				
11,0	10,0	8,0	7,0	700	1 500	4 200	8 800				
12,0	11,0	9,0	8,0	800	1 600	4 600	9 500				
—	12,0	10,0	9,0	900	1 900	4 900	10 200				
—	—	11,0	10,0	900	2 000	5 300					
—	—	12,0	11,0	1 000	2 100	5 600					
—	—	—	12,0	1 100	2 200	6 300					

q) Der unterste Heizkörper des in seinen Rohrweiten zu bestimmenden Stranges liegt 7,0 m über Mitte Kessel.

(E) bis (E-25)	(E-25) bis (E-50)	(E-50) bis (E-75)	(E-75) bis (E-100)	0,010	0,013	0,019	0,025	0,032	0,038	0,045	0,051
7,0	—	—	—	100	300	900	1 800	3 900	6 000	9 100	12 500
7,5	—	—	—	200	500	1 500	2 900	5 500	9 500	14 400	
8,0	—	—	—	300	700	1 800	4 200	7 600	11 600		
8,5	7,0	—	—	400	800	2 300	4 800	8 800			
9,0	7,5	—	—	400	900	2 600	5 400	9 800			
9,5	8,0	—	—	500	1 100	2 900	5 900	10 700			
10,0	9,0	7,0	—	600	1 200	3 100	6 400				
11,0	10,0	8,0	—	700	1 300	3 500	7 900				
12,0	11,0	9,0	7,0	700	1 500	4 200	8 800				
—	12,0	10,0	8,0	800	1 600	4 600	9 500				
—	—	11,0	9,0	900	1 900	4 900	10 200				
—	—	12,0	10,0	900	2 000	5 300					
—	—	—	11,0	1 000	2 100	5 600					
—	—	—	12,0	1 100	2 200	6 300					

Tabellen zur Annahme der Rohrweiten.

II. Temperaturdifferenz des Wassers: 15°.

1. Senkrechter Abstand des Kessels vom höchstgelegenen Heizkörper der Anlage bis zu 12 m.

B. Heizkörperanschlüsse.

r) Der unterste Heizkörper des in seinen Rohrweiten zu bestimmenden Stranges liegt 8,0 m über Mitte Kessel.

Senkrechter Abstand (h) von Mitte Heizkörper bis Mitte Kessel für die Heizkörper des in einer horizontalen Entfernung vom Kessel liegenden Fallstranges von:				Wärmemenge, welche stündlich vom Heizkörper abgegeben werden kann bei einem Anschluss von:							
				0,010	0,013	0,019	0,025	0,032	0,038	0,045	0,051
				m Durchmesser							
(E) bis (E-25)	(E-25) bis (E-50)	(E-50) bis (E-75)	(E-75) bis (E-100)	79	133	284	491	804	1134	1590	2043
h	h	h	h	qmm Querschnitt							
8,0	—	—	—	100	300	900	1 800	3 900	6 000	9 100	12 500
8,5	—	—	—	200	500	1 500	2 900	5 500	9 500	14 400	
9,0	—	—	—	300	700	1 800	4 200	7 600	11 600		
9,5	8,0	—	—	400	800	2 300	4 800	8 800			
10,0	8,5	—	—	500	900	2 600	5 400	9 800			
11,0	9,0	8,0	—	600	1 200	3 100	6 400				
12,0	10,0	9,0	—	700	1 300	3 500	7 900				
—	11,0	10,0	8,0	700	1 500	4 200	8 800				
—	12,0	11,0	9,0	800	1 600	4 600	9 500				
—	—	12,0	10,0	900	1 900	4 900	10 200				
—	—	—	11,0	900	2 000	5 300					
—	—	—	12,0	1 000	2 100	5 600					

s) Der unterste Heizkörper des in seinen Rohrweiten zu bestimmenden Stranges liegt 9,0 m über Mitte Kessel.

(E) bis (E-25)	(E-25) bis (E-50)	(E-50) bis (E-75)	(E-75) bis (E-100)	79	133	284	491	804	1134	1590	2043
9,0	—	—	—	100	300	900	1 800	3 900	6 000	9 100	12 500
9,5	—	—	—	200	500	1 800	2 900	5 500	9 500	14 400	
10,0	—	—	—	300	700	1 500	4 200	7 600	11 600		
11,0	9,0	—	—	400	800	2 300	4 800	8 800			
12,0	10,0	—	—	600	1 200	3 100	6 400	12 500			
—	11,0	—	—	700	1 300	3 500	7 900				
—	12,0	9,0	—	700	1 500	4 200	8 800				
—	—	10,0	—	800	1 600	4 600	9 500				
—	—	12,0	9,0	900	1 900	4 900	10 200				
—	—	—	12,0	900	2 000	5 300					

t) Der unterste Heizkörper des in seinen Rohrweiten zu bestimmenden Stranges liegt 10,0 m über Mitte Kessel.

(E) bis (E-25)	(E-25) bis (E-50)	(E-50) bis (E-75)	(E-75) bis (E-100)	79	133	284	491	804	1134	1590	2043
10,0	—	—	—	100	300	900	1 800	3 900	6 000	9 100	12 500
11,0	—	—	—	300	700	1 800	4 200	7 600	11 600		
12,0	—	—	—	400	800	2 300	4 800	8 800			
—	10,0	—	—	600	1 200	3 100	6 400	12 500			
—	12,0	—	—	700	1 300	3 500	7 900				
—	—	10,0	—	700	1 500	4 200	8 800				
—	—	12,0	—	800	1 600	4 600	9 500				
—	—	—	10,0	900	1 900	4 900	10 200				
—	—	—	12,0	900	2 000	5 300					

Tabellen zur Annahme der Rohrweiten.

II. Temperaturdifferenz des Wassers: 15°.

2. Senkrechter Abstand des Kessels vom höchstgelegenen Heizkörper der Anlage über 12 m.

A. Hauptleitung (Vertheilungs- und Sammelleitung).

a) Horizontale Entfernung des Kessels vom letzten Fallstrang: E bis 25 m

Wärmemenge, welche stündlich durch die Rohrleitung gefördert werden kann bei einer Rohrweite (in Metern) von:

Senkr. Abstand v. Mitte Kessel bis Mitte des tiefstgeleg. Heizkörpers der Anlage in Metern	0,032	0,038	0,045	0,051	0,057	0,063	0,069	0,075	0,082	0,088	0,094	0,100	0,106	0,111
0,5	340	550	800	1070	1400	1850	2400	3100	3900	4800	5500	6550	7450	8500
0,6	390	620	960	1300	1750	2300	2950	3750	4700	5700	6700	7900	9300	10200
0,7	440	680	1050	1500	2000	2650	3250	4150	5200	6400	7550	8850	10400	11700
0,8	480	750	1200	1650	2200	2850	3600	4500	5700	7200	8300	9750	11600	12800
0,9	520	820	1300	1750	2400	3050	3950	4850	6250	7600	9150	10600	12500	14000
1,0	550	870	1350	1850	2550	3250	4150	5150	6600	8000	9550	11100	13100	14600
1,25	780	1100	1900	2600	3550	4700	5900	7250	9250	11000	13100	15500	18200	20400
1,5	950	1450	2300	3150	4350	5600	7100	8800	11100	13300	15800	18600	21600	24500
1,75	1100	1750	2700	3650	5000	6450	8250	10100	12900	15500	18400	21600	25200	28500
2,0	1200	1950	3000	4200	5500	7200	9200	11400	14200	17400	20700	24200	28400	32000
2,5	1650	2550	3900	5450	7300	9450	11900	14900	18900	22800	27100	31800	37100	41800
3,0	1950	3050	4700	6600	9700	11300	14500	18000	22500	27500	32500	38300	44600	50200
4,0	2500	3950	6150	8600	11400	14800	18900	23400	29500	35400	42000	49500	57500	64600
5,0	3000	4750	7350	10200	13400	17600	22600	27800	35000	42300	50100	58900	68500	77100
6,0	3500	5450	8400	11700	15600	20200	25700	31800	40400	48500	57500	67400	78500	89300
7,0	3950	6050	9450	13000	17400	22500	28900	35600	44900	54000	64000	75200	87500	98700
8,0	4300	6700	10300	14300	19200	24600	31500	39100	49200	59200	70200	82500	96000	107900
9,0	4650	7250	11200	15600	20700	26700	34200	42200	53300	64100	76100	89400	104000	116900
10,0	5000	7800	12100	16700	22200	28700	36700	45400	57100	68800	81500	95900	111500	125400

b) Horizontale Entfernung des Kessels vom letzten Fallstrang: E über 25 bis 50 m

Wärmemenge, welche stündlich durch die Rohrleitung gefördert werden kann bei einer Rohrweite (in Metern) von:

Senkr. Abstand v. Mitte Kessel bis Mitte des tiefstgeleg. Heizkörpers der Anlage in Metern	0,032	0,038	0,045	0,051	0,057	0,063	0,069	0,075	0,082	0,088	0,094	0,100	0,106	0,111
0,5	240	440	630	980	1100	1200	1700	2300	2750	3500	4000	4950	5600	6350
0,6	270	490	730	1050	1350	1630	2100	2700	3300	4150	4750	5800	6500	7650
0,7	300	540	830	1130	1500	2000	2550	3300	4150	5050	5800	6900	7900	8900
0,8	330	590	910	1250	1650	2200	2800	3600	4500	5500	6400	7600	8850	9700
0,9	380	610	950	1300	1750	2300	2950	3750	4700	5700	6700	7900	9300	10200
1,0	420	660	1040	1400	1900	2500	3200	4150	5000	6200	7300	8600	10100	11200
1,25	580	910	1400	1950	2650	3400	4300	5450	6950	8400	10200	11600	13700	15300
1,5	710	1100	1750	2400	3250	4200	5400	6700	8450	10200	12000	14200	16500	18400
1,75	840	1300	2050	2750	3800	4900	6300	7800	9800	11800	13900	16500	19200	21700
2,0	1020	1450	2300	3100	4300	5550	7050	8700	11000	13200	15700	18500	21400	24200
2,5	1200	1950	3000	4200	5450	7200	9200	11400	14200	17400	20700	24200	28400	32000
3,0	1500	2350	3600	5000	6700	8650	11100	13700	17300	20800	24900	29200	34100	38400
4,0	1900	3000	4650	6500	8700	11200	14400	17900	22600	27200	32200	38000	44200	49800
5,0	2300	3600	5600	7800	10400	13600	17200	21400	26900	32500	38700	45200	52700	59300
6,0	2650	4150	6450	8950	12000	15500	19800	24500	30900	37300	44300	51900	60300	68000
7,0	2950	4650	7200	10100	13300	17300	22200	27400	34500	41600	49000	57900	67400	75800
8,0	3250	5100	7950	11000	14700	19000	24300	30100	37900	45600	54100	63600	74100	83300
9,0	3550	5550	8600	11900	16000	20600	26300	32600	41100	49400	58600	68900	80100	90100
10,0	3800	5950	9250	12800	17200	22100	29300	35000	44100	53000	62800	74000	85900	96800

Tabellen zur Annahme der Rohrweiten.

II. Temperaturdifferenz des Wassers: 15°.

2. Senkrechter Abstand des Kessels vom höchstgelegenen Heizkörper der Anlage über 12 m.

A. Hauptleitung (Vertheilungs- und Sammelleitung).

a) Horizontale Entfernung des Kessels vom letzten Fallstrang: E bis 25 m

Wärmemenge, welche stündlich durch die Rohrleitung gefördert werden kann bei einer Rohrweite (in Metern) von:

0,118	0,124	0,130	0,136	0,143	0,155	0,168	0,178	0,191	0,202	0,215	0,226	Senkr. Abstand v. Mitte Kessel bis Mitte des tiefstgeleg. Heizkörpers der Anlage in Metern
9800	11400	12600	14500	16800	21000	24900	29600	35200	40000	47800	52800	0,5
12100	14000	15700	17600	20200	25000	30700	35500	43300	50600	59300	66000	0,6
13800	15900	18000	19700	22400	28000	35100	39400	48200	55600	65000	73900	0,7
15200	17200	19500	21600	24500	30800	38100	43400	52800	60700	71700	81800	0,8
16400	18600	21000	23500	26600	33000	41000	47300	57300	65700	78400	88700	0,9
17300	19500	22000	24500	29100	35000	42900	50000	60300	69100	82200	92900	1,0
24000	27000	31100	34800	39200	49200	60200	70400	83100	97500	114800	130500	1,25
28800	32800	37200	41600	47200	59300	72500	84000	100100	118000	138000	156800	1,5
33500	38100	43300	48500	54700	68300	83900	97800	116900	135900	159000	181200	1,75
37500	42400	48400	54200	61500	76500	94300	109600	131200	151700	178100	203300	2,0
49000	55700	63000	70900	80300	100300	123000	143500	170100	196100	233400	265100	2,5
58800	66900	75700	85000	96600	120000	147900	172000	205300	237000	281000	316900	3,0
75900	86100	97900	109500	124100	152000	190200	221000	263400	304800	359400	408100	4,0
90400	102400	116500	130600	148100	184200	226400	262700	313800	363600	426500	485900	5,0
103700	117400	133100	149200	169300	210900	258900	300600	358600	415000	485300	556000	6,0
115600	130700	148600	166500	189000	235000	288100	335500	399300	462000	542600	616900	7,0
126700	143600	162700	182700	207100	257200	316100	367500	438300	505900	595700	676000	8,0
136000	155600	176400	197700	224200	279000	342900	397300	473700	548900	644400	731600	9,0
145000	166600	188800	211600	239700	298700	366400	425400	508000	587200	690200	782200	10,0

b) Horizontale Entfernung des Kessels vom letzten Fallstrang: E über 25 bis 50 m

Wärmemenge, welche stündlich durch die Rohrleitung gefördert werden kann bei einer Rohrweite (in Metern) von:

0,118	0,124	0,130	0,136	0,143	0,155	0,168	0,178	0,191	0,202	0,215	0,226	Senkr. Abstand v. Mitte Kessel bis Mitte des tiefstgeleg. Heizkörpers der Anlage in Metern
7200	8750	9600	11500	12600	15000	19000	21900	26400	30900	38200	42200	0,5
8650	10200	11200	13000	14700	18300	22000	26300	30100	35800	43000	47500	0,6
10400	12100	13300	15300	17700	22000	26300	31200	37700	42100	51000	56300	0,7
11500	13300	14900	16800	19300	24000	29300	34200	41500	47300	57400	63400	0,8
12100	14000	15700	17600	20200	25000	30700	35500	43300	50600	59300	66000	0,9
12700	15200	17500	19100	21700	27000	33600	38100	46700	53500	63100	71300	1,0
18000	20400	23000	25600	29500	36600	43900	52600	62800	72500	86100	97200	1,25
22000	24700	28400	32000	36100	45000	55200	64700	77500	89900	105200	119700	1,5
25600	28900	33100	37000	42100	52500	64400	75100	89400	103500	122700	139100	1,75
28500	32500	37000	41200	46800	58700	71700	83300	99100	116600	136600	155400	2,0
37500	42400	48400	54200	61500	76500	94300	109600	131200	151700	178100	203300	2,5
45000	51100	57900	65000	73900	92100	113000	131600	157900	182100	214200	244100	3,0
58200	66300	75100	84200	96800	119000	146500	170500	203600	234600	276500	314200	4,0
69700	79000	89600	100600	114000	142000	174900	203000	241900	280600	329300	375000	5,0
79800	90500	102700	115000	130600	162500	199900	232000	277000	320400	377000	429300	6,0
89100	100900	114500	128400	145700	181300	222600	258700	309200	357100	420300	477600	7,0
97600	110800	125500	140800	158100	199200	244300	283600	338200	391600	460200	524300	8,0
105800	118300	135900	152300	172900	215000	264000	306500	366100	423500	497400	566900	9,0
113400	128700	145900	163700	185500	231000	282900	329400	392500	455300	532600	606700	10,0

Tabellen zur Annahme der Rohrweiten.

II. Temperaturdifferenz des Wassers: 15°.

2. Senkrechter Abstand des Kessels vom höchstgelegenen Heizkörper der Anlage über 12 m.

A. Hauptleitung (Vertheilungs- und Sammelleitung).

c) Horizontale Entfernung des Kessels vom letzten Fallstrang: E über 50 bis 75 m

Wärmemenge, welche stündlich durch die Rohrleitung gefördert werden kann bei einer Rohrweite (in Metern) von:

Senkr. Abstand v. Mitte Kessel bis Mitte des tiefstgeleg. Heizkörpers der Anlage in Metern	0,032	0,038	0,045	0,051	0,057	0,063	0,069	0,075	0,082	0,088	0,094	0,100	0,106	0,111
0,5	150	200	380	720	1200	1450	1900	1980	2250	3000	3650	4150	4650	5100
0,6	170	220	450	800	1250	1550	2000	2300	2750	3500	4000	4950	5600	6350
0,7	200	250	530	880	1300	1630	2100	2700	3300	4150	4750	5800	6500	7650
0,8	240	300	610	970	1350	1750	2250	2900	3600	4450	5100	6200	7000	8100
0,9	300	400	700	1070	1400	1850	2400	3100	3900	4800	5500	6550	7450	8500
1,0	390	570	830	1130	1500	2000	2550	3300	4150	5050	5800	6900	7900	8900
1,25	480	750	1200	1650	2200	2850	3500	4500	5700	7200	8300	9750	11600	12800
1,5	600	930	1450	2000	2700	3500	4450	5550	7100	8550	10100	11900	13900	15600
1,75	690	1100	1700	2300	3150	4050	5200	6500	8200	9900	11700	13800	16000	17800
2,0	770	1200	1850	2550	3500	4500	5900	7250	9100	10900	13000	15300	17800	20100
2,5	1000	1600	2500	3400	4700	5900	7650	9500	11900	14400	17000	20000	23400	26400
3,0	1200	1950	3000	4200	5450	7200	9200	11400	14200	17400	20700	24200	28400	32000
4,0	1600	2500	3900	5400	7200	9300	11900	14800	18700	22500	26700	31400	36600	41300
5,0	1900	3000	4650	6450	8650	11100	14300	17800	22500	27000	32000	37700	44000	49500
6,0	2200	3450	5350	7450	9950	12800	16400	20400	25700	31000	36800	43100	50300	56600
7,0	2450	3850	6000	8300	11100	14400	18500	22800	28900	34500	41000	48400	56300	63300
8,0	2700	4250	6600	9150	12300	15800	20200	25100	31500	38100	45100	53100	61600	69400
9,0	2950	4600	7150	9950	13200	17200	22000	27200	34200	41200	48800	57400	66800	75100
10,0	3200	4950	7700	10700	14200	18500	23600	29100	36600	44200	52500	61700	71800	80800

d) Horizontale Entfernung des Kessels vom letzten Fallstrang: E über 75 bis 100 m

Wärmemenge, welche stündlich durch die Rohrleitung gefördert werden kann bei einer Rohrweite (in Metern) von:

Senkr. Abstand v. Mitte Kessel bis Mitte des tiefstgeleg. Heizkörpers der Anlage in Metern	0,032	0,038	0,045	0,051	0,057	0,063	0,069	0,075	0,082	0,088	0,094	0,100	0,106	0,111
0,5	90	170	250	350	450	1050	1500	1950	2100	2700	2800	3300	4200	4600
0,6	120	230	330	470	550	1150	1650	2100	2400	3200	3500	4150	4650	5100
0,7	160	300	410	580	700	1300	1800	2300	2750	3500	4000	4950	5600	6350
0,8	210	360	520	700	900	1530	1950	2500	3050	3850	4400	5400	6050	7000
0,9	270	450	600	800	1100	1630	2100	2700	3300	4150	4750	5800	6500	7650
1.0	340	550	850	1050	1350	1750	2250	2900	3600	4450	5100	6200	7000	8100
1,25	410	650	1000	1350	1850	2450	3050	3850	4800	5950	7000	8300	8900	10700
1,5	500	800	1250	1750	2350	3000	3800	4750	6000	7400	8850	10300	12200	13700
1,75	600	930	1450	2000	2700	3500	4450	5550	7100	8550	10100	11900	13900	15600
2,0	670	1050	1650	2250	3050	3900	5000	6250	7900	9600	11300	13300	15500	17300
2,5	900	1350	2150	2950	4050	5250	6650	8250	10400	12500	14900	17500	20300	22900
3,0	1070	1650	2600	3550	4850	6300	8000	9900	12500	15000	17800	20900	24400	27600
4,0	1400	2150	3300	4650	6250	8000	10350	12800	16100	19500	23100	27200	31700	35700
5,0	1660	2600	4000	5600	7500	9750	12400	15400	19500	23400	27800	32900	38200	43000
6,0	1900	3000	4600	6450	8600	11100	14200	17700	22300	26900	31800	37500	43700	49200
7,0	2150	3350	5200	7250	9650	12450	16000	19900	25000	30100	35800	42000	48900	55000
8,0	2350	3700	5750	7950	10550	13750	17600	21800	27400	32900	39300	46000	53700	60400
9,0	2600	4000	6200	8600	11550	14950	19100	23600	29800	35800	42500	50000	58100	65500
10,0	2750	4300	6700	9250	12450	16050	20500	25400	31900	38600	45600	53700	62400	70200

Tabellen zur Annahme der Rohrweiten.

II. Temperaturdifferenz des Wassers: 15°.

2. Senkrechter Abstand des Kessels vom höchstgelegenen Heizkörper der Anlage über 12 m.

A. Hauptleitung (Vertheilungs- und Sammelleitung).

c) Horizontale Entfernung des Kessels vom letzten Fallstrang: E über 50 bis 75 m

Wärmemenge, welche stündlich durch die Rohrleitung gefördert werden kann bei einer Rohrweite (in Metern) von:

0,118	0,124	0,130	0,136	0,143	0,155	0,168	0,178	0,191	0,202	0,215	0,226	Senkr. Abstand v. Mitte Kessel bis Mitte des tiefstgeleg. Heizkörpers der Anlage in Metern
5750	7150	7850	8900	9800	11600	15600	17500	22600	25300	28700	35200	0,5
7200	8750	9600	11500	12600	15000	19000	21900	26400	30900	38200	42200	0,6
8650	10200	11200	13000	14700	18300	22000	26300	30100	35800	43000	47500	0,7
9200	10800	11900	13700	15800	20000	23400	27900	32600	37900	45400	52100	0,8
9800	11400	12600	14500	16800	21000	24900	29600	35200	40000	47800	56810	0,9
10400	12100	13300	15300	17700	22000	26300	31200	37700	42100	51000	66300	1,0
15200	17200	19500	21600	24500	30800	38100	43400	52800	60700	71700	81800	1,25
18400	21000	23500	26200	30100	37100	45900	53700	64100	74200	88000	99300	1,5
21200	25000	27500	31100	34900	43500	53500	62500	75400	87100	103000	116200	1,75
23700	27600	30600	34400	38900	48500	59400	69500	82900	96300	113100	128500	2,0
30900	35500	40300	45000	51000	63500	78100	90400	108400	126400	148200	169000	2,5
37500	42400	48400	54200	61500	76500	94300	109600	131200	151700	178100	203300	3,0
48400	55000	62200	70000	79200	99100	121200	141700	167800	195600	230500	261900	4,0
57800	65800	75200	83600	95200	118300	145600	169400	202200	233200	274800	312400	5,0
66300	75200	85500	95900	109000	135600	166800	193600	231900	267800	315600	358200	6,0
74200	84200	95700	107100	121400	151600	185900	216200	257900	298100	351700	399600	7,0
81000	92400	104800	117500	133400	166100	204300	237200	283300	326700	385800	438000	8,0
88200	100100	112400	127300	144500	179700	220700	256500	306300	353600	416900	473400	9,0
94600	107600	121800	136500	154900	193000	237100	275200	329300	379900	446600	507600	10,0

d) Horizontale Entfernung des Kessels vom letzten Fallstrang: E über 75 bis 100 m

Wärmemenge, welche stündlich durch die Rohrleitung gefördert werden kann bei einer Rohrweite (in Metern) von:

0,118	0,124	0,130	0,136	0,143	0,155	0,168	0,178	0,191	0,202	0,215	0,226	Senkr. Abstand v. Mitte Kessel bis Mitte des tiefstgeleg. Heizkörpers der Anlage in Metern
5200	6350	7000	7650	8400	10000	13600	15300	18800	21000	23900	31700	0,5
5750	7150	7850	8900	9800	11600	15600	17500	22600	25300	28700	35200	0,6
7200	8750	9600	11500	12600	15000	19000	21900	26400	30900	38200	42200	0,7
7950	9500	10500	12200	13700	16600	20500	24100	28200	33700	40600	44900	0,8
8650	10200	11200	13000	14700	18300	22000	26300	30100	35800	43000	47500	0,9
9200	10800	11900	13700	15800	20000	23400	27900	32600	37900	45400	52100	1,0
12700	14600	16600	18300	21000	26000	32200	36800	45200	52200	61200	68600	1,25
16000	17800	20300	22900	26000	32500	40000	46000	55800	64000	76500	86600	1,5
18400	21000	23500	26200	30100	37100	45900	53700	64100	74200	88000	99300	1,75
20500	23300	26500	30000	33700	42100	51700	60300	72400	84300	98800	111900	2,0
27100	30700	35000	39100	44600	55600	68100	79600	94200	109600	129800	147900	2,5
32500	36900	42000	46800	53100	66100	81300	94500	113100	131100	154200	175500	3,0
41900	47670	54000	60600	68800	85900	105400	122800	146600	169500	199800	227100	4,0
50400	57400	64900	73000	82600	103000	126700	147900	176100	203900	240000	274500	5,0
57500	65400	74200	83100	94600	117600	144700	168300	200700	231800	273100	310700	6,0
64700	73400	83200	93200	105900	132000	162200	188200	225100	260600	306900	348600	7,0
70900	80400	91100	102400	116000	144600	177800	206500	247200	285400	334800	381700	8,0
76800	87200	98900	110700	125600	156400	192600	223700	266600	308700	363500	412900	9,0
82000	93600	106000	119000	135000	168000	206800	239900	287000	331500	390300	442900	10,0

Tabellen zur Annahme der Rohrweiten.

II. Temperaturdifferenz des Wassers: 15°.

2. Senkrechter Abstand des Kessels vom höchstgelegenen Heizkörper der Anlage über 12 m.

B. Heizkörperanschlüsse.

a) Der unterste Heizkörper des in seinen Rohrweiten zu bestimmenden Stranges liegt 0,5 m über Mitte Kessel.

Senkrechter Abstand (h) von Mitte Heizkörper bis Mitte Kessel für die Heizkörper des in einer horizontalen Entfernung vom Kessel liegenden Fallstranges von:				Wärmemenge, welche stündlich vom Heizkörper abgegeben werden kann bei einem Anschluss von:							
				0,010	0,013	0,019	0,025	0,032	0,038	0,045	0,051
				m Durchmesser							
(E) bis (E-25)	(E-25) bis (E-50)	(E-50) bis (E-75)	(E-75) bis (E-100)	79	133	284	491	804	1134	1590	2043
h	h	h	h	qmm Querschnitt							
0,5	0,5	—	—	100	200	500	1 100	2 100	3 300	5 000	6 800
0,6	0,6	0,5	0,5	100	200	600	1 300	2 400	3 600	5 600	9 000
0,7	0,7	0,6	0,6	100	200	700	1 400	2 600	4 000	7 200	9 800
0 8	0,8	0,7	0,7	100	300	700	1 500	2 800	5 100	7 800	10 700
0,9	0,9	0,8	0,8	100	300	800	1 600	3 500	5 400	8 300	
1,0	1,0	0,9	0,9	100	300	800	1 700	3 700	5 800	8 800	
1,2	1,2	1,0	1,0	100	300	900	2 200	4 200	6 400	9 800	
1,4	1,4	1,2	1,2	200	400	1 200	2 400	4 500	7 000	10 700	
1,6	1,6	1,4	1,4	200	400	1 300	2 600	4 900	7 500		
1,8	2,8	1,6	1,6	200	400	1 400	2 800	5 200	9 000		
2,0	2,0	1,8	1,8	200	500	1 500	2 900	5 500	9 500		
2,2	2,2	2,0	2,0	200	600	1 500	3 100	6 500	10 000		
2,4	2,4	2,2	2,2	200	600	1 600	3 200	6 800			
2,6	2,6	2,4	2,4	300	600	1 700	3 900	7 100			
2,8	2,8	2,6	2,6	300	600	1 700	4 000	7 400			
3,0	2,9	2,8	2,8	300	700	1 800	4 200	7 600			
3,2	3,0	3,0	2,9	300	700	1 900	4 300	7 900			
3,4	3,2	3,2	3,0	300	700	2 200	4 500	8 100			
3,6	3,4	3,4	3,2	400	700	2 200	4 600	8 400			
3,8	3,6	3,6	3,4	400	800	2 300	4700	8 600			
4,0	3,8	3,8	3,6	400	800	2 400	4 900	8 900			
4 5	4.0	4,0	3,8	400	800	2 500	5 200	9 400			
5,0	4,5	4,5	4,0	500	1 000	2 700	5 500	10 000			
5,5	5,0	5,0	4,5	500	1 100	2 800	5 700				
6,0	5,5	5,5	5,0	500	1 100	2 900	6 000				
6,5	6,0	6,0	5,5	600	1 200	3 100	6 300				
7,0	6,5	6,5	6,0	600	1 200	3 200	7 000				
7,5	7,0	7,0	6,5	600	1 200	3 300	7 400				
8,0	7,5	7,5	7,0	600	1 300	3 400	7 600				
8,5	8,0	8,0	7,5	700	1 300	3 500	7 900				
9,0	8,5	8,5	8,0	700	1 400	3 600	8 100				
9,5	9,0	9,0	8,5	700	1 400	3 700	8 300				
10,0	9,5	9,5	9,0	700	1 400	4 100	8 500				
11,0	10,0	10,0	9,5	800	1 500	4 300	9 000				
12,0	11,0	11,0	10,0	800	1 600	4 500	9 400				
13,0	12,0	12,0	11,0	800	1 700	4 700	9 700				
14,0	13,0	13,0	12,0	900	1 700	4 900	10 100				
15,0	14,0	14,0	13,0	900	1 900	5 100					
16,0	15,0	15,0	14,0	900	2 000	5 200					
17,0	16,0	16,0	15,0	900	2 100	5 400					
18,0	17,0	17,0	16,0	1 000	2 100	5 500					
19,0	18,0	18,0	17,0	1 100	2 200	5 700					
20,0	19,0	19,0	18,0	1 100	2 200	5 900					

Tabellen zur Annahme der Rohrweiten.

II. Temperaturdifferenz des Wassers: 15°.

2. Senkrechter Abstand des Kessels vom höchstgelegenen Heizkörper der Anlage über 12 m.

B. Heizkörperanschlüsse.

b) Der unterste Heizkörper des in seinen Rohrweiten zu bestimmenden Stranges liegt 0,6 m über Mitte Kessel.

Senkrechter Abstand (h) von Mitte Heizkörper bis Mitte Kessel für die Heizkörper des in einer horizontalen Entfernung vom Kessel liegenden Fallstranges von:				Wärmemenge, welche stündlich vom Heizkörper abgegeben werden kann bei einem Anschluss von:							
				0,010	0,013	0,019	0,025	0,032	0,038	0,045	0,051
(E) bis (E-25)	(E-25) bis (E-50)	(E-50) bis (E-75)	(E-75) bis (E-100)	m Durchmesser							
				79	133	284	491	804	1134	1590	2043
h	h	h	h	qmm Querschnitt							
0,6	0,6	—	—	100	200	600	1 200	2 300	3 500	5 400	7 400
0,7	0,7	0,6	0,6	100	200	700	1 300	2 500	3 900	7 000	9 700
0,8	0,8	0,7	0,7	100	200	700	1 500	2 800	5 000	7 600	10 500
0,9	0,9	0,8	0,8	100	300	800	1 600	3 500	5 400	8 200	
1,0	1,0	0,9	0,9	100	300	800	1 700	3 700	5 700	8 700	
1,2	1,2	1,0	1,0	100	300	900	2 200	4 100	6 300	9 700	
1,4	1,4	1,2	1.2	200	400	1 000	2 400	4 500	6 900	10 600	
1,6	1,6	1,4	1,4	200	400	1 300	2 600	4 800	7 500		
1,8	1,8	1,6	1,6	200	400	1 400	2 800	5 200	8 900		
2,0	2,0	1,8	1,8	200	400	1 500	2 900	5 500	9 500		
2,2	2,2	2,0	2,0	200	600	1 500	3 100	6 500	10 000		
2,4	2,4	2,2	2,2	200	600	1 600	3 200	6 800			
2,6	2,6	2,4	2,4	300	600	1 700	3 900	7 100			
2,8	2,8	2,6	2,6	300	600	1 700	4 000	7 400			
3,0	2,9	2,8	2,8	300	700	1 800	4 200	7 600			
3,2	3,0	2,9	2,9	300	700	1 900	4 300	7 900			
3,4	3,2	3,0	3,0	300	700	2 200	4 500	8 200			
3,6	3,4	3,2	3,2	400	700	2 300	4 600	8 400			
3,8	3,6	3,4	3,4	400	800	3 300	4 800	8 700			
4,0	3,8	3,6	3,6	400	800	2 400	4 900	8 900			
4,5	4,0	3,8	3,8	400	800	2 500	5 200	9 900			
5,0	4,5	4,0	4,0	400	1 000	2 700	5 500	10 000			
5,5	5,0	4,5	4,5	500	1 100	2 800	5 800				
6,0	5,5	5,0	5,0	500	1 100	2 900	6 000				
6,5	6,0	5,5	5,5	500	1 200	3 100	6 300				
7,0	6,5	6,0	6,0	600	1 200	3 200	6 500				
7,5	7,0	6,5	6,5	600	1 300	3 300	7 400				
8,0	7,5	7,0	7,0	600	1 300	3 400	7 600				
8,5	8,0	7,5	7,5	700	1 300	3 500	7 900				
9,0	8,5	8,0	8,0	700	1 400	3 600	8 100				
9,5	9,0	8,5	8,5	700	1 400	3 700	8 300				
10,0	9,5	9,0	9,0	700	1 500	4 100	8 800				
11,0	10,0	9,5	9,5	800	1 500	4 300	9 200				
12,0	11,0	10,0	10,0	800	1 600	4 500	9 600				
13,0	12,0	11,0	11,0	800	1 700	4 700	10 000				
14,0	13,0	12,0	12,0	900	1 700	4 900					
15,0	14,0	13,0	13,0	900	1 900	5 100					
16,0	15,0	14,0	14,0	900	2 000	5 300					
17,0	16,0	15,0	15,0	1 000	2 100	5 400					
18,0	17,0	16,0	16,0	1 000	2 100	5 600					
19,0	18,0	17,0	17,0	1 100	2 200	5 700					
20,0	19,0	18,0	18,0	1 100	2 300	5 900					

Tabellen zur Annahme der Rohrweiten.

II. Temperaturdifferenz des Wassers: 15°.

2. Senkrechter Abstand des Kessels vom höchstgelegenen Heizkörper der Anlage über 12 m.

B. Heizkörperanschlüsse.

c) Der unterste Heizkörper des in seinen Rohrweiten zu bestimmenden Stranges liegt 0,7 m über Mitte Kessel.

Senkrechter Abstand (h) von Mitte Heizkörper bis Mitte Kessel für die Heizkörper des in einer horizontalen Entfernung vom Kessel liegenden Fallstranges von:				Wärmemenge, welche stündlich vom Heizkörper abgegeben werden kann bei einem Anschluss von:							
				0,010	0,013	0,019	0,025	0,032	0,038	0,045	0,051
(E) bis (E-25)	(E-25) bis (E-50)	(E-50) bis (E-75)	(E-75) bis (E-100)	m Durchmesser							
				79	133	284	491	804	1134	1590	2043
h	h	h	h	qmm Querschnitt							
0,7	0,7	—	—	100	200	500	1 100	2 100	3 200	5 000	6 900
0,8	0,8	0,7	0,7	100	200	600	1 200	2 300	3 600	5 500	7 500
0,9	0,9	0,8	0,8	100	200	600	1 300	2 500	3 900	6 900	9 500
1,0	1,0	0,9	0,9	100	200	700	1 400	2 700	4 100	7 400	10 200
1,2	1,2	1,0	1,0	100	300	800	1 600	3 500	5 400	8 300	
1,4	1,3	1,2	1,2	100	300	800	1 700	3 800	5 900	9 000	
1,6	1,4	1,4	1,4	100	300	900	2 200	4 200	6 400	9 800	
1,8	1,6	1,6	1,6	200	400	1 000	2 400	4 400	6 800	10 400	
2,0	1,8	1,8	1,8	200	400	1 200	2 500	4 700	7 200		
2,2	2,0	2,0	2,0	200	400	1 300	2 700	5 000	7 600		
2,4	2,2	2,2	2,2	200	400	1 400	2 800	5 200	9 000		
2,6	2,4	2,4	2,4	200	400	1 400	2 900	5 400	9 400		
2,8	2,6	2,6	2,6	200	600	1 500	3 000	6 400	9 800		
3,0	2,8	2,8	2,7	200	600	1 600	3 100	6 600	10 100		
3,2	3,0	3,0	2,8	300	600	1 600	3 300	6 800			
3,4	3,2	3,2	3,0	300	600	1 700	3 800	7 100			
3,6	3,4	3,4	3,2	300	600	1 700	4 000	7 300			
3,8	3,6	3,6	3,4	300	700	1 800	4 100	7 500			
4,0	3,8	3,8	3,6	300	700	1 800	4 200	7 700			
4,5	4,0	4,0	3,8	300	700	2 200	4 500	8 200			
5,0	4,5	4,5	4,0	400	800	2 300	4 700	8 600			
5,5	5,0	5,0	4,5	400	800	2 400	5 000	9 100			
6,0	5,5	5,5	5,0	400	800	2 500	5 200	9 500			
6,5	6,0	6,0	5,5	400	1 000	2 700	5 400	9 900			
7,0	6,5	6,5	6,0	400	1 070	2 800	5 600	10 300			
7,5	7,0	7,0	6,5	500	1 160	2 900	5 800				
8,0	7,5	7,5	7,0	500	1 100	3 000	6 000				
8,5	8,0	8,0	7,5	500	1 200	3 000	6 200				
9,0	8,5	8,5	8,0	600	1 200	3 100	6 400				
9,5	9,0	9,0	8,5	600	1 200	3 200	6 600				
10,0	9,5	9,5	9,0	600	1 300	3 300	7 400				
11,0	10,0	10,0	9,5	600	1 300	3 500	7 800				
12,0	11,0	11,0	10,0	700	1 400	3 600	8 200				
13,0	12,0	12,0	11,0	700	1 400	4 100	8 500				
14,0	13,0	13,0	12,0	700	1 500	4 300	8 800				
15,0	14,0	14,0	13,0	800	1 600	4 400	9 100				
16,0	15,0	15,0	14,0	900	1 600	4 600	9 400				
17,0	16,0	16,0	15,0	900	1 800	4 700	9 700				
18,0	17,0	17,0	16,0	1 000	2 000	5 200	10 200				
19,0	18,0	18,0	17,0	1 000	2 000	5 300					
20,0	19,0	19,0	18,0	1 000	2 100	5 400					

Tabellen zur Annahme der Rohrweiten.

II. Temperaturdifferenz des Wassers: 15°.

2. Senkrechter Abstand des Kessels vom höchstgelegenen Heizkörper der Anlage über 12 m.

B. Heizkörperanschlüsse.

d) Der unterste Heizkörper des in seinen Rohrweiten zu bestimmenden Stranges liegt 0,8 m über Mitte Kessel.

Senkrechter Abstand (h) von Mitte Heizkörper bis Mitte Kessel für die Heizkörper des in einer horizontalen Entfernung vom Kessel liegenden Fallstranges von:				Wärmemenge, welche stündlich vom Heizkörper abgegeben werden kann bei einem Anschluss von:							
				0,010	0,013	0,019	0,025	0,032	0,038	0,045	0,051
(E) bis (E-25)	(E-25) bis (E-50)	(E-50) bis (E-75)	(E-75) bis (E-100)	m Durchmesser							
				79	133	284	491	804	1134	1590	2043
h	h	h	h	qmm Querschnitt							
0,8	—	—	—	100	200	600	1 200	2 300	3 500	5 400	7 400
0,9	0,8	—	—	100	200	600	1 300	2 500	3 800	5 800	9 400
1,0	0,9	0,8	—	100	200	700	1 400	2 600	4 100	7 300	10 000
1,2	1,0	0,9	0,8	100	300	800	1 600	2 900	5 300	8 200	
1,4	1,2	1,0	0,9	100	300	800	1 700	3 800	5 900	9 000	
1,6	1,4	1,2	1,0	100	300	900	2 200	4 100	6 300	9 700	
1,8	1,6	1,4	1,2	200	300	1 000	2 300	4 400	6 800	10 300	
2,0	1,8	1,6	1,4	200	400	1 200	2 500	4 700	7 200		
2,2	2,0	1,8	1,6	200	400	1 300	2 600	4 900	7 600		
2,4	2,2	2,0	1,8	200	400	1 400	2 800	5 200	8 000		
2,6	2,4	2,2	2,0	200	400	1 400	2 900	5 400	8 300		
2,8	2,6	2,4	2,2	200	500	1 500	3 000	6 300	9 700		
3,0	2,8	2,6	2,4	300	600	1 600	3 100	6 600	10 100		
3,2	3,0	2,8	2,6	300	600	1 600	3 200	6 800			
3,4	3,2	3,0	2,8	300	600	1 700	3 400	7 000			
3,6	3,4	3,2	3,0	300	600	1 700	4 000	7 300			
3,8	3,6	3,4	3,2	300	700	1 800	4 100	7 500			
4,0	3,8	3,6	3,4	300	700	1 800	4 200	7 700			
4,5	4,0	3,8	3,6	400	700	2 200	4 500	8 200			
5,0	4,5	4,0	3,8	400	700	2 300	4 600	8 500			
5,5	5,0	4,5	4,0	400	800	2 400	5 000	9 100			
6,0	5,5	5,0	4,0	400	800	2 500	5 200	9 500			
6,5	6,0	5,5	5,0	400	1 000	2 700	5 400	9 900			
7,0	6,5	6,0	5,5	400	1 000	2 800	5 600	10 300			
7,5	7,0	6,5	6,0	500	1 100	2 900	5 800				
8,0	7,5	7,0	6,5	500	1 100	3 000	6 000				
8,5	8,0	7,5	7,0	500	1 200	3 000	6 200				
9,0	8,5	8,0	7,5	600	1 200	3 100	6 400				
9,5	9,0	8,5	8,0	600	1 200	3 200	6 600				
10,0	9,5	9,0	8,5	600	1 300	3 300	7 400				
11,0	10,0	9,5	9,0	600	1 300	3 500	7 800				
12,0	11,0	10,0	9,5	700	1 400	3 600	8 200				
13,0	12,0	11,0	10,0	700	1 400	4 100	8 500				
14,0	13,0	12,0	11,0	700	1 500	4 300	8 800				
15,0	14,0	13,0	12,0	800	1 600	4 400	9 100				
16,0	15,0	14,0	13,0	800	1 600	4 600	9 400				
17,0	16,0	15,0	14,0	800	1 700	4 700	9 700				
18,0	17,0	16,0	15,0	800	1 700	4 800	10 000				
19,0	18,0	17,0	16,0	900	1 900	5 000					
20,0	19,0	18,0	17,0	900	2 000	5 100					

Tabellen zur Annahme der Rohrweiten.

II. Temperaturdifferenz des Wassers: 15°.

2. Senkrechter Abstand des Kessels vom höchstgelegenen Heizkörper der Anlage über 12 m.

B. Heizkörperanschlüsse.

e) Der unterste Heizkörper des in seinen Rohrweiten zu bestimmenden Stranges liegt 0,9 m über Mitte Kessel.

Senkrechter Abstand (h) von Mitte Heizkörper bis Mitte Kessel für die Heizkörper des in einer horizontalen Entfernung vom Kessel liegenden Fallstranges von:				Wärmemenge, welche stündlich vom Heizkörper abgegeben werden kann bei einem Anschluss von:							
				0,010	0,013	0,019	0,025	0,032	0,038	0,045	0,051
(E) bis (E-25)	(E-25) bis (E-50)	(E-50) bis (E-75)	(E-75) bis (E-100)	m Durchmesser							
				79	133	284	491	804	1134	1590	2043
h	h	h	h	qmm Querschnitt							
0,9	—	—	—	100	200	600	1 300	2 400	3 800	5 800	9 300
1,0	0,9	—	—	100	200	700	1 400	2 600	4 100	7 300	10 000
1,2	1,0	0,9	—	100	300	800	1 600	2 900	5 300	8 200	
1,4	1,2	1,0	0,9	100	300	800	1 700	3 800	5 900	9 000	
1,6	1,4	1,2	1,0	100	300	900	2 200	4 100	6 400	9 700	
1,8	1,6	1,4	1,2	200	400	1 000	2 400	4 400	6 800	10 400	
2,0	1,8	1,6	1,4	200	400	1 200	2 500	4 700	7 300		
2,2	2,0	1,8	1,6	200	400	1 300	2 700	5 000	7 700		
2,4	2,2	2,0	1,8	200	400	1 400	2 800	5 200	9 000		
2,6	2,4	2,2	2,0	200	400	1 500	2 900	5 500	9 500		
2,8	2,6	2,4	2,2	200	600	1 500	3 000	6 400	9 800		
3,0	2,8	2,6	2,4	300	600	1 600	3 200	6 600	10 400		
3,2	3,0	2,8	2,6	300	600	1 600	3 300	6 900			
3,4	3,2	3,0	2,8	300	600	1 700	3 900	7 100			
3,6	3,4	3,2	3,0	300	600	1 700	4 000	7 300			
3,8	3,6	3,4	3,2	300	700	1 800	4 100	7 600			
4,0	3,8	3,6	3,4	400	700	1 800	4 300	7 800			
4,5	4,0	3,8	3,6	400	700	2 200	4 500	8 300			
5,0	4,5	4,0	3,8	400	800	2 300	4 800	8 700			
5,5	5,0	4,5	4,0	400	800	2 500	5 000	9 200			
6,0	5,5	5,0	4,5	400	900	2 600	5 300	9 600			
6,5	6,0	5,5	5,0	400	1 000	2 700	5 500	10 000			
7,0	6,5	6,0	5,5	500	1 100	2 800	5 700				
7,5	7,0	6,5	6,0	500	1 100	2 900	5 900				
8,0	7,5	7,0	6,5	500	1 100	3 000	6 100				
8,5	8,0	7,5	7,0	600	1 200	3 100	6 300				
9,0	8,5	8,0	7,5	600	1 200	3 200	6 500				
9,5	9,0	8,5	8,0	600	1 200	3 300	7 300				
10,0	9,5	9,0	8,5	600	1 300	3 400	7 500				
11,0	10,0	9,5	9,0	700	1 300	3 500	7 900				
12,0	11,0	10,0	9,5	700	1 400	3 700	8 300				
13,0	12,0	11,0	10,0	700	1 500	4 200	8 600				
14,0	13,0	12,0	11,0	800	1 500	4 300	9 000				
15,0	14,0	13,0	12,0	800	1 600	4 500	9 300				
16,0	15,0	14,0	13,0	800	1 600	4 600	9 600				
17,0	16,0	15,0	14,0	800	1 700	4 800	9 900				
18,0	17,0	16,0	15,0	900	1 700	4 900	10 200				
19,0	18,0	17,0	16,0	900	1 900	5 100					
20,0	19,0	18,0	17,0	900	2 000	5 200					

Tabellen zur Annahme der Rohrweiten.

II. Temperaturdifferenz des Wassers: 15°.

2. Senkrechter Abstand des Kessels vom höchstgelegenen Heizkörper der Anlage über 12 m.

B. Heizkörperanschlüsse.

f) Der unterste Heizkörper des in seinen Rohrweiten zu bestimmenden Stranges liegt 1,0 m über Mitte Kessel.

Senkrechter Abstand (h) von Mitte Heizkörper bis Mitte Kessel für die Heizkörper des in einer horizontalen Entfernung vom Kessel liegenden Fallstranges von				Wärmemenge, welche stündlich vom Heizkörper abgegeben werden kann bei einem Anschluss von:							
				0,010	0,013	0,019	0,025	0,032	0,038	0,045	0,051
				m Durchmesser							
(E) bis (E-25)	(E-25) bis (E-50)	(E-50) bis (E-75)	(E-75) bis (E-100)	79	133	284	491	804	1134	1590	2043
h	h	h	h	qmm Querschnitt							
1,0	—	—	—	100	200	700	1 400	2 900	4 000	7 300	10 000
1,2	1,0	—	—	100	300	800	1 600	2 900	4 500	8 200	
1,4	1,2	1,0	—	100	300	800	1 700	3 800	5 900	9 000	
1,6	1,4	1,2	1,0	100	300	900	2 200	4 200	6 400	9 800	
1,8	1,6	1,4	1,2	200	400	1 000	2 400	4 500	6 900	10 500	
2,0	1,8	1,6	1,4	200	400	1 300	2 500	4 700	7 300		
2,2	2,0	1,8	1,6	200	400	1 300	2 700	5 000	7 700		
2,4	2,2	2,0	1,8	200	400	1 400	2 800	5 200	9 100		
2,6	2,4	2,2	2,0	200	500	1 500	2 900	5 500	9 500		
2,8	2,6	2,4	2,2	200	600	1 500	3 100	6 400	9 900		
3,0	2,8	2,6	2,4	300	600	1 600	3 200	6 700	10 300		
3,2	3,0	2,8	2,6	300	600	1 600	3 300	6 900			
3,4	3,2	3,0	2,8	300	600	1 700	3 900	7 100			
3,6	3,4	3,2	3,0	300	600	1 700	4 000	7 400			
3,8	3,6	3,4	3,2	300	700	1 800	4 200	7 600			
4,0	3,8	3,6	3,4	300	700	1 900	4 300	7 800			
4,5	4,0	3,8	3,6	400	700	2 200	4 600	8 300			
5,0	4,5	4,0	3,8	400	800	2 400	4 800	8 800			
5,5	5,0	4,5	4,0	400	800	2 500	5 100	9 300			
6,0	5,5	5,0	4,5	400	900	2 600	5 300	9 700			
6,5	6,0	5,5	5,0	400	1 000	2 700	5 500	10 100			
7,0	6,5	6,0	5,5	500	1 100	2 800	5 800				
7,5	7,0	6,5	6,0	500	1 100	2 900	6 000				
8,0	7,5	7,0	6,5	500	1 100	3 000	6 200				
8,5	8,0	7,5	7,0	600	1 200	3 100	6 400				
9,0	8,5	8,0	7,5	600	1 200	3 200	6 600				
9,5	9,0	8,5	8,0	600	1 300	3 300	7 400				
10,0	9,5	9,0	8,5	600	1 300	3 400	7 600				
11,0	10,0	9,5	9,0	700	1 400	3 600	8 000				
12,0	11,0	10,0	9,5	700	1 400	3 700	8 300				
13,0	12,0	11,0	10,0	700	1 500	4 200	8 700				
14,0	13,0	12,0	11,0	800	1 500	4 400	9 000				
15,0	14,0	13,0	12,0	800	1 600	4 500	9 400				
16,0	15,0	14,0	13,0	800	1 600	4 700	9 700				
17,0	16,0	15,0	14,0	800	1 700	4 800	10 000				
18,0	17,0	16,0	15,0	900	1 900	5 000					
19,0	18,0	17,0	16,0	900	1 900	5 100					
20,0	19,0	18,0	17,0	900	2 000	5 200					

Tabellen zur Annahme der Rohrweiten.

II. Temperaturdifferenz des Wassers: 15°.

2. Senkrechter Abstand des Kessels vom höchstgelegenen Heizkörper der Anlage über 12 m.

B. Heizkörperanschlüsse.

g) Der unterste Heizkörper des in seinen Rohrweiten zu bestimmenden Stranges liegt 1,25 m über Mitte Kessel.

Senkrechter Abstand (h) von Mitte Heizkörper bis Mitte Kessel für die Heizkörper des in einer horizontalen Entfernung vom Kessel liegenden Fallstranges von:				Wärmemenge, welche stündlich vom Heizkörper abgegeben werden kann bei einem Anschluss von:							
(E) bis (E-25)	(E-25) bis (E-50)	(E-50) bis (E-75)	(E-75) bis (E-100)	0,010	0,013	0,019	0,025	0,032	0,038	0,045	0,051
				m Durchmesser							
				79	133	284	491	804	1134	1590	2043
h	h	h	h	qmm Querschnitt							
1,2	—	—	—	100	200	700	1 400	2 700	4 200	7 500	10 300
1,4	1,2	—	—	100	300	800	1 600	3 600	5 500	8 400	
1,6	1,4	1,2	—	100	300	900	1 800	3 900	6 000	9 200	
1,8	1,6	1,4	1,2	100	300	900	2 300	4 300	6 600	10 000	
2,0	1,8	1,6	1,4	200	400	1 200	2 400	4 600	7 000		
2,2	2,0	1,8	1,6	200	400	1 300	2 600	4 800	7 500		
2,4	2,2	2,0	1,8	200	400	1 400	2 700	5 100	8 800		
2,6	2,4	2,2	2,0	200	400	1 400	2 900	5 300	9 200		
2,8	2,6	2,4	2,2	200	500	1 500	3 000	6 300	9 700		
3,0	2,8	2,6	2,4	200	600	1 600	3 100	6 600	10 100		
3,2	3,0	2,8	2,6	300	600	1 600	3 200	6 800			
3,4	3,2	3,0	2,8	300	600	1 700	3 900	7 000			
3,6	3,4	3,2	3,0	300	600	1 700	4 000	7 300			
3,8	3,6	3,4	3,2	300	700	1 800	4 100	7 500			
4,0	3,8	3,6	3,4	300	700	1 800	4 200	7 700			
4,5	4,0	3,8	3,6	300	700	2 200	4 500	8 300			
5,0	4,5	4,0	3,8	400	800	2 300	4 800	8 700			
5,5	5,0	4,5	4,0	400	800	2 500	5 100	9 200			
6,0	5,5	5,0	4,5	400	900	2 600	5 300	9 700			
6,5	6,0	5,5	5,0	400	1 000	2 700	5 500	10 100			
7,0	6,5	6,0	5,5	500	1 100	2 800	5 800				
7,5	7,0	6,5	6,0	500	1 100	2 900	6 000				
8,0	7,5	7,0	6,5	500	1 100	3 000	6 200				
8,5	8,0	7,5	7,0	600	1 200	3 100	6 400				
9,0	8,5	8,0	7,5	600	1 200	3 200	6 600				
9,5	9,0	8,5	8,0	600	1 300	3 300	7 400				
10,0	9,5	9,0	8,5	600	1 300	3 400	7 600				
11,0	10,0	9,5	9,0	700	1 400	3 600	8 000				
12,0	11,0	10,0	9,5	700	1 400	3 800	8 400				
13,0	12,0	11,0	10,0	700	1 400	4 100	8 500				
14,0	13,0	12,0	11,0	800	1 500	4 400	9 100				
15,0	14,0	13,0	12,0	800	1 600	4 500	9 400				
16,0	15,0	14,0	13,0	800	1 700	4 700	9 700				
17,0	16,0	15,0	14,0	800	1 700	4 900	10 000				
18,0	17,0	16,0	15,0	900	1 900	5 000					
19,0	18,0	17,0	16,0	900	2 000	5 100					
20,0	19,0	18,0	17,0	900	2 000	5 300					

Tabellen zur Annahme der Rohrweiten.

II. Temperaturdifferenz des Wassers: 15°.

2. Senkrechter Abstand des Kessels vom höchstgelegenen Heizkörper der Anlage über 12 m.

B. Heizkörperanschlüsse.

h) Der unterste Heizkörper des in seinen Rohrweiten zu bestimmenden Stranges liegt 1,5 m über Mitte Kessel.

Senkrechter Abstand (h) von Mitte Heizkörper bis Mitte Kessel für die Heizkörper des in einer horizontalen Entfernung vom Kessel liegenden Fallstranges von:				Wärmemenge, welche stündlich vom Heizkörper abgegeben werden kann bei einem Anschluss von:							
				0,010	0,013	0,019	0,025	0,032	0,038	0,045	0,051
				m Durchmesser							
(E) bis (E-25)	(E-25) bis (E-50)	(E-50) bis (E-75)	(E-75) bis (E-100)	79	133	284	491	804	1134	1590	2043
h	h	h	h	qmm Querschnitt							
1,4	—	—	—	100	200	700	1 500	2 800	5 000	7 700	10 600
1,6	—	—	—	100	300	800	1 700	3 700	5 700	8 600	
1,8	1,4	—	—	100	300	900	2 100	4 000	6 200	9 400	
2,0	1,6	1,4	—	200	300	1 000	2 300	4 300	6 700	10 200	
2,2	1,8	1,6	1,4	200	400	1 200	2 500	4 600	7 100		
2,4	2,0	1,8	1,6	200	400	1 300	2 600	4 900	7 500		
2,6	2,2	2,0	1,8	200	400	1 400	2 800	5 200	8 900		
2,8	2,4	2,2	2,0	200	400	1 400	2 900	5 400	9 400		
3,0	2,6	2,4	2,2	200	600	1 500	3 000	6 400	9 800		
3,2	2,8	2,6	2,4	300	600	1 600	3 200	6 600	10 200		
3,4	3,0	2,8	2,6	300	600	1 600	3 300	6 900			
3,6	3,2	3,0	2,8	300	600	1 700	3 900	7 100			
3,8	3,4	3,2	3,0	300	600	1 700	4 000	7 400			
4,0	3,6	3,4	3,2	300	700	1 800	4 200	7 600			
4,5	3,8	3,6	3,4	300	700	1 900	4 500	8 100			
5,0	4,0	3,8	3,6	400	800	2 300	4 700	8 600			
5,5	4,5	4,0	3,8	400	800	2 400	5 000	9 100			
6,0	5,0	4,5	4,0	400	900	2 600	5 200	9 600			
6,5	5,5	5,0	4,5	400	1 000	2 700	5 500	10 000			
7,0	6,0	5,5	5,0	500	1 000	2 800	5 700				
7,5	6,5	6,0	5,5	500	1 100	2 900	5 900				
8,0	7,0	6,5	6,0	500	1 100	3 000	6 100				
8,5	7,5	7,0	6,5	600	1 200	3 100	6 300				
9,0	8,0	7,5	7,0	600	1 200	3 200	6 500				
9,5	8,5	8,0	7,5	600	1 200	3 300	7 400				
10,0	9,0	8,5	8,0	600	1 300	3 400	7 600				
11,0	9,5	9,0	8,5	700	1 400	3 600	8 000				
12,0	10,0	9,5	9,0	700	1 400	3 700	8 300				
13,0	11,0	10,0	9,5	700	1 500	4 200	8 700				
14,0	12,0	11,0	10,0	800	1 500	4 400	9 100				
15,0	13,0	12,0	11,0	800	1 600	4 500	9 400				
16,0	14,0	13,0	12,0	800	1 700	4 700	9 700				
17,0	15,0	14,0	13,0	800	1 700	4 800	10 000				
18,0	16,0	15,0	14,0	900	1 900	5 000					
19,0	17,0	16,0	15,0	900	2 000	5 100					
20,0	18,0	17,0	16,0	900	2 000	5 300					

Tabellen zur Annahme der Rohrweiten.

II. Temperaturdifferenz des Wassers: 15°.

2. Senkrechter Abstand des Kessels vom höchstgelegenen Heizkörper der Anlage über 12 m.

B. Heizkörperanschlüsse.

i) Der unterste Heizkörper des in seinen Rohrweiten zu bestimmenden Stranges liegt 1,75 m über Mitte Kessel.

Senkrechter Abstand (h) von Mitte Heizkörper bis Mitte Kessel für die Heizkörper des in einer horizontalen Entfernung vom Kessel liegenden Fallstranges von:				Wärmemenge, welche stündlich vom Heizkörper abgegeben werden kann bei einem Anschluss von:							
				0,010	0,013	0,019	0,025	0,032	0,038	0,045	0,051
				m Durchmesser							
(E) bis (E-25)	(E-25) bis (E-50)	(E-50) bis (E-75)	(E-75) bis (E-100)	79	133	284	491	804	1134	1590	2043
h	h	h	h	qmm Querschnitt							
1,8	—	—	—	100	300	800	1 700	3 800	5 800	8 900	14 000
2,0	—	—	—	100	300	900	2 200	4 100	6 300	9 700	
2,2	1,8	—	—	200	400	1 000	2 400	4 400	6 800	10 400	
2,4	2,0	1,8	—	200	400	1 200	2 500	4 700	7 300		
2,6	2,2	2,0	1,8	200	400	1 300	2 700	5 000	7 700		
2,8	2,4	2,2	2,0	200	400	1 400	2 800	5 300	9 100		
3,0	2,6	2,4	2,2	200	500	1 500	3 000	5 500	9 600		
3,2	2,8	2,6	2,4	200	600	1 500	3 100	6 500	10 000		
3,4	3,0	2,8	2,6	300	600	1 600	3 200	6 700			
3,6	3,2	3,0	2,8	300	600	1 700	3 300	7 000			
3,8	3,4	3,2	3,0	300	600	1 700	4 000	7 200			
4,0	3,6	3,4	3,2	300	700	1 800	4 100	7 500			
4,5	3,8	3,6	3,4	300	700	1 900	4 400	8 000			
5,0	4,0	3,8	3,6	400	800	2 300	4 700	8 600			
5,5	4,5	4,0	3,8	400	800	2 400	5 000	9 000			
6,0	5,0	4,5	4,0	400	800	2 500	5 200	9 500			
6,5	5,5	5,0	4,5	400	1 000	2 700	5 500	9 900			
7,0	6,0	5,5	5,0	500	1 000	2 800	5 700	10 400			
7,5	6,5	6,0	5,5	500	1 100	2 900	5 900				
8,0	7,0	6,5	6,0	500	1 100	3 000	6 100				
8,5	7,5	7,0	6,5	600	1 200	3 100	6 300				
9,0	8,0	7,5	7,0	600	1 200	3 200	6 500				
9,5	8,5	8,0	7,5	600	1 200	3 300	7 400				
10,0	9,0	8,5	8,0	600	1 300	3 400	7 600				
11,0	9,5	9,0	8,5	700	1 400	3 600	8 000				
12,0	10,0	9,5	9,0	700	1 400	3 800	8 400				
13,0	11,0	10,0	9,5	700	1 500	4 200	8 800				
14,0	12,0	11,0	10,0	800	1 500	4 400	9 100				
15,0	13,0	12,0	11,0	800	1 600	4 600	9 400				
16,0	14,0	13,0	12,0	800	1 700	4 700	9 800				
17,0	15,0	14,0	13,0	900	1 700	4 900	10 100				
18,0	16,0	15,0	14,0	900	1 900	5 000					
19,0	17,0	16,0	15,0	900	2 000	5 200					
20,0	18,0	17,0	16,0	900	2 000	5 300					

Tabellen zur Annahme der Rohrweiten.

II. Temperaturdifferenz des Wassers: 15°.

2. Senkrechter Abstand des Kessels vom höchstgelegenen Heizkörper der Anlage über 12 m.

B. Heizkörperanschlüsse.

k) Der unterste Heizkörper des in seinen Rohrweiten zu bestimmenden Stranges liegt 2,0 m über Mitte Kessel.

Senkrechter Abstand (h) von Mitte Heizkörper bis Mitte Kessel für die Heizkörper des in einer horizontalen Entfernung vom Kessel liegenden Fallstranges von:				Wärmemenge, welche stündlich vom Heizkörper abgegeben werden kann bei einem Anschluss von:							
				0,010	0,013	0,019	0,025	0,032	0,038	0,045	0,051
				m Durchmesser							
(E) bis (E-25)	(E-25) bis (E-50)	(E-50) bis (E-75)	(E-75) bis (E-100)	79	133	284	491	804	1134	1590	2043
h	h	h	h	qmm Querschnitt							
2,0	—	—	—	100	300	900	1 800	3 900	6 000	9 100	14 000
2,2	—	—	—	100	300	900	2 300	4 200	6 500	9 900	
2,4	2,0	—	—	200	400	1 000	2 400	4 500	7 000	10 700	
2,6	2,2	2,0	—	200	400	1 300	2 600	4 800	7 400		
2,8	2,4	2,2	—	200	400	1 400	2 700	5 100	7 900		
3,0	2,6	2,4	2,0	200	400	1 400	2 900	5 400	9 300		
3,2	2,8	2,6	2,2	200	500	1 500	3 000	6 300	9 700		
3,4	3,0	2,8	2,4	300	600	1 600	3 100	6 600	10 100		
3,6	3,2	3,0	2,6	300	600	1 600	3 300	6 900			
3,8	3,4	3,2	2,8	300	600	1 700	3 900	7 100			
4,0	3,6	3,4	3,0	300	600	1 700	4 000	7 400			
4,5	3,8	3,6	3,2	300	700	1 900	4 300	7 900			
5,0	4,0	3,8	3,4	400	700	2 300	4 600	8 500			
5,5	4,5	4,0	3,6	400	800	2 400	4 900	9 000			
6,0	5,0	4,5	3,8	400	800	2 500	5 200	9 400			
6,5	5,5	5,0	4,0	400	1 000	2 700	5 400	9 900			
7,0	6,0	5,5	4,5	500	1 000	2 800	5 700	10 300			
7,5	6,5	6,0	5,0	500	1 100	2 900	5 900				
8,0	7,0	6,5	5,5	500	1 100	3 000	6 100				
8,5	7,5	7,0	6,0	600	1 200	3 100	6 300				
9,0	8,0	7,5	6,5	600	1 200	3 200	6 500				
9,5	8,5	8,0	7,0	600	1 200	3 300	7 400				
10,0	9,0	8,5	7,5	600	1 300	3 400	7 600				
11,0	10,0	9,0	8,0	700	1 400	3 600	8 000				
12,0	11,0	10,0	9,0	700	1 400	3 800	8 400				
13,0	12,0	11,0	10,0	700	1 500	4 200	8 800				
14,0	13,0	12,0	11,0	800	1 500	4 400	9 100				
15,0	14,0	13,0	12,0	800	1 600	4 600	9 500				
16,0	15,0	14,0	13,0	800	1 700	4 700	9 800				
17,0	16,0	15,0	14,0	900	1 700	4 900	10 100				
18,0	17,0	16,0	15,0	900	1 900	5 000					
19,0	18,0	17,0	16,0	900	2 000	5 200					
20,0	19,0	18,0	17,0	900	2 000	5 300					

Tabellen zur Annahme der Rohrweiten.

II. Temperaturdifferenz des Wassers: 15°.

2. Senkrechter Abstand des Kessels vom höchstgelegenen Heizkörper der Anlage über 12 m.

B. Heizkörperanschlüsse.

1) Der unterste Heizkörper des in seinen Rohrweiten zu bestimmenden Stranges liegt 2,5 m über Mitte Kessel.

Senkrechter Abstand (h) von Mitte Heizkörper bis Mitte Kessel für die Heizkörper des in einer horizontalen Entfernung vom Kessel liegenden Fallstranges von				Wärmemenge, welche stündlich vom Heizkörper abgegeben werden kann bei einem Anschluss von:							
				0,010	0,013	0,019	0,025	0,032	0,038	0,045	0,051
(E) bis (E-25)	(E-25) bis (E-50)	(E-50) bis (E-75)	(E-75) bis (E-100)	m Durchmesser							
				79	133	284	491	804	1134	1590	2043
h	h	h	h	qmm Querschnitt							
2,4	—	—	—	100	300	800	1 700	3 700	5 700	8 700	
2,6	—	—	—	100	300	900	2 200	4 100	6 200	9 500	
2,8	2,4	—	—	200	300	1 000	2 300	4 400	6 700	10 300	
3,0	2,6	—	—	200	400	1 200	2 500	4 700	7 300		
3,2	2,8	2,4	—	200	400	1 300	2 700	5 000	7 600		
3,4	3,0	2,6	2,4	200	400	1 400	2 800	5 200	9 100		
3,6	3,2	2,9	2,6	200	400	1 500	2 900	5 500	9 500		
3,8	3,4	3,0	2,8	300	600	1 500	3 100	6 500	9 900		
4,0	3,6	3,2	3,0	300	600	1 600	3 200	6 700	10 300		
4,5	3,8	3,4	3,2	300	600	1 700	4 000	7 400			
5,0	4,0	3,6	3,4	300	700	1 900	4 300	7 900			
5,5	4,5	3,8	3,6	400	700	2 300	4 600	8 400			
6,0	5,0	4,0	3,8	400	800	2 400	4 900	9 000			
6,5	5,5	4,5	4,0	400	800	2 500	5 200	9 400			
7,0	6,0	5,0	4,5	400	1 000	2 700	5 400	9 900			
7,5	6,5	5,5	5,0	400	1 000	2 800	5 700	10 300			
8,0	7,0	6,0	5.5	500	1 100	2 900	5 900				
8,5	7,5	6,5	6,0	500	1 100	3 000	6 100				
9,0	8,0	7,0	6,5	500	1 200	3 100	6 300				
9,5	8,5	7,5	7,0	600	1 200	3 200	6 500				
10,0	9,0	8,0	7,5	600	1 200	3 300	7 400				
11,0	9,5	8,5	8,0	600	1 300	3 500	7 800				
12,0	10,0	9,0	8,5	700	1 400	3 700	8 200				
13,0	11,0	9,5	9,0	700	1 500	4 100	8 600				
14,0	12,0	10,0	9,5	700	1 500	4 300	8 900				
15,0	13,0	11,0	10,0	800	1 600	4 500	9 300				
16,0	14,0	12,0	11,0	800	1 600	4 700	9 600				
17,0	15,0	13,0	12,0	800	1 700	4 800	10 000				
18,0	16,0	14,0	13,0	900	1 900	5 000					
19,0	17,0	15,0	14,0	900	2 000	5 100					
20,0	18,0	16,0	15,0	900	2 000	5 300					

Tabellen zur Annahme der Rohrweiten.

II. Temperaturdifferenz des Wassers: 15°.

2. Senkrechter Abstand des Kessels vom höchstgelegenen Heizkörper der Anlage über 12 m.

B. Heizkörperanschlüsse.

m) Der unterste Heizkörper des in seinen Rohrweiten zu bestimmenden Stranges liegt 3,0 m über Mitte Kessel.

Senkrechter Abstand (h) von Mitte Heizkörper bis Mitte Kessel für die Heizkörper des in einer horizontalen Entfernung vom Kessel liegenden Fallstranges von:				Wärmemenge, welche stündlich vom Heizkörper abgegeben werden kann bei einem Anschluss von:							
(E) bis (E-25)	(E-25) bis (E-50)	(E-50) bis (E-75)	(E-75) bis (E-100)	0,010	0,013	0,019	0,025	0,032	0,038	0,045	0,051
				m Durchmesser							
				79	133	284	491	804	1134	1590	2043
h	h	h	h	qmm Querschnitt							
3,0	—	—	—	100	300	900	1 800	3 900	6 000	9 100	
3,2	—	—	—	100	300	900	2 200	4 200	6 500	9 900	
3,4	3,0	—	—	200	400	1 000	2 400	4 500	7 000	10 700	
3,6	3,2	—	—	200	400	1 300	2 600	4 800	7 400		
3,8	3,4	—	—	200	400	1 400	2 709	5 100	7 900		
4,0	3,6	3,0	—	300	400	1 400	2 900	5 400	9 300		
4,5	3,8	3,2	3,0	300	600	1 600	3 200	6 700	10 300		
5,0	4,0	3,4	3,2	300	600	1 700	4 000	7 400			
5,5	4,5	3,6	3,4	300	700	1 900	4 300	7 900			
6,0	5,0	3,8	3,6	400	700	2 300	4 600	8 500			
6,5	5,5	4,0	3,8	400	800	2 400	4 900	9 000			
7,0	6,0	4,5	4,0	400	800	2 500	5 200	9 400			
7,5	6,5	5,0	4,5	400	900	2 700	5 400	9 900			
8,0	7,0	5,5	5,0	500	1 000	2 800	5 700	10 300			
8,5	7,5	6,0	5,5	500	1 100	2 900	5 900				
9,0	8,0	7,0	6,0	500	1 100	3 000	6 100				
9,5	9,0	8,0	7,0	600	1 200	3 100	6 300				
10,0	10,0	9,0	8,0	600	1 200	3 200	6 500				
11,0	11,0	10,0	9,0	600	1 300	3 400	7 600				
12,0	12,0	11,0	10,0	700	1 400	3 600	8 000				
13,0	13,0	12,0	11,0	700	1 400	3 800	8 400				
14,0	14,0	13,0	12,0	700	1 500	4 200	8 800				
15,0	15,0	14,0	13,0	800	1 500	4 400	9 100				
16,0	16,0	15,0	14,0	800	1 600	4 600	9 500				
17,0	17,0	16,0	15,0	800	1 700	4 700	9 800				
18,0	18,0	17,0	16,0	900	1 700	4 900	10 100				
19,0	19,0	18,0	17,0	900	1 900	5 000					
20,0	20,0	19,0	18,0	900	2 000	5 200					

Tabellen zur Annahme der Rohrweiten.

II. Temperaturdifferenz des Wassers: 15°.

2. Senkrechter Abstand des Kessels vom höchstgelegenen Heizkörper der Anlage über 12 m.

B. Heizkörperanschlüsse.

n) Der unterste Heizkörper des in seinen Rohrweiten zu bestimmenden Stranges liegt 4,0 m über Mitte Kessel.

Senkrechter Abstand (h) von Mitte Heizkörper bis Mitte Kessel für die Heizkörper des in einer horizontalen Entfernung vom Kessel liegenden Fallstranges von:				Wärmemenge, welche stündlich vom Heizkörper abgegeben werden kann bei einem Anschluss von:							
(E) bis (E-25)	(E-25) bis (E-50)	(E-50) bis (E-75)	(E-75) bis (E-100)	0,010	0,013	0,019	0,025	0,032	0,038	0,045	0,051
				m Durchmesser							
				79	133	284	491	804	1134	1590	2043
h	h	h	h	qmm Querschnitt							
4,0	—	—	—	100	300	900	1 800	3 900	6 000	9 300	14 000
4,5	—	—	—	200	400	1 200	2 500	4 700	7 200	11 000	
5,0	4,0	—	—	200	400	1 400	2 900	5 400	9 300		
5,5	4,5	—	—	200	600	1 600	3 200	6 700	10 300		
6,0	5,0	4,0	—	300	600	1 700	4 000	7 400			
6,5	5,5	4,5	—	300	700	1 900	4 300	7 900			
7,0	6,0	5,0	4,0	400	700	2 300	4 600	8 500			
7,5	6,5	5,5	4,5	400	800	2 400	4 900	9 000			
8,0	7,0	6,0	5,0	400	800	2 500	5 200	9 400			
8,5	7,5	6,5	5,5	400	900	2 700	5 400	9 900			
9,0	8,0	7,0	6,0	500	1 000	2 800	5 700	10 300			
9,5	8,5	7,5	6,5	500	1 100	2 900	5 900				
10,0	9,0	8,0	7,0	500	1 100	3 000	6 100				
11,0	10,0	9,0	8,0	600	1 200	3 200	6 500				
12,0	11,0	10,0	9,0	600	1 300	3 400	7 600				
13,0	12,0	11,0	10,0	700	1 400	3 600	8 000				
14,0	13,0	12,0	11,0	700	1 400	3 800	8 400				
15,0	14,0	13,0	12,0	700	1 500	4 200	8 800				
16,0	15,0	14,0	13,0	800	1 500	4 400	9 100				
17,0	16,0	15,0	14,0	800	1 600	4 600	9 500				
18,0	17,0	16,0	15,0	800	1 700	4 700	9 800				
19,0	18,0	17,0	16,0	900	1 700	4 900	10 100				
20,0	19,0	18,0	17,0	900	1 900	5 000					

Tabellen zur Annahme der Rohrweiten.

II. Temperaturdifferenz des Wassers: 15°.

2. Senkrechter Abstand des Kessels vom höchstgelegenen Heizkörper der Anlage über 12 m.

B. Heizkörperanschlüsse.

o) Der unterste Heizkörper des in seinen Rohrweiten zu bestimmenden Stranges liegt 5,0 m über Mitte Kessel.

Senkrechter Abstand (h) von Mitte Heizkörper bis Mitte Kessel für die Heizkörper des in einer horizontalen Entfernung vom Kessel liegenden Fallstranges von:				Wärmemenge, welche stündlich vom Heizkörper abgegeben werden kann bei einem Anschluss von:							
				0,010	0,013	0,019	0,025	0,032	0,038	0,045	0,051
				m Durchmesser							
(E) bis (E-25)	(E-25) bis (E-50)	(E-50) bis (E-75)	(E-75) bis (E-100)	79	133	284	491	804	1134	1590	2043
h	h	h	h	qmm Querschnitt							
5,0	—	—	—	100	300	900	1 800	3 900	6 000	9 100	12 500
5,5	—	—	—	200	400	1 200	2 500	4 700	7 200	11 000	
6,0	5,0	—	—	200	400	1 400	2 900	5 400	9 300		
6,5	5,5	5,0	—	200	600	1 600	3 200	6 700	10 300		
7,0	6,0	5,5	—	300	600	1 700	4 000	7 400			
7,5	6,5	6,0	5,0	300	700	1 900	4 300	7 900			
8,0	7,0	6,5	5,5	400	700	2 300	4 600	8 500			
8,5	7,5	7,0	6,0	400	800	2 400	4 900	9 000			
9,0	8,0	7,5	6,5	400	800	2 500	5 200	9 400			
9,5	8,5	8,0	7,0	500	900	2 700	5 400	9 900			
10,0	9,0	8,5	7,5	500	1 000	2 800	5 700	10 300			
11,0	10,0	9,0	8,0	500	1 100	3 000	6 100				
12,0	11,0	10,0	9,0	600	1 200	3 200	6 500				
13,0	12,0	11,0	10,0	600	1 300	3 400	7 600				
14,0	13,0	12,0	11,0	700	1 400	3 600	8 000				
15,0	14,0	13,0	12,0	700	1 400	3 800	8 400				
16,0	15,0	14,0	13,0	700	1 500	4 200	8 800				
17,0	16,0	15,0	14,0	800	1 500	4 400	9 100				
18,0	17,0	16,0	15,0	800	1 600	4 600	9 500				
19,0	18,0	17,0	16,0	800	1 700	4 700	9 800				
20,0	19,0	18,0	17,0	900	1 770	4 900	10 100				

p) Der unterste Heizkörper des in seinen Rohrweiten zu bestimmenden Stranges liegt 6,0 m über Mitte Kessel.

(E) bis (E-25)	(E-25) bis (E-50)	(E-50) bis (E-75)	(E-75) bis (E-100)	0,010	0,013	0,019	0,025	0,032	0,038	0,045	0,051
6,0	—	—	—	100	300	900	1 800	3 900	6 000	9 100	12 500
6,5	—	—	—	200	400	1 200	2 500	4 700	7 200	11 000	
7,0	6,0	—	—	200	400	1 400	2 900	5 400	9 300		
7,5	6,5	—	—	200	600	1 600	3 200	6 700	10 300		
8,0	7,0	6,0	—	300	600	1 700	4 000	7 400			
8,5	7,5	6,5	—	300	700	1 900	4 300	7 900			
9,0	8,0	7,0	6,0	400	700	2 300	4 600	8 500			
9,5	8,5	7,5	6,5	400	800	2 400	4 900	9 000			
10,0	9,0	8,0	7,0	400	800	2 500	5 200	9 400			
11,0	10,0	9,0	8,0	500	1 000	2 800	5 700	10 300			
12,0	11,0	10 0	9,0	500	1 100	3 000	6 100				
13,0	12,0	11,0	10,0	600	1 200	3 200	6 500				
14,0	13,0	12,0	11,0	600	1 300	3 400	7 600				
15,0	14,0	13,0	12,0	700	1 400	3 600	8 000				
16,0	15,0	14,0	13,0	700	1 400	3 800	8 400				
17,0	16,0	15,0	14,0	700	1 500	4 200	8 800				
18,0	17,0	16,0	15,0	800	1 500	4 400	9 100				
19,0	18,0	17,0	16,0	800	1 600	4 600	9 500				
20,0	19,0	18,0	17,0	800	1 700	4 700	9 800				

Tabellen zur Annahme der Rohrweiten.

II. Temperaturdifferenz des Wassers: 15°.

2. Senkrechter Abstand des Kessels vom höchstgelegenen Heizkörper der Anlage über 12 m.

B. Heizkörperanschlüsse.

Senkrechter Abstand (h) von Mitte Heizkörper bis Mitte Kessel für die Heizkörper des in einer horizontalen Entfernung vom Kessel liegenden Fallstranges von:				Wärmemenge, welche stündlich vom Heizkörper abgegeben werden kann bei einem Anschluss von:							
(E) bis (E-25)	(E-25) bis (E-50)	(E-50) bis (E-75)	(E-75) bis (E-100)	0,010	0,013	0,019	0,025	0,032	0,038	0,045	0,051
				m Durchmesser							
				79	133	284	491	804	1134	1590	2043
h	h	h	h	qmm Querschnitt							
q) Der unterste Heizkörper des in seinen Rohrweiten zu bestimmenden Stranges liegt 7,0 m über Mitte Kessel.											
7,0	—	—	—	100	300	900	1 800	3 900	6 000	9 100	12 500
7,5	—	—	—	200	400	1 200	2 500	4 700	7 200	11 000	
8,0	—	—	—	200	400	1 400	2 900	5 400	9 300		
8,5	7,0	—	—	200	600	1 600	3 200	6 700	10 300		
9,0	7,5	—	—	300	600	1 700	4 000	7 400			
9,5	8,0	—	—	300	700	1 900	4 300	7 900			
10,0	8,5	7,0	—	400	700	2 300	4 600	8 400			
11,0	9,0	8,0	7,0	400	800	2 500	5 200	9 400			
12,0	10,0	9,0	8,0	500	1 000	2 800	5 700	10 300			
13,0	11,0	10,0	9,0	500	1 100	3 000	6 100				
14,0	12,0	11,0	10,0	600	1 200	3 200	6 500				
15,0	13,0	12,0	11,0	600	1 300	3 400	7 600				
16,0	14,0	13,0	12,0	700	1 400	3 600	8 000				
17,0	15,0	14,0	13,0	700	1 400	3 800	8 400				
18,0	16,0	15,0	14,0	700	1 500	4 200	8 800				
19,0	17,0	16,0	15,0	800	1 500	4 400	9 100				
20,0	18,0	17,0	16,0	800	1 600	4 600	9 500				
r) Der unterste Heizkörper des in seinen Rohrweiten zu bestimmenden Stranges liegt 8,0 m über Mitte Kessel.											
8,0	—	—	—	100	300	900	1 800	3 900	6 000	9 100	12 500
8,5	—	—	—	200	400	1 200	2 500	4 700	7 200	11 000	
9,0	8,0	—	—	200	400	1 400	2 900	5 400	9 300		
9,5	8,5	—	—	300	600	1 600	3 200	6 700	10 300		
10,0	9,0	8,0	—	300	600	1 700	4 000	7 400			
11,0	9,5	8,5	—	400	700	2 300	4 600	8 400			
12,0	10,0	9,0	8,0	400	800	2 500	5 200	9 400			
13,0	11,0	10,0	9,0	500	1 000	2 800	5 700	10 300			
14,0	12,0	11,0	10,0	500	1 100	3 000	6 100				
15,0	13,0	12,0	11,0	600	1 200	3 200	6 500				
16,0	14,0	13,0	12,0	600	1 300	3 400	7 600				
17,0	15,0	14,0	13,0	700	1 400	3 600	8 000				
18,0	16,0	15,0	14,0	700	1 400	3 800	8 400				
19,0	17,0	16,0	15,0	700	1 500	4 400	9 100				
20,0	18,0	17,0	16,0	800	1 500	4 600	9 500				

Tabellen zur Annahme der Rohrweiten.

II. Temperaturdifferenz des Wassers: 15°.

2. Senkrechter Abstand des Kessels vom höchstgelegenen Heizkörper der Anlage über 12 m.

B. Heizkörperanschlüsse.

s) Der unterste Heizkörper des in seinen Rohrweiten zu bestimmenden Stranges liegt 9,0 m über Mitte Kessel.

Senkrechter Abstand (h) von Mitte Heizkörper bis Mitte Kessel für die Heizkörper des in einer horizontalen Entfernung vom Kessel liegenden Fallstranges von:				Wärmemenge, welche stündlich vom Heizkörper abgegeben werden kann bei einem Anschluss von:							
				0,010	0,013	0,019	0,025	0,032	0,038	0,045	0,051
(E) bis (E-25)	(E-25) bis (E-50)	(E-50) bis (E-75)	(E-75) bis (E-100)	m Durchmesser							
				79	133	284	491	804	1134	1590	2043
h	h	h	h	qmm Querschnitt							
9,0	—	—	—	100	300	900	1 800	3 900	6 000	9 100	12 500
9,5	—	—	—	200	400	1 200	2 500	4 700	7 200	11 000	
10,0	9,0	—	—	200	400	1 400	2 900	5 400	9 300		
11,0	9,5	—	—	300	600	1 700	4 000	7 400	11 300		
12,0	10,0	—	—	300	700	2 300	4 600	8 400			
13,0	11,0	9,0	—	400	800	2 500	5 200	9 400			
14,0	12,0	10,0	—	400	1 000	2 800	5 700	10 300			
15,0	13,0	11,0	9,0	500	1 100	3 000	6 100				
16,0	14,0	12,0	10,0	600	1 200	3 200	6 500				
17,0	15,0	13,0	11,0	600	1 300	3 400	7 600				
18,0	16,0	14,0	12,0	700	1 400	3 600	8 000				
19,0	17,0	15,0	13,0	700	1 400	3 800	8 400				
20,0	18,0	16,0	14,0	700	1 500	4 400	9 100				

t) Der unterste Heizkörper des in seinen Rohrweiten zu bestimmenden Stranges liegt 10,0 m über Mitte Kessel.

(E) bis (E-25)	(E-25) bis (E-50)	(E-50) bis (E-75)	(E-75) bis (E-100)	0,010	0,013	0,019	0,025	0,032	0,038	0,045	0,051
10,0	—	—	—	100	300	900	1 800	3 900	6 000	9 100	12 500
11,0	—	—	—	200	400	1 400	2 900	5 400	9 300	14 100	
12,0	—	—	—	300	600	1 700	4 000	7 400	11 300		
13,0	10,0	—	—	400	700	2 300	4 600	8 400			
14,0	11,0	—	—	400	800	2 500	5 200	9 400			
15,0	12,0	10,0	—	500	1 000	2 800	5 700	10 300			
16,0	13,0	11,0	—	500	1 100	3 000	6 100				
17,0	14,0	12.0	10,0	600	1 200	3 200	6 500				
18,0	15,0	13,0	11,0	600	1 300	3 400	7 600				
19,0	16,0	14,0	12,0	700	1 400	3 600	8 000				
20,0	17,0	15,0	13,0	700	1 400	3 800	8 400				

Tabelle über die Werthe

$$\alpha = \frac{\gamma'' - \gamma'}{\frac{\gamma' + \gamma''}{2}}$$

t'	t''	α	t'	t''	α
150	100	0,0446	100	80	0,0135
150	110	0,0370	90	60	0,0183
150	120	0,0287	90	65	0,0156
140	90	0,0414	90	70	0,0127
140	100	0,0337	90	75	0,0097
140	110	0,0265	90	80	0,0066
130	80	0,0385	85	60	0,0149
130	90	0,0319	85	65	0,0123
130	100	0,0247	85	70	0,0094
120	80	0,0297	85	75	0,0064
120	90	0,0232	80	60	0,0117
120	100	0,0160	80	65	0,0090
110	80	0,0216	80	70	0,0062
110	90	0,0150	75	60	0,0086
100	70	0,0197	75	65	0,0059

Tabelle über die Werthe

γ

t	γ	t	γ	t	γ
50	0,98813	68	0,97902	85	0,96876
51	767	69	846	86	812
52	721	70	790	87	747
53	674	71	733	88	682
54	627	72	674	89	616
55	579	73	615	90	550
56	530	74	555	91	483
57	481	75	495	92	416
58	432	76	435	93	348
59	382	77	375	94	280
60	331	78	314	95	212
61	280	79	253	96	143
62	228	80	191	97	074
63	175	81	129	98	005
64	121	82	066	99	0,95934
65	067	83	004	100	863
66	012	84	0,96941		
67	0,97957				

Tabellen zur Bestimmung der Geschwindigkeits- und Widerstands-

Geschwindigkeit des Wassers in Metern	Werthe des Ausdruckes $\frac{v^2}{2g} \cdot \Sigma\zeta$ für $\Sigma\zeta =$									
v	0,5	1	1,5	2	2,5	3	3,5	4	4,5	5
0,010	0,000 003	0,000 005	0,000 008	0,000 010	0,000 013	0,000 015	0,000 018	0,000 020	0,000 023	0,000 025
0,015	0,000 006	0,000 011	0,000 017	0,000 022	0,000 028	0,000 033	0,000 039	0,000 044	0,000 050	0,000 055
0,020	0,000 010	0,000 020	0,000 030	0,000 040	0,000 050	0,000 060	0,000 070	0,000 080	0,000 090	0,000 100
0,025	0,000 016	0,000 031	0,000 047	0,000 062	0,000 078	0,000 093	0,000 109	0,000 124	0,000 140	0,000 155
0,030	0,000 023	0,000 045	0,000 068	0,000 090	0,000 113	0,000 135	0,000 158	0,000 180	0,000 203	0,000 225
0,035	0,000 031	0,000 062	0,000 093	0,000 124	0,000 155	0,000 186	0,000 217	0,000 248	0,000 279	0,000 310
0,040	0,000 041	0,000 081	0,000 122	0,000 162	0,000 203	0,000 243	0,000 284	0,000 324	0,000 365	0,000 405
0,045	0,000 052	0,000 103	0,000 155	0,000 206	0,000 258	0,000 309	0,000 361	0,000 412	0,000 464	0,000 515
0,050	0,000 064	0,000 127	0,000 191	0,000 254	0,000 318	0,000 381	0,000 445	0,000 508	0,000 572	0,000 636
0,055	0,000 077	0,000 154	0,000 231	0,000 308	0,000 385	0,000 462	0,000 539	0,000 616	0,000 694	0,000 771
0,060	0,000 092	0,000 183	0,000 275	0,000 366	0,000 458	0,000 549	0,000 641	0,000 732	0,000 824	0,000 915
0,065	0,000 108	0,000 215	0,000 323	0,000 430	0,000 538	0,000 645	0,000 753	0,000 860	0,000 968	0,001 075
0,070	0,000 125	0,000 249	0,000 374	0,000 498	0,000 623	0,000 747	0,000 872	0,000 996	0,001 121	0,001 245
0,075	0,000 143	0,000 286	0,000 429	0,000 572	0,000 715	0,000 858	0,001 001	0,001 144	0,001 287	0,001 430
0,080	0,000 163	0,000 326	0,000 489	0,000 652	0,000 816	0,000 979	0,001 143	0,001 306	0,001 470	0,001 633
0,085	0,000 184	0,000 368	0,000 552	0,000 736	0,000 920	0,001 104	0,001 288	0,001 472	0,001 656	0,001 840
0,090	0,000 206	0,000 412	0,000 618	0,000 824	0,001 030	0,001 236	0,001 442	0,001 648	0,001 854	0,002 060
0,095	0,000 230	0,000 459	0,000 689	0,000 918	0,001 148	0,001 377	0,001 607	0,001 836	0,002 066	0,002 295
0,100	0,000 255	0,000 509	0,000 764	0,001 018	0,001 273	0,001 527	0,001 782	0,002 036	0,002 291	0,002 545

höhen und der möglichen stündlich zu fördernden Wärmemenge.

Werthe des Ausdruckes $\frac{v^2}{2g}\frac{\varrho}{d}$ I

Mögliche stündlich zu fördernde Wärmemenge bei einer Temperaturdifferenz des Wassers von 20° II, von 15° III

für eine Rohrweite (in Metern) von

Geschwindigkeit des Wassers in Metern v	0,010	0,013	0,019	0,025	0,032	0,038	0,045	0,051	
0,010	0,000 055	0,000 042	0,000 029	0,000 022	0,000 017	0,000 014	0,000 012	0,000 011	I
	55	93	199	345	565	794	1 111	1 429	II
	41	70	149	259	424	596	833	1 071	III
0,015	0,000 101	0,000 078	0,000 053	0,000 040	0,000 032	0,000 027	0,000 022	0,000 020	I
	83	140	299	517	848	1 190	1 667	2 143	II
	62	105	224	388	636	895	1 250	1 607	III
0,020	0,000 162	0,000 126	0,000 086	0,000 066	0,000 050	0,000 042	0,000 036	0,000 032	I
	110	186	398	690	1 130	1 587	2 222	2 857	II
	83	140	299	517	847	1 194	1 667	2 142	III
0,025	0,000 230	0,000 176	0,000 121	0,000 093	0,000 072	0,000 062	0,000 052	0,000 047	I
	138	233	498	862	1 412	1 984	2 778	3 571	II
	103	175	373	646	1 059	1 492	2 083	2 678	III
0,030	0,000 311	0,000 239	0,000 162	0,000 126	0,000 099	0,000 081	0,000 068	0,000 063	I
	165	280	598	1 035	1 699	2 381	3 333	4 286	II
	124	210	448	775	1 271	1 790	2 500	3 214	III
0,035	0,000 403	0,000 310	0,000 211	0,000 161	0,000 124	0,000 105	0,000 087	0,000 081	I
	193	326	697	1 207	1 977	2 778	3 889	5 000	II
	145	245	522	904	1 483	2 089	2 917	3 750	III
0,040	0,000 502	0,000 389	0,000 267	0,000 203	0,000 154	0,000 130	0,000 113	0,000 097	I
	221	373	797	1 379	2 260	3 174	4 444	5 714	II
	165	280	597	1 034	1 695	2 387	3 333	4 286	III
0,045	0,000 608	0,000 468	0,000 320	0,000 243	0,000 191	0,000 160	0,000 135	0,000 119	I
	248	419	896	1 552	2 542	3 571	5 000	6 429	II
	186	314	672	1 163	1 907	2 686	3 750	4 821	III
0,050	0,000 722	0,000 555	0,000 380	0,000 288	0,000 225	0,000 189	0,000 160	0,000 141	I
	276	466	996	1 724	2 825	3 968	5 556	7 143	II
	207	349	746	1 292	2 119	2 984	4 167	5 357	III
0,055	0,000 843	0,000 648	0,000 444	0,000 337	0,000 264	0,000 221	0,000 188	0,000 165	I
	303	513	1 096	1 896	3 107	4 365	6 111	7 857	II
	227	384	821	1 421	2 331	3 283	4 583	5 893	III
0,060	0,000 971	0,000 747	0,000 511	0,000 388	0,000 304	0,000 256	0,000 216	0,000 190	I
	331	559	1 195	2 069	3 390	4 762	6 667	8 571	II
	248	419	896	1 550	2 542	3 581	5 000	6 429	III
0,065	0,001 107	0,000 851	0,000 582	0,000 443	0,000 346	0,000 293	0,000 247	0,000 217	I
	358	606	1 295	2 241	3 672	5 159	7 222	9 286	II
	269	454	970	1 680	2 754	3 879	5 416	6 964	III
0,070	0,001 250	0,000 961	0,000 657	0,000 500	0,000 391	0,000 329	0,000 276	0,000 244	I
	360	652	1 394	2 413	3 955	5 556	7 778	10 000	II
	289	489	1 045	1 809	2 966	4 178	5 833	7 500	III
0,075	0,001 402	0,001 076	0,000 738	0,000 561	0,000 438	0,000 369	0,000 312	0,000 275	I
	414	699	1 494	2 586	4 237	5 952	8 333	10 714	II
	310	524	1 119	1 938	3 178	4 476	6 250	8 036	III
0,080	0,001 561	0,001 200	0,000 822	0,000 623	0,000 490	0,000 411	0,000 345	0,000 307	I
	441	746	1 593	2 759	4 519	6 349	8 889	11 428	II
	331	559	1 194	2 067	3 390	4 775	6 666	8 571	III
0,085	0,001 726	0,001 329	0,000 909	0,000 689	0,000 541	0,000 453	0,000 383	0,000 339	I
	469	792	1 693	2 931	4 802	6 746	9 444	12 143	II
	352	594	1 269	2 196	3 602	5 073	7 083	9 107	III
0,090	0,001 895	0,001 456	0,000 997	0,000 759	0,000 593	0,000 499	0,000 420	0,000 371	I
	496	839	1 792	3 104	5 085	7 143	10 000	12 857	II
	372	629	1 343	2 326	3 814	5 371	7 500	9 643	III
0,095	0,002 071	0,001 592	0,001 088	0,000 830	0,000 647	0,000 547	0,000 459	0,000 404	I
	524	885	1 892	3 276	5 367	7 540	10 556	13 571	II
	393	664	1 418	2 455	4 026	5 670	7 916	10 179	III
0,100	0,002 255	0,001 736	0,001 186	0,000 901	0,000 708	0,000 596	0,000 504	0,000 442	I
	551	932	1 992	3 448	5 650	7 937	11 111	14 286	II
	414	699	1 493	2 584	4 237	5 968	8 333	10 714	III

Tabellen zur Bestimmung der Geschwindigkeits- und Widerstands-

Geschwindigkeit des Wassers in Metern	Werthe des Ausdruckes $\frac{v^2}{2g} \cdot \Sigma\zeta$ für $\Sigma\zeta =$									
v	0,5	1	1,5	2	2,5	3	3,5	4	4,5	5
0,105	0,000 281	0,000 561	0,000 842	0,001 122	0,001 403	0,001 683	0,001 964	0,002 244	0,002 525	0,002 805
0,110	0,000 308	0,000 616	0,000 924	0,001 232	0,001 540	0,001 848	0,002 156	0,002 464	0,002 772	0,003 080
0,115	0,000 337	0,000 673	0,001 010	0,001 346	0,001 683	0,002 019	0,002 356	0,002 692	0,003 029	0,003 365
0,120	0,000 367	0,000 733	0,001 100	0,001 466	0,001 833	0,002 199	0,002 566	0,002 932	0,003 299	0,003 665
0,125	0,000 398	0,000 796	0,001 194	0,001 592	0,001 990	0,002 388	0,002 786	0,003 184	0,003 582	0,003 980
0,130	0,000 431	0,000 861	0,001 292	0,001 722	0,002 153	0,002 583	0,003 014	0,003 444	0,003 875	0,004 305
0,135	0,000 464	0,000 928	0,001 392	0,001 856	0,002 320	0,002 784	0,003 248	0,003 712	0,004 176	0,004 640
0,140	0,000 500	0,000 999	0,001 499	0,001 998	0,002 498	0,002 997	0,003 497	0,003 996	0,004 496	0,004 995
0,145	0,000 536	0,001 071	0,001 607	0,002 142	0,002 678	0,003 213	0,003 749	0,004 284	0,004 820	0,005 355
0,150	0,000 573	0,001 146	0,001 719	0,002 292	0,002 865	0,003 438	0,004 011	0,004 584	0,005 157	0,005 730
0,155	0,000 612	0,001 224	0,001 836	0,002 448	0,003 060	0,003 672	0,004 284	0,004 896	0,005 508	0,006 120
0,160	0,000 652	0,001 304	0,001 956	0,002 608	0,003 260	0,003 912	0,004 564	0,005 216	0,005 868	0,006 520
0,165	0,000 694	0,001 387	0,002 081	0,002 774	0,003 468	0,004 161	0,004 855	0,005 548	0,006 242	0,006 935
0,170	0,000 736	0,001 472	0,002 208	0,002 944	0,003 680	0,004 416	0,005 152	0,005 888	0,006 624	0,007 360
0,175	0,000 780	0,001 560	0,002 340	0,003 120	0,003 900	0,004 680	0,005 460	0,006 240	0,007 020	0,007 800
0,180	0,000 825	0,001 650	0,002 475	0,003 300	0,004 125	0,004 950	0,005 775	0,006 600	0,007 425	0,008 250
0,185	0,000 872	0,001 744	0,002 616	0,003 488	0,004 360	0,005 232	0,006 104	0,006 976	0,007 848	0,008 720
0,190	0,000 920	0,001 839	0,002 759	0,003 678	0,004 598	0,005 517	0,006 437	0,007 356	0,008 276	0,009 195
0,195	0,000 969	0,001 937	0,002 906	0,003 874	0,004 843	0,005 811	0,006 780	0,007 748	0,008 717	0,009 685
0,200	0,001 019	0,002 038	0,003 057	0,004 076	0,005 095	0,006 114	0,007 133	0,008 152	0,009 171	0,010 190

höhen und der möglichen stündlich zu fördernden Wärmemenge.

Geschwindigkeit des Wassers in Metern	Werthe des Ausdruckes $\frac{v^2}{2g}\frac{\varrho}{d}$ . . . . Mögliche stündlich zu fördernde Wärmemenge bei einer Temperaturdifferenz des Wassers { von 20° / » 15° } für eine Rohrweite (in Metern) von:								I II III
v	0,010	0,013	0,019	0,025	0,032	0,038	0,045	0,051	
0,105	0,002 446	0,001 885	0,001 285	0,000 976	0,000 763	0,000 646	0,000 544	0,000 482	I
	579	979	2 092	3 621	5 932	8 333	11 667	15 000	II
	434	734	1 567	2 713	4 449	6 267	8 750	11 250	III
0,110	0,002 648	0,002 039	0,001 392	0,001 060	0,000 826	0,000 696	0,000 585	0,000 517	I
	606	1 025	2 191	3 793	6 215	8 730	12 222	15 714	II
	455	769	1 642	2 842	4 661	6 565	9 166	11 786	III
0,115	0,002 844	0,002 192	0,001 499	0,001 136	0,000 888	0,000 746	0,000 632	0,000 557	I
	634	1 072	2 291	3 966	6 497	9 127	12 778	16 428	II
	476	804	1 716	2 972	4 873	6 863	9 583	12 321	III
0,120	0,003 057	0,002 353	0,001 605	0,001 224	0,000 960	0,000 807	0,000 682	0,000 601	I
	661	1 118	2 390	4 138	6 780	9 524	13 333	17 143	II
	496	839	1 791	3 109	5 085	7 162	10 000	12 857	III
0,125	0,003 280	0,002 523	0,001 727	0,001 314	0,001 027	0,000 860	0,000 732	0,000 645	I
	689	1 165	2 490	4 310	7 062	9 921	13 889	17 857	II
	517	874	1 866	3 230	5 297	7 460	10 416	13 393	III
0,130	0,003 505	0,002 695	0,001 842	0,001 403	0,001 093	0,000 925	0,000 775	0,000 688	I
	717	1 212	2 590	4 483	7 345	10 317	14 444	18 571	II
	538	908	1 940	3 359	5 509	7 759	10 833	13 929	III
0,135	0,002 730	0,002 868	0,001 958	0,001 494	0,001 169	0,000 983	0,000 826	0,000 733	I
	744	1 258	2 689	4 655	7 627	10 714	15 000	19 286	II
	558	943	2 015	3 488	5 720	8 057	11 250	14 464	III
0,140	0,003 926	0,003 046	0,002 088	0,001 589	0,001 238	0,001 039	0,000 879	0,000 779	I
	772	1 305	2 789	4 828	7 910	11 111	15 556	20 000	II
	578	978	2 090	3 618	5 932	8 356	11 667	15 000	III
0,145	0,004 165	0,003 204	0,002 191	0,001 666	0,001 302	0,001 096	0,000 925	0,000 817	I
	799	1 351	2 888	5 000	8 192	11 508	16 111	20 714	II
	600	1 013	2 164	3 747	6 144	8 654	12 083	15 536	III
0,150	0,004 451	0,003 424	0,002 342	0,001 781	0,001 391	0,001 171	0,000 989	0,000 874	I
	826	1 398	2 988	5 172	8 475	11 905	16 667	21 428	II
	620	1 048	2 239	3 876	6 356	8 952	12 500	16 071	III
0,155	0,004 700	0,003 621	0,002 477	0,001 883	0,001 471	0,001 239	0,001 045	0,000 923	I
	855	1 445	3 088	5 345	8 757	12 302	17 222	22 143	II
	641	1 083	2 314	4 005	6 568	9 251	12 917	16 607	III
0,160	0,004 965	0,003 818	0,002 613	0,001 986	0,001 551	0,001 307	0,001 103	0,000 973	I
	882	1 491	3 187	5 517	9 040	12 698	17 778	22 857	II
	662	1 118	2 388	4 134	6 780	9 549	13 333	17 143	III
0,165	0,005 230	0,004 024	0,002 753	0,002 092	0,001 634	0,001 376	0,001 162	0,001 025	I
	910	1 538	3 287	5 690	9 322	13 095	18 333	23 571	II
	682	1 153	2 463	4 264	6 992	9 848	13 750	17 679	III
0,170	0,005 500	0,004 230	0,002 894	0,002 199	0,001 719	0,001 447	0,001 222	0,001 079	I
	937	1 584	3 387	5 862	9 605	13 492	18 889	24 286	II
	703	1 188	2 537	4 393	7 204	10 146	14 166	18 214	III
0,175	0,005 778	0,004 445	0,003 040	0,002 311	0,001 805	0,001 520	0,001 284	0,001 132	I
	965	1 631	3 486	6 035	9 887	13 889	19 444	25 000	II
	724	1 223	2 612	4 522	7 415	10 444	14 583	18 750	III
0,180	0,006 057	0,004 660	0,003 188	0,002 423	0,001 892	0,001 594	0,001 346	0,001 188	I
	992	1 676	3 586	6 207	10 170	14 286	20 000	25 714	II
	744	1 258	2 687	4 651	7 627	10 743	15 000	19 286	III
0,185	0,006 350	0,004 885	0,003 342	0,002 539	0,001 984	0,001 670	0,001 411	0,001 245	I
	1 020	1 724	3 685	6 379	10 452	14 683	20 556	26 428	II
	765	1 293	2 761	4 780	7 839	11 041	15 417	19 821	III
0,190	0,006 642	0,005 109	0,003 496	0,002 658	0,002 076	0,001 749	0,001 477	0,001 302	I
	1 047	1 771	3 785	6 552	10 735	15 079	21 111	27 143	II
	786	1 328	2 836	4 910	8 051	11 340	15 833	20 357	III
0,195	0,006 943	0,005 341	0,003 653	0,002 778	0,002 169	0,001 827	0,001 542	0,001 362	I
	1 075	1 817	3 885	6 724	11 017	15 476	21 667	27 857	II
	806	1 363	2 911	5 039	8 263	11 638	16 250	20 893	III
0,200	0,007 250	0,005 576	0,003 816	0,002 900	0,002 266	0,001 908	0,001 610	0,001 420	I
	1 103	1 864	3 984	6 897	11 299	15 873	22 222	28 571	II
	827	1 398	2 985	5 168	8 475	11 937	16 667	21 429	III

Tabellen zur Bestimmung der Geschwindigkeits- und Widerstands-

Geschwindigkeit des Wassers in Metern	Werthe des Ausdruckes $\frac{v^2}{2g} \cdot \Sigma\zeta$ für $\Sigma\zeta =$									
v	0,5	1	1,5	2	2,5	3	3,5	4	4,5	5
0,205	0,001 071	0,002 141	0,003 212	0,004 282	0,005 353	0,006 423	0,007 494	0,008 564	0,009 635	0,010 705
0,210	0,001 123	0,002 246	0,003 369	0,004 492	0,005 615	0,006 738	0,007 861	0,008 984	0,010 107	0,011 230
0,215	0,001 177	0,002 354	0,003 531	00,04 708	0,005 885	0,007 062	0,008 239	0,009 416	0,010 593	0,011 770
0,220	0,001 233	0,002 465	0,003 698	0,004 930	0,006 163	0,007 395	0,008 628	0,009 860	0,011 093	0,012 325
0,225	0,001 290	0,002 579	0,003 869	0,005 158	0,006 448	0,007 737	0,009 027	0,010 316	0,011 606	0,012 895
0,230	0,001 348	0,002 695	0,004 043	0,005 390	0,006 738	0,008 085	0,009 433	0,010 780	0,012 128	0,013 475
0,235	0,001 407	0,002 813	0,004 220	0,005 626	0,007 033	0,008 439	0,009 846	0,011 252	0,012 659	0,014 065
0,240	0,001 467	0,002 934	0,004 401	0,005 868	0,007 335	0,008 802	0,010 269	0,011 736	0,013 203	0,014 670
0,245	0,001 529	0,003 058	0,004 587	0,006 116	0,007 645	0,009 174	0,010 703	0,012 232	0,013 761	0,015 290
0,250	0,001 592	0,003 184	0,004 776	0,006 368	0,007 960	0,009 552	0,011 144	0,012 736	0,014 328	0,015 920
0,255	0,001 657	0,003 313	0,004 970	0,006 626	0,008 283	0,009 939	0,011 596	0,013 252	0,014 909	0,016 565
2,260	0,001 722	0,003 444	0,005 166	0,006 888	0,008 610	0,010 332	0,012 054	0,013 776	0,015 498	0,017 220
0,265	0,001 789	0,003 577	0,005 366	0,007 154	0,008 943	0,010 731	0,012 520	0,014 308	0,016 097	0,017 885
0,270	0,001 857	0,003 714	0,005 571	0,007 428	0,009 285	0,011 142	0,012 999	0,014 856	0,016 713	0,018 570
0,275	0,001 927	0,003 853	0,005 780	0,007 706	0,009 633	0,011 559	0,013 486	0,015 412	0,017 339	0,019 265
0,280	0,001 997	0,003 994	0,005 991	0,007 988	0,009 985	0,011 982	0,013 979	0,015 976	0,017 973	0,019 970
0,285	0,002 069	0,004 138	0,006 207	0,008 276	0,010 345	0,012 414	0,014 483	0,016 552	0,018 621	0,020 690
0,290	0,002 142	0,004 284	0,006 426	0,008 568	0,010 710	0,012 852	0,014 994	0,017 136	0,019 278	0,021 420
0,295	0,002 217	0,004 433	0,006 650	0,008 866	0,011 083	0,013 299	0,015 516	0,017 732	0,019 949	0,022 165
0,300	0,002 293	0,004 585	0,006 878	0,009 170	0,011 463	0,013 755	0,016 048	0,018 340	0,020 633	0,022 925

höhen und der möglichen stündlich zu fördernden Wärmemenge.

Werthe des Ausdruckes $\frac{v^2}{2g}\frac{\varrho}{d}$ I

Mögliche stündlich zu fördernde Wärmemenge bei einer Temperaturdifferenz des Wassers von 20° II, » 15° III

für eine Rohrweite (in Metern) von:

Geschwindigkeit des Wassers in Metern v	0,010	0,013	0,019	0,025	0,032	0,038	0,045	0,051	
0,205	0,007 560	0,005 815	0,003 978	0,003 023	0,002 361	0,001 989	0,001 681	0,001 482	I
	1 130	1 911	4 084	7 069	11 582	16 270	22 778	29 286	II
	848	1 433	3 060	5 297	8 687	12 235	17 083	21 964	III
0,210	0,007 874	0,006 058	0,004 144	0,003 149	0,002 462	0,002 073	0,001 750	0,001 543	I
	1 158	1 957	4 183	7 241	11 864	16 667	23 333	30 000	II
	868	1 467	3 134	5 426	8 899	12 533	17 500	22 500	III
0,215	0,008 197	0,006 304	0,004 314	0,003 279	0,002 561	0,002 156	0,001 822	0,001 607	I
	1 185	2 004	4 283	7 414	12 147	17 064	23 889	30 714	II
	889	1 502	3 209	5 556	9 110	12 832	17 917	23 036	III
0,220	0,008 524	0,006 557	0,004 486	0,003 409	0,002 665	0,002 243	0,001 893	0,001 671	I
	1 213	2 050	4 383	7 586	12 429	17 460	24 444	31 428	II
	910	1 537	3 284	5 685	9 322	13 130	18 333	23 571	III
0,225	0,008 870	0,006 824	0,004 667	0,003 547	0,002 779	0,002 334	0,001 973	0,001 740	I
	1 204	2 097	4 482	7 759	12 712	17 857	25 000	32 143	II
	931	1 572	3 358	5 814	9 534	13 429	18 750	24 107	III
0,230	0,009 200	0,007 077	0,004 843	0,003 681	0,002 873	0,002 421	0,002 046	0,001 803	I
	1 268	2 144	4 582	7 931	12 994	18 254	25 556	32 857	II
	951	1 607	3 433	5 943	9 746	13 727	19 167	24 643	III
0,235	0,009 545	0,007 342	0,005 137	0,003 817	0,002 982	0,002 512	0,002 121	0,001 871	I
	1 296	2 190	4 681	8 104	13 277	18 651	26 111	33 571	II
	972	1 642	3 508	6 072	9 958	14 025	19 583	25 179	III
0,240	0,009 894	0,007 610	0,005 208	0,003 958	0,003 092	0,002 602	0,002 200	0,001 939	I
	1 323	2 237	4 781	8 276	13 559	19 048	26 667	34 285	II
	993	1 677	3 582	6 202	10 170	14 324	20 000	25 714	III
0,245	0,010 251	0,007 883	0,005 394	0,004 101	0,003 204	0,002 697	0,002 278	0,002 009	I
	1 351	2 283	4 881	8 448	13 842	19 444	27 222	35 000	II
	1 013	1 712	3 657	6 331	10 382	14 622	20 417	26 250	III
0,250	0,010 613	0,008 163	0,005 585	0,004 245	0,003 318	0,002 792	0,002 460	0,002 082	I
	1 378	2 330	4 980	8 621	14 124	19 841	27 778	35 714	II
	1 034	1 747	3 731	6 460	10 593	14 921	20 833	26 786	III
0,255	0,010 983	0,008 448	0,005 781	0,004 393	0,003 432	0,002 889	0,002 442	0,002 153	I
	1 406	2 377	5 080	8 793	14 407	20 238	28 333	36 428	II
	1 055	1 782	3 806	6 589	10 805	15 219	21 250	27 321	III
0,260	0,011 351	0,008 730	0,005 976	0,004 539	0,003 547	0,002 986	0,002 521	0,002 225	I
	1 433	2 423	5 179	8 966	14 689	20 635	28 889	37 143	II
	1 075	1 817	3 881	6 718	11 017	15 517	21 667	27 857	III
0,265	0,011 729	0,009 021	0,006 173	0,004 693	0,003 667	0,003 087	0,002 607	0,002 300	I
	1 461	2 470	5 279	9 138	14 972	21 032	29 444	37 857	II
	1 096	1 852	3 955	6 848	11 229	15 816	22 083	28 393	III
0,270	0,012 115	0,009 318	0,006 376	0,004 846	0,003 784	0,003 186	0,002 693	0,002 377	I
	1 488	2 516	5 379	9 310	15 254	21 429	30 000	38 571	II
	1 117	1 887	4 030	6 977	11 441	16 114	22 500	28 929	III
0,275	0,012 503	0,009 617	0,006 581	0,005 001	0,003 906	0,003 291	0,002 778	0,002 450	I
	1 560	2 563	5 478	9 483	15 537	21 825	30 556	39 285	II
	1 137	1 922	4 105	7 106	11 653	16 413	22 917	29 464	III
0,280	0,012 896	0,009 921	0,006 786	0,005 161	0,004 030	0,003 395	0,002 868	0,002 528	I
	1 544	2 610	5 578	9 655	15 819	22 222	31 111	40 000	II
	1 158	1 957	4 179	7 235	11 865	16 711	23 333	30 000	III
0,285	0,013 295	0,010 229	0,006 997	0,005 318	0,004 154	0,003 501	0,002 954	0,002 607	I
	1 571	2 656	5 677	9 828	16 102	22 619	31 667	40 714	II
	1 179	1 992	4 254	7 364	12 077	17 010	23 750	30 536	III
0,290	0,013 701	0,010 538	0,007 210	0,005 479	0,004 280	0,003 607	0,003 046	0,002 686	I
	1 599	2 703	5 777	10 000	16 384	23 016	32 222	41 428	II
	1 199	2 027	4 329	7 494	12 288	17 308	24 167	31 071	III
0,295	0,014 110	0,010 852	0,007 425	0,005 643	0,004 411	0,003 715	0,003 134	0,002 766	I
	1 626	2 749	5 877	10 172	16 667	23 413	32 778	42 143	II
	1 220	2 061	4 403	7 623	12 500	17 606	24 583	31 607	III
0,300	0,014 525	0,011 173	0,007 643	0,005 809	0,004 540	0,003 824	0,003 228	0,002 847	I
	1 654	2 726	5 976	10 345	16 949	23 810	33 333	42 857	II
	1 241	2 096	4 478	7 752	12 712	17 905	25 600	32 143	III

Tabellen zur Bestimmung der Geschwindigkeits- und Widerstands-

Geschwindigkeit des Wassers in Metern	Werthe des Ausdruckes $\frac{v^2}{2g} \cdot \Sigma\zeta$ für $\Sigma\zeta =$									
v	0,5	1	1,5	2	2,5	3	3,5	4	4,5	5
0,305	0,002 370	0,004 739	0,007 109	0,009 478	0,011 848	0,014 217	0,016 587	0,018 956	0,021 326	0,023 695
0,310	0,002 448	0,004 896	0,007 344	0,009 793	0,012 240	0,014 688	0,017 136	0,019 584	0,022 032	0,024 480
0,315	0,002 528	0,005 055	0,007 583	0,010 110	0,012 638	0,015 165	0,017 693	0,020 220	0,022 748	0,025 275
0,320	0,002 609	0,005 217	0,007 826	0,010 434	0,013 043	0,015 651	0,018 260	0,020 868	0,023 477	0,026 085
0,325	0,002 691	0,005 381	0,008 072	0,010 762	0,013 453	0,016 143	0,018 834	0,021 524	0,024 215	0,026 905
0,330	0,002 774	0,005 548	0,008 322	0,011 096	0,013 870	0,016 644	0,019 418	0,022 192	0,024 966	0,027 740
0,335	0,002 859	0,005 717	0,008 576	0,011 434	0,014 293	0,017 151	0,020 010	0,022 868	0,025 727	0,028 589
0,340	0,002 945	0,005 889	0,008 834	0,011 778	0,014 723	0,017 667	0,020 612	0,023 556	0,026 501	0,029 445
0,345	0,003 032	0,006 064	0,009 096	0,012 128	0,015 160	0,018 192	0,021 224	0,024 256	0,027 288	0,030 320
0,350	0,003 121	0,006 241	0,009 362	0,012 482	0,015 603	0,018 723	0,021 844	0,024 964	0,028 085	0,031 205
0,355	0,003 211	0,006 421	0,009 632	0,012 842	0,016 053	0,019 263	0,022 474	0,025 684	0,028 895	0,032 105
0,360	0,003 302	0,006 603	0,009 905	0,013 206	0,016 508	0,019 809	0,023 111	0,026 412	0,029 714	0,033 015
0,365	0,003 394	0,006 787	0,010 181	0,013 574	0,016 968	0,020 361	0,023 755	0,027 148	0,030 542	0,033 935
0,370	0,003 488	0,006 975	0,010 463	0,013 950	0,017 438	0,020 925	0,024 413	0,027 900	0,031 388	0,034 875
0,375	0,003 583	0,007 165	0,010 748	0,014 330	0,017 913	0,021 495	0,025 078	0,028 660	0,032 243	0,035 825
0,380	0,003 679	0,007 357	0,011 036	0,014 714	0,018 393	0,022 071	0,025 750	0,029 428	0,033 107	0,036 785
0,385	0,003 776	0,007 552	0,011 328	0,015 105	0,018 881	0,022 658	0,026 434	0,030 211	0,033 987	0,037 764
0,390	0,003 845	0,007 749	0,011 624	0,015 498	0,019 373	0,023 247	0,027 122	0,030 996	0,034 871	0,038 745
0,395	0,003 975	0,007 949	0,011 924	0,015 898	0,019 873	0,023 847	0,027 822	0,031 796	0,035 771	0,039 745
0,400	0,004 076	0,008 152	0,012 228	0,016 304	0,020 380	0,024 456	0,028 532	0,032 608	0,036 684	0,040 760

höhen und der möglichen stündlich zu fördernden Wärmemenge.

Geschwindigkeit des Wassers in Metern	Werthe des Ausdruckes $\frac{v^2}{2g}\frac{\varrho}{d}$ . . . . Mögliche stündlich zu fördernde Wärmemenge bei einer Temperaturdifferenz des Wassers von 20° / 15° für eine Rohrweite (in Metern) von:								I / II / III
v	0,010	0,013	0,019	0,025	0,032	0,038	0,045	0,051	
0,305	0,014 947	0,011 496	0,007 866	0,005 980	0,004 672	0,003 933	0,003 322	0,002 929	I
	1 681	2 843	6 076	10 517	17 232	24 206	33 889	43 571	II
	1 261	2 131	4 552	7 881	12 924	18 203	25 417	32 679	III
0,310	0,015 373	0,011 824	0,008 093	0,006 150	0,004 803	0,004 044	0,003 417	0,003 016	I
	1 709	2 889	6 175	10 690	17 514	24 603	34 444	44 285	II
	1 282	2 166	4 627	8 010	13 126	18 502	25 833	33 214	III
0,315	0,015 802	0,012 158	0,008 316	0,006 318	0,004 939	0,004 160	0,003 513	0,003 099	I
	1 736	2 936	6 275	10 862	17 797	25 000	35 000	45 000	II
	1 303	2 201	4 702	8 140	13 348	18 800	26 250	33 750	III
0,320	0,016 240	0,012 495	0,008 546	0,006 495	0,005 076	0,004 272	0,003 610	0,003 182	I
	1 764	2 982	6 375	11 035	18 079	25 397	35 556	45 714	II
	1 324	2 236	4 776	8 269	13 560	19 098	26 667	34 286	III
0,325	0,016 681	0,012 854	0,008 782	0,006 673	0,005 214	0,004 391	0,003 708	0,003 272	I
	1 792	3 029	6 474	11 207	18 362	25 794	36 111	46 428	II
	1 344	2 271	4 851	8 398	13 772	19 397	27 083	34 821	III
0,330	0,017 133	0,013 176	0,009 021	0,006 852	0,005 354	0,004 510	0,003 806	0,003 357	I
	1 819	3 076	6 574	11 379	18 644	26 191	36 667	47 143	II
	1 365	2 306	4 926	8 527	13 983	19 695	27 500	35 357	III
0,335	0,017 580	0,013 521	0,009 260	0,007 032	0,005 494	0,004 625	0,003 905	0,003 447	I
	1 847	3 122	6 673	11 552	18 927	26 587	37 222	47 857	II
	1 385	2 341	5 000	8 656	14 195	19 994	27 917	35 893	III
0,340	0,018 038	0,013 874	0,009 503	0,007 214	0,005 636	0,004 747	0,004 011	0,003 539	I
	1 874	3 169	6 773	11 724	19 209	26 984	37 778	48 571	II
	1 406	2 376	5 075	8 786	14 407	20 292	28 333	36 429	III
0,345	0,018 501	0,014 232	0,009 748	0,007 397	0,005 779	0,004 869	0,004 111	0,003 626	I
	1 902	3 215	6 873	11 897	19 492	27 381	38 333	49 285	II
	1 427	2 411	5 149	8 915	14 619	20 590	28 750	36 964	III
0,350	0,018 972	0,014 591	0,009 985	0,007 588	0,005 929	0,004 993	0,004 219	0,003 730	I
	1 929	3 262	6 972	12 069	19 474	27 778	38 889	50 000	II
	1 447	2 446	5 224	9 044	14 832	20 889	29 167	37 500	III
0,355	0,019 449	0,014 960	0,010 235	0,007 782	0,006 081	0,005 118	0,004 322	0,003 814	I
	1 957	3 309	7 072	12 241	20 057	28 175	39 444	50 714	II
	1 468	2 481	5 299	9 173	15 043	21 187	29 583	38 036	III
0,360	0,019 928	0,015 333	0,010 486	0,007 970	0,006 226	0,005 242	0,004 431	0,003 909	I
	1 985	3 355	7 171	12 412	20 339	28 571	40 000	51 428	II
	1 489	2 516	5 373	9 302	15 255	21 486	30 000	38 571	III
0,365	0,020 408	0,015 698	0,010 744	0,008 165	0,006 380	0,005 368	0,004 533	0,004 005	I
	2 012	3 408	7 271	12 586	20 622	28 968	40 556	52 143	II
	1 510	2 551	5 448	9 432	15 467	21 784	30 417	39 107	III
0,370	0,020 897	0,016 078	0,011 000	0,008 356	0,006 529	0,005 496	0,004 646	0,004 095	I
	2 040	3 448	7 371	12 759	20 904	29 365	41 111	52 857	II
	1 530	2 586	5 523	9 561	15 678	22 083	30 833	39 643	III
0,375	0,021 395	0,016 458	0,011 264	0,008 555	0,006 685	0,005 632	0,004 758	0,004 192	I
	2 067	3 495	7 470	12 931	21 187	29 762	41 667	53 571	II
	1 551	2 621	5 597	9 690	15 890	22 381	31 250	40 179	III
0,380	0,021 887	0,016 833	0,011 522	0,008 755	0,006 842	0,005 760	0,004 863	0,004 289	I
	2 095	3 542	7 570	13 106	21 469	30 159	42 222	54 285	II
	1 572	2 655	5 672	9 819	16 102	22 679	31 667	40 714	III
0,385	0,022 392	0,017 226	0,011 808	0,008 957	0,007 001	0,005 891	0,004 977	0,004 388	I
	2 122	3 588	7 669	13 276	21 751	30 556	42 778	55 000	II
	1 592	2 690	5 747	9 948	16 314	22 978	32 083	41 250	III
0,390	0,022 906	0,017 622	0,012 058	0,009 195	0,007 160	0,006 028	0,005 091	0,004 494	I
	2 150	3 638	7 769	13 448	22 034	30 952	43 333	55 714	II
	1 613	2 725	5 821	10 077	16 526	23 276	32 500	41 786	III
0,395	0,023 417	0,018 012	0,012 329	0,009 364	0,007 321	0,006 160	0,005 207	0,004 594	I
	2 178	3 681	7 869	13 621	22 316	31 349	43 889	56 428	II
	1 634	2 760	5 896	10 206	16 738	23 575	32 917	42 321	III
0,400	0,023 942	0,018 416	0,012 603	0,009 578	0,007 484	0,006 302	0,005 323	0,004 695	I
	2 205	3 728	7 968	13 793	22 599	31 746	44 444	57 142	II
	1 654	2 795	5 970	10 336	16 950	23 873	33 333	42 857	III

Tabellen zur Bestimmung der Geschwindigkeits- und Widerstands-

Geschwindigkeit des Wassers in Metern	Werthe des Ausdruckes $\frac{v^2}{2g} \cdot \Sigma\zeta$ für $\Sigma\zeta =$									
v	0,5	1	1,5	2	2,5	3	3,5	4	4,5	5
0,405	0,004 179	0,008 357	0,012 536	0,016 714	0,020 893	0,025 071	0,029 250	0,033 428	0,037 607	0,041 78
0,410	0,004 283	0,008 565	0,012 848	0,017 130	0,021 413	0,025 695	0,029 978	0,034 260	0,038 543	0,042 82
0,415	0,004 388	0,008 775	0,013 163	0,017 550	0,021 938	0,026 325	0,030 763	0,035 100	0,039 488	0,043 87
0,420	0,004 494	0,008 988	0,013 482	0,017 976	0,022 470	0,026 964	0,031 458	0,035 952	0,040 446	0,044 94
0,425	0,004 602	0,009 203	0,013 805	0,018 406	0,023 007	0,027 609	0,032 211	0,036 812	0,041 414	0,046 01
0,430	0,004 711	0,009 420	0,014 131	0,018 842	0,023 552	0,028 263	0,032 974	0,037 684	0,042 394	0,047 10
0,435	0,004 821	0,009 641	0,014 462	0,019 282	0,024 103	0,028 923	0,033 744	0,038 564	0,043 385	0,048 20
0,440	0,004 932	0,009 864	0,014 796	0,019 728	0,024 660	0,029 592	0,034 524	0,039 456	0,044 388	0,049 32
0,445	0,005 045	0,010 089	0,015 134	0,020 178	0,025 223	0,030 267	0,035 312	0,040 356	0,045 401	0,050 44
0,450	0,005 159	0,010 317	0,015 476	0,020 634	0,025 793	0,030 951	0,036 110	0,041 268	0,046 427	0,051 58
0,455	0,005 274	0,010 548	0,015 822	0,021 096	0,026 370	0,031 644	0,036 918	0,042 192	0,047 466	0,052 74
0,460	0,005 391	0,010 781	0,016 172	0,021 562	0,026 953	0,032 343	0,037 734	0,043 124	0,048 515	0,053 90
0,465	0,005 509	0,011 017	0,016 526	0,022 034	0,027 543	0,033 051	0,038 560	0,044 068	0,049 577	0,055 08
0,470	0,005 628	0,011 255	0,016 883	0,022 510	0,028 138	0,033 765	0,039 393	0,045 020	0,050 648	0,056 27
0,475	0,005 748	0,011 496	0,017 244	0,022 992	0,028 740	0,034 488	0,040 236	0,015 984	0,051 732	0,057 48
0,480	0,005 870	0,011 739	0,017 609	0,023 478	0,029 348	0,035 217	0,041 087	0,046 956	0,052 826	0,058 69
0,485	0,005 993	0,011 985	0,017 978	0,023 970	0,029 963	0,035 955	0,041 948	0,047 940	0,053 933	0,059 92
0,490	0,006 117	0,012 233	0,018 350	0,024 466	0,030 582	0,036 699	0,042 816	0,048 932	0,055 048	0,061 16
0,495	0,006 242	0,012 484	0,018 726	0,024 968	0,031 210	0,037 452	0,043 694	0,049 936	0,056 178	0,062 42
0,500	0,006 369	0,012 738	0,019 107	0,025 476	0,031 845	0,038 214	0,044 583	0,050 952	0,057 321	0,063 69

höhen und der möglichen stündlich zu fördernden Wärmemenge.

Geschwindigkeit des Wassers in Metern	Werthe des Ausdruckes $\frac{v^2}{2g}\frac{\varrho}{d}$ . . . . Mögliche stündlich zu fördernde Wärmemenge bei einer Temperaturdifferenz des Wassers } von 20° / » 15° — für eine Rohrweite (in Metern) von:								I / II / III
v	**0,010**	**0,013**	**0,019**	**0,025**	**0,032**	**0,038**	**0,045**	**0,051**	
0,405	0,024 461	0,018 639	0,012 878	0,009 786	0,007 646	0,006 435	0,005 432	0,004 797	I
	2 233	3 775	8 068	13 966	22 881	32 143	45 000	57 857	II
	1 675	2 830	6 045	10 465	17 161	24 171	33 750	43 393	III
0,410	0,024 993	0,019 228	0,013 155	0,009 995	0,007 811	0,006 578	0,005 550	0,004 899	I
	2 260	3 821	8 167	14 138	23 164	32 540	45 556	58 571	II
	1 696	2 865	6 120	10 594	17 373	24 470	34 167	43 929	III
0,415	0,025 527	0,019 638	0,013 435	0,010 214	0,007 977	0,006 722	0,005 668	0,005 002	I
	2 288	3 868	8 267	14 310	23 446	32 937	46 111	59 285	II
	1 716	2 900	6 194	10 724	17 585	24 768	34 583	44 464	III
0,420	0,026 066	0,020 052	0,013 716	0,010 426	0,008 143	0,006 858	0,005 788	0,005 114	I
	2 315	3 914	8 366	14 483	23 729	33 333	46 667	60 000	II
	1 737	2 935	6 269	10 853	17 797	25 067	35 000	45 000	III
0,425	0,026 615	0,020 477	0,014 007	0,010 648	0,003 320	0,007 004	0,005 918	0,005 218	I
	2 343	3 961	8 466	14 655	24 011	33 730	47 222	60 714	II
	1 758	2 970	6 344	10 982	18 009	25 365	35 417	45 536	III
0,430	0,027 161	0,020 896	0,014 292	0,010 862	0,008 488	0,007 151	0,006 039	0,005 323	I
	2 370	4 008	8 566	14 828	24 294	34 127	47 778	61 428	II
	1 778	3 005	6 418	11 111	18 221	25 664	35 833	46 071	III
0,435	0,027 718	0,021 326	0,014 587	0,011 087	0,008 658	0,007 298	0,006 161	0,005 437	I
	2 398	4 054	8 665	15 000	24 576	34 524	48 333	62 142	II
	1 799	3 040	6 493	11 240	18 433	25 962	36 250	46 607	III
0,440	0,028 280	0,021 750	0,014 884	0,011 314	0,008 839	0,007 438	0,006 283	0,005 543	I
	2 426	4 101	8 765	15 172	24 859	34 921	48 889	62 857	II
	1 820	3 075	6 567	11 370	18 645	26 260	36 667	47 443	III
0,445	0,028 845	0,021 185	0,015 184	0,011 541	0,009 009	0,007 587	0,006 406	0,005 660	I
	2 453	4 147	8 865	15 345	25 141	35 318	49 444	63 571	II
	1 840	3 110	6 642	11 499	18 856	26 559	37 083	47 679	III
0,450	0,029 414	0,022 625	0,015 486	0,011 761	0,009 193	0,007 738	0,006 541	0,005 767	I
	2 481	4 194	8 964	15 517	25 424	35 714	50 000	64 285	II
	1 861	3 145	6 717	11 628	19 068	26 857	37 500	48 214	III
0,455	0,030 030	0,023 100	0,015 801	0,012 014	0,009 387	0,007 901	0,006 667	0,005 886	I
	2 508	4 240	9 064	15 690	25 706	36 111	50 556	65 000	II
	1 882	3 180	6 791	11 757	19 280	27 156	37 917	48 750	III
0,460	0,030 564	0,023 513	0,015 977	0,012 225	0,009 552	0,008 043	0,006 792	0,005 995	I
	2 536	4 287	9 163	15 862	25 989	36 508	51 111	65 714	II
	1 902	3 214	6 866	11 886	19 492	27 454	38 333	49 286	III
0,465	0,031 156	0,023 962	0,016 394	0,012 460	0,009 739	0,008 197	0,006 919	0,006 103	I
	2 563	4 337	9 263	16 035	26 271	36 905	51 667	66 428	II
	1 923	3 249	6 941	12 016	19 704	27 752	38 750	49 821	III
0,470	0,031 739	0,024 424	0,016 702	0,012 695	0,009 927	0,008 351	0,007 057	0,006 225	I
	2 591	4 380	9 363	16 207	26 554	37 302	52 222	67 142	II
	1 944	3 284	7 015	12 145	19 916	28 051	39 167	50 357	III
0,475	0,032 338	0,024 878	0,017 026	0,012 933	0,010 105	0,008 507	0,007 185	0,006 346	I
	2 618	4 427	9 462	16 379	26 836	37 698	52 778	67 857	II
	1 964	3 319	7 090	12 274	20 128	28 349	39 583	50 893	III
0,480	0,032 940	0,025 333	0,017 339	0,013 171	0,010 296	0,008 676	0,007 325	0,006 457	I
	2 646	4 473	9 562	16 552	27 119	38 095	53 333	68 571	II
	1 985	3 354	7 164	12 403	20 340	28 648	40 000	51 429	III
0,485	0,033 546	0,025 804	0,017 654	0,013 423	0,010 475	0,008 833	0,007 455	0,006 580	I
	2 674	4 520	9 661	16 724	27 401	38 492	53 889	69 285	II
	2 006	3 389	7 239	12 532	20 551	28 946	40 417	51 964	III
0,490	0,034 154	0,026 277	0,017 970	0,013 664	0,010 680	0,008 991	0,007 584	0,006 692	I
	2 701	4 567	9 761	16 897	27 684	38 889	54 444	70 000	II
	2 026	3 424	7 314	12 662	20 763	29 254	40 833	52 500	III
0,495	0,034 768	0,026 740	0,018 302	0,013 907	0,010 873	0,009 150	0,007 727	0,006 816	I
	2 788	4 613	9 861	17 069	27 966	39 286	55 000	70 714	II
	2 047	3 459	7 388	12 791	20 975	29 543	41 250	53 036	III
0,500	0,035 386	0,027 221	0,018 623	0,014 152	0,011 056	0,009 311	0,007 860	0,006 942	I
	2 756	4 660	9 960	17 241	28 249	39 683	55 556	71 428	II
	2 068	3 494	7 463	12 920	21 187	29 841	41 667	53 571	III

Tabellen zur Bestimmung der Geschwindigkeits- und Widerstands-

Geschwindigkeit des Wassers in Metern	Werthe des Ausdruckes $\frac{v^2}{2g} \cdot \Sigma\zeta$ für $\Sigma\zeta =$									
v	0,5	1	1,5	2	2,5	3	3,5	4	4,5	5
0,505	0,006 497	0,012 994	0,019 491	0,025 988	0,032 485	0,038 982	0,045 479	0,051 977	0,058 473	0,064 970
0,510	0,006 626	0,013 253	0,019 878	0,026 504	0,033 130	0,039 756	0,046 382	0,053 008	0,059 634	0,066 261
0,515	0,006 757	0,013 513	0,020 270	0,027 026	0,033 783	0,040 539	0,047 296	0,054 052	0,060 809	0,067 565
0,520	0,006 889	0,013 777	0,020 666	0,027 554	0,034 443	0,041 331	0,048 220	0,055 108	0,061 997	0,068 885
0,525	0,007 022	0,014 043	0,021 065	0,028 086	0,035 108	0,042 129	0,049 151	0,056 172	0,063 194	0,070 215
0,530	0,007 156	0,014 312	0,021 468	0,028 624	0,035 780	0,042 936	0,050 092	0,057 248	0,064 404	0,071 500
0,535	0,007 292	0,014 583	0,021 875	0,029 166	0,036 458	0,043 749	0,051 040	0,058 332	0,065 624	0,072 915
0,540	0,007 429	0,014 857	0,022 286	0,029 714	0,037 143	0,044 571	0,052 100	0,059 428	0,066 857	0,074 285
0,545	0,007 567	0,015 133	0,022 700	0,030 266	0,037 833	0,045 399	0,052 966	0,060 532	0,068 099	0,075 665
0,550	0,007 706	0,015 412	0,023 118	0,030 824	0,038 530	0,046 236	0,053 942	0,061 648	0,069 354	0,077 060
0,555	0,007 847	0,015 694	0,023 540	0,031 388	0,039 235	0,047 082	0,054 929	0,062 776	0,070 623	0,078 470
0,560	0,007 989	0,015 978	0,023 967	0,031 956	0,039 945	0,047 934	0,055 923	0,063 912	0,071 901	0,079 890
0,565	0,008 132	0,016 264	0,024 396	0,032 528	0,040 660	0,048 792	0,056 924	0,065 056	0,073 188	0,081 320
0,570	0,008 277	0,016 554	0,024 831	0,033 108	0,041 385	0,049 662	0,057 939	0,066 216	0,074 493	0,082 770
0,575	0,008 423	0,016 845	0,025 268	0,033 690	0,042 113	0,050 535	0,058 956	0,067 380	0,075 803	0,084 225
0,580	0,008 570	0,017 139	0,025 708	0,034 278	0,042 848	0,051 417	0,059 987	0,068 556	0,077 126	0,085 695
0,585	0,008 718	0,017 436	0,026 154	0,034 872	0,043 590	0,052 308	0,061 026	0,069 744	0,078 462	0,087 180
0,590	0,008 868	0,017 736	0,026 604	0,035 472	0,044 340	0,053 208	0,062 076	0,070 944	0,079 812	0,088 680
0,595	0,009 019	0,018 038	0,027 058	0,036 076	0,045 095	0,054 116	0,063 131	0,072 152	0,081 171	0,090 190
0,600	0,009 171	0,018 342	0,027 513	0,036 684	0,045 855	0,055 026	0,064 197	0,073 368	0,082 539	0,091 710

höhen und der möglichen stündlich zu fördernden Wärmemenge.

Geschwindigkeit des Wassers in Metern	Werthe des Ausdruckes $\frac{v^2}{2g}\frac{\varrho}{d}$ . . . . Mögliche stündlich zu fördernde Wärmemenge bei einer Temperaturdifferenz des Wassers } von 20° / » 15° für eine Rohrweite (in Metern) von:								I / II / III
v	0,010	0,013	0,019	0,025	0,032	0,038	0,045	0,051	
0,505	0,035 990	0,027 690	0,018 950	0,014 400	0,011 250	0,009 470	0,008 000	0,007 060	I
	2 784	4 706	10 060	17 414	28 531	40 079	56 112	72 143	II
	2 089	3 529	7 538	13 049	21 399	30 140	42 083	54 107	III
0,510	0,036 640	0,028 190	0,019 280	0,014 660	0,011 450	0,009 640	0,008 140	0,007 190	I
	2 812	4 753	10 159	17 586	28 814	40 476	56 667	72 858	II
	2 109	3 564	7 612	13 178	21 611	30 438	42 500	54 643	III
0,515	0,037 270	0,028 670	0,019 610	0,014 910	0,011 650	0,009 800	0,008 280	0,007 310	I
	2 839	4 800	10 259	17 759	29 096	40 873	57 223	73 572	II
	2 130	3 599	7 687	13 308	21 823	30 737	42 917	55 179	III
0,520	0,037 910	0,029 230	0,019 990	0,015 190	0,011 850	0,009 980	0,008 430	0,007 430	I
	2 867	4 846	10 359	17 931	29 339	41 270	57 778	74 286	II
	2 151	3 634	7 762	13 437	22 034	31 035	43 333	55 714	III
0,525	0,038 550	0,029 650	0,020 290	0,015 420	0,012 050	0,010 140	0,008 570	0,007 560	I
	2 894	4 893	10 458	18 104	29 661	41 667	58 334	75 000	II
	2 171	3 669	7 836	13 566	22 246	31 333	43 750	56 250	III
0,530	0,039 200	0,030 150	0,020 630	0,015 680	0,012 250	0,010 320	0,008 710	0,007 690	I
	2 922	4 939	10 558	18 276	29 944	42 063	58 889	75 715	II
	2 192	3 704	7 911	13 695	22 458	31 632	44 167	56 786	III
0,535	0,039 850	0,030 650	0,020 970	0,015 940	0,012 480	0,010 490	0,008 850	0,007 813	I
	2 950	4 986	10 657	18 448	30 226	42 460	59 445	76 429	II
	2 213	3 739	7 985	13 824	22 670	31 930	44 583	57 322	III
0,540	0,040 520	0,031 170	0,021 320	0,016 220	0,012 670	0,010 670	0,009 010	0,007 951	I
	2 977	5 033	10 757	18 621	30 509	42 857	60 000	77 143	II
	2 233	3 774	8 060	13 954	22 882	32 229	45 000	57 857	III
0,545	0,041 170	0,031 670	0,021 670	0,016 470	0,012 870	0,010 840	0,009 140	0,008 072	I
	3 004	5 079	10 857	18 793	30 791	43 254	60 556	77 858	II
	2 254	3 808	8 135	14 093	23 094	32 527	45 417	58 393	III
0,550	0,041 840	0,032 180	0,022 070	0,016 740	0,013 070	0,011 010	0,009 290	0,008 204	I
	3 032	5 126	10 956	18 966	31 074	43 651	61 112	78 572	II
	2 275	3 843	8 209	14 212	23 306	32 825	45 833	58 929	III
0,555	0,042 520	0,032 710	0,022 380	0,017 010	0,013 290	0,011 190	0,009 440	0,008 338	I
	3 060	5 172	10 056	19 138	31 356	44 048	61 167	79 286	II
	2 295	3 878	8 284	14 341	23 518	33 124	46 250	59 464	III
0,560	0,043 210	0,033 240	0,022 740	0,017 280	0,013 500	0,011 350	0,009 600	0,008 473	I
	3 087	5 219	11 155	19 310	31 638	44 444	62 223	80 000	II
	2 316	3 913	8 359	14 470	23 729	33 422	46 667	60 000	III
0,565	0,043 870	0,033 750	0,023 090	0,017 550	0,013 710	0,011 550	0,009 750	0,008 602	I
	3 115	5 266	11 255	19 483	31 921	44 841	62 778	80 715	II
	2 337	3 948	8 433	14 600	23 941	33 721	47 083	60 536	III
0,570	0,044 570	0,034 280	0,023 450	0,017 830	0,013 930	0,011 730	0,009 900	0,008 738	I
	3 142	5 312	11 355	19 655	32 203	45 238	63 334	81 429	II
	2 357	3 983	8 508	14 729	24 153	34 019	47 500	61 072	III
0,575	0,045 280	0,034 830	0,023 820	0,018 110	0,014 150	0,011 910	0,010 060	0,008 873	I
	3 170	5 359	11 454	19 828	32 486	45 635	63 889	82 143	II
	2 378	4 018	8 582	14 858	24 365	34 317	47 917	61 607	III
0,580	0,045 970	0,035 360	0,024 190	0,018 390	0,014 370	0,012 100	0,010 220	0,009 014	I
	3 197	5 404	11 554	20 000	32 768	46 032	64 445	82 858	II
	2 399	4 053	8 657	14 987	24 577	34 616	48 333	62 143	III
0,585	0,046 690	0,035 910	0,024 570	0,018 670	0,014 570	0,012 290	0,010 380	0,009 154	I
	3 225	5 452	11 653	20 172	33 051	46 429	65 001	83 572	II
	2 419	4 088	8 732	15 116	24 789	34 914	48 750	62 679	III
0,590	0,047 380	0,036 450	0,024 940	0,018 950	0,014 810	0,012 470	0,010 530	0,009 290	I
	3 253	5 499	11 753	20 345	33 333	46 825	65 556	84 286	II
	2 440	4 123	8 806	15 246	25 000	35 213	49 167	63 214	III
0,595	0,048 080	0,036 990	0,025 310	0,019 230	0,015 040	0,012 650	0,010 680	0,009 428	I
	3 280	5 545	11 853	20 517	33 616	47 222	66 112	85 001	II
	2 461	4 158	8 881	15 375	25 213	35 511	49 583	63 750	III
0,600	0,048 800	0,037 540	0,025 680	0,019 520	0,015 250	0,012 840	0,010 840	0,009 568	I
	3 308	5 592	11 952	20 690	33 898	47 619	66 667	85 715	II
	2 481	4 193	8 956	15 504	25 424	35 810	50 000	64 286	III

Tabellen zur Bestimmung der Geschwindigkeits- und Widerstands-

Geschwindigkeit des Wassers in Metern	Werthe des Ausdruckes $\frac{v^2}{2g} \cdot \Sigma\zeta$ für $\Sigma\zeta =$									
v	0,5	1	1,5	2	2,5	3	3,5	4	4,5	5
0,010	0,000 003	0,000 005	0,000 008	0,000 010	0,000 013	0,000 015	0,000 018	0,000 020	0,000 023	0,000 025
0,015	0,000 006	0,000 011	0,000 017	0,000 022	0,000 028	0,000 033	0,000 039	0,000 044	0,000 050	0,000 055
0,020	0,000 010	0,000 020	0,000 030	0,000 040	0,000 050	0,000 060	0,000 070	0,000 080	0,000 090	0,000 100
0,025	0,000 016	0,000 031	0,000 047	0,000 062	0,000 078	0,000 093	0,000 109	0,000 124	0,000 140	0,000 155
0,030	0,000 023	0,000 045	0,000 068	0,000 090	0,000 113	0,000 135	0,000 158	0,000 180	0,000 203	0,000 225
0,035	0,000 031	0,000 062	0,000 093	0,000 124	0,000 155	0,000 186	0,000 217	0,000 248	0,000 279	0,000 310
0,040	0,000 041	0,000 081	0,000 122	0,000 162	0,000 203	0,000 243	0,000 284	0,000 324	0,000 365	0,000 405
0,045	0,000 052	0,000 103	0,000 155	0,000 206	0,000 258	0,000 309	0,000 361	0,000 412	0,000 464	0,000 515
0,050	0,000 064	0,000 127	0,000 191	0,000 254	0,000 318	0,000 381	0,000 445	0,000 508	0,000 572	0,000 636
0,055	0,000 077	0,000 154	0,000 231	0,000 308	0,000 385	0,000 462	0,000 539	0,000 616	0,000 694	0,000 771
0,060	0,000 092	0,000 183	0,000 275	0,000 366	0,000 458	0,000 549	0,000 641	0,000 732	0,000 824	0,000 915
0,065	0,000 108	0,000 215	0,000 323	0,000 430	0,000 538	0,000 645	0,000 753	0,000 860	0,000 968	0,001 075
0,070	0,000 125	0,000 249	0,000 374	0,000 498	0,000 623	0,000 747	0,000 872	0,000 996	0,001 121	0,001 245
0,075	0,000 143	0,000 286	0,000 429	0,000 572	0,000 715	0,000 858	0,001 001	0,001 144	0,001 287	0,001 430
0,080	0,000 163	0,000 326	0,000 489	0,000 652	0,000 816	0,000 979	0,001 143	0,001 306	0,001 470	0,001 633
0,085	0,000 184	0,000 368	0,000 552	0,000 736	0,000 920	0,001 104	0,001 288	0,001 472	0,001 656	0,001 840
0,090	0,000 206	0,000 412	0,000 618	0,000 824	0,001 030	0,001 236	0,001 442	0,001 648	0,001 854	0,002 060
0,095	0,000 230	0,000 459	0,000 689	0,000 918	0,001 148	0,001 377	0,001 607	0,001 836	0,002 066	0,002 295
0,100	0,000 255	0,000 509	0,000 764	0,001 018	0,001 273	0,001 527	0,001 782	0,002 036	0,002 291	0,002 545

höhen und der möglichen stündlich zu fördernden Wärmemenge.

Werthe des Ausdruckes $\frac{v^2}{2g}\frac{\varrho}{d}$ I

Mögliche stündlich zu fördernde Wärmemenge bei einer Temperaturdifferenz des Wassers von 20° . . . II
» 15° . . . III

für eine Rohrweite (in Metern) von:

Geschwindigkeit des Wassers in Metern v	0,057	0,063	0,069	0,075	0,082	0,088	0,094	0,100	
0,010	0,000 010	0,000 009	0,000 008	0,000 007	0,000 007	0,000 006	0,000 006	0,000 005	I
	1 786	2 174	2 632	3 106	3 704	4 274	4 878	5 525	II
	1 339	1 630	1 974	2 326	2 778	3 205	3 659	4 144	III
0,015	0,000 018	0,000 016	0,000 015	0,000 013	0,000 012	0,000 011	0,000 011	0,000 010	I
	2 679	3 261	3 947	4 658	5 556	6 410	7 317	8 287	II
	2 009	2 446	2 961	3 488	4 166	4 808	5 488	6 215	III
0,020	0,000 028	0,000 026	0,000 024	0,000 022	0,000 020	0,000 018	0,000 017	0,000 016	I
	3 571	4 348	5 263	6 211	7 407	8 547	9 756	11 050	II
	2 679	3 261	3 947	4 651	5 556	6 410	7 317	8 287	III
0,025	0,000 041	0,000 037	0,000 034	0,000 031	0,000 028	0,000 026	0,000 024	0,000 023	I
	4 464	5 435	6 579	7 764	9 259	10 684	12 195	13 812	II
	3 348	4 076	4 934	5 814	6 944	8 013	9 146	10 359	III
0,030	0,000 054	0,000 050	0,000 045	0,000 041	0,000 038	0,000 035	0,000 033	0,000 031	I
	5 357	6 522	7 895	9 317	11 111	12 821	14 634	16 575	II
	4 018	4 891	5 921	6 977	8 333	9 615	10 976	12 431	III
0,035	0,000 068	0,000 062	0,000 058	0,000 054	0,000 049	0,000 046	0,000 043	0,000 040	I
	6 250	7 609	9 211	10 870	12 963	14 957	17 073	19 337	II
	4 687	5 707	6 908	8 140	9 722	11 218	12 805	14 503	III
0,040	0,000 089	0,000 079	0,000 072	0,000 066	0,000 061	0,000 057	0,000 053	0,000 050	I
	7 143	8 696	10 526	12 422	14 815	17 094	19 512	22 099	II
	5 357	6 522	7 895	9 302	11 111	12 820	14 634	16 575	III
0,045	0,000 107	0,000 097	0,000 089	0,000 082	0,000 074	0,000 069	0,000 065	0,000 061	I
	8 036	9 783	11 842	13 975	16 667	19 234	21 951	24 862	II
	6 027	7 337	8 882	10 465	12 500	14 423	16 463	18 646	III
0,050	0,000 127	0,000 116	0,000 104	0,000 097	0,000 088	0,000 082	0,000 077	0,000 073	I
	8 929	10 870	13 158	15 528	18 519	21 368	24 390	27 624	II
	6 696	8 152	9 868	11 628	13 888	16 026	18 293	20 718	III
0,055	0,000 148	0,000 134	0,000 122	0,000 113	0,000 104	0,000 096	0,000 090	0,000 085	I
	9 821	11 957	14 474	17 081	20 370	23 504	26 829	30 387	II
	7 366	8 967	10 855	12 791	15 277	17 628	20 122	22 790	III
0,060	0,000 170	0,000 154	0,000 141	0,000 130	0,000 119	0,000 110	0,000 103	0,000 098	I
	10 714	13 044	15 789	18 634	22 222	25 641	29 268	33 149	II
	8 036	9 783	11 842	13 953	16 667	19 231	21 951	24 862	III
0,065	0,000 194	0,000 177	0,000 162	0,000 148	0,000 135	0,000 127	0,000 118	0,000 111	I
	11 607	14 130	17 105	20 186	24 074	27 778	31 707	35 912	II
	8 705	10 598	12 829	15 116	18 056	20 833	23 781	26 934	III
0,070	0,000 219	0,000 200	0,000 181	0,000 166	0,000 152	0,000 142	0,000 132	0,000 125	I
	12 500	15 217	18 421	21 739	25 926	29 915	34 146	38 674	II
	9 375	11 413	13 816	16 279	19 444	22 436	25 610	29 005	III
0,075	0,000 245	0,000 224	0,000 203	0,000 186	0,000 171	0,000 160	0,000 149	0,000 140	I
	13 393	16 304	19 737	23 292	27 778	32 051	36 585	41 436	II
	10 045	12 228	14 803	17 442	20 833	24 038	27 439	31 077	III
0,080	0,000 274	0,000 247	0,000 225	0,000 209	0,000 189	0,000 176	0,000 167	0,000 156	I
	14 286	17 391	21 053	24 845	29 630	34 188	39 024	44 199	II
	10 714	13 044	15 789	18 605	22 222	25 641	29 268	33 149	III
0,085	0,000 301	0,000 272	0,000 250	0,000 228	0,000 210	0,000 195	0,000 185	0,000 172	I
	15 179	18 478	22 368	26 398	31 481	36 325	41 463	46 961	II
	11 384	13 859	16 776	19 767	23 611	27 244	31 098	35 221	III
0,090	0,000 329	0,000 299	0,000 276	0,000 251	0,000 231	0,000 215	0,000 201	0,000 189	I
	16 071	19 565	23 684	27 950	33 333	38 462	43 902	49 724	II
	12 054	14 674	17 763	20 930	25 000	28 846	32 927	37 293	III
0,095	0,000 362	0,000 327	0,000 298	0,000 276	0,000 253	0,000 235	0,000 220	0,000 207	I
	16 964	20 652	25 000	29 503	35 185	40 598	46 341	52 486	II
	12 723	15 489	18 750	22 093	26 389	30 449	34 756	39 365	III
0,100	0,000 397	0,000 357	0,000 326	0,000 300	0,000 275	0,000 255	0,000 239	0,000 226	I
	17 857	21 739	26 316	31 056	37 037	42 735	48 780	55 249	II
	13 393	16 304	19 737	23 256	27 778	32 051	36 585	41 436	III

7

Geschwindigkeit des Wassers in Metern	Werthe des Ausdruckes $\frac{v^2}{2g} \cdot \Sigma\zeta$ für $\Sigma\zeta =$									
v	0,5	1	1,5	2	2,5	3	3,5	4	4,5	5
0,105	0,000 281	0,000 561	0,000 842	0,001 122	0,001 403	0,001 683	0,001 964	0,002 244	0,002 525	0,002 805
0,110	0,000 308	0,000 616	0,000 924	0,001 232	0,001 540	0,001 848	0,002 156	0,002 464	0,002 772	0,003 080
0,115	0,000 337	0,000 673	0,001 010	0,001 346	0,001 683	0,002 019	0,002 356	0,002 692	0,003 029	0,003 365
0,120	0,000 367	0,000 733	0,001 100	0,001 466	0,001 833	0,002 199	0,002 566	0,002 932	0,003 299	0,003 665
0,125	0,000 398	0,000 796	0,001 194	0,001 592	0,001 990	0,002 388	0,002 786	0,003 184	0,003 582	0,003 980
0,130	0,000 431	0,000 861	0,001 292	0,001 722	0,002 153	0,002 583	0,003 014	0,003 444	0,003 875	0,004 305
0,135	0,000 464	0,000 928	0,001 392	0,001 856	0,002 320	0,002 784	0,003 248	0,003 712	0,004 176	0,004 640
0,140	0,000 500	0,000 999	0,001 499	0,001 998	0,002 498	0,002 997	0,003 497	0,003 996	0,004 496	0,004 995
0,145	0,000 536	0,001 071	0,001 607	0,002 142	0,002 678	0,003 213	0,003 749	0,004 284	0,004 820	0,005 355
0,150	0,000 573	0,001 146	0,001 719	0,002 292	0,002 865	0,003 438	0,004 011	0,004 584	0,005 157	0,005 730
0,155	0,000 612	0,001 224	0,001 836	0,002 448	0,003 060	0,003 672	0,004 284	0,004 896	0,005 508	0,006 120
0,160	0,000 652	0,001 304	0,001 956	0,002 608	0,003 260	0,003 912	0,004 564	0,005 216	0,005 868	0,006 520
0,165	0,000 694	0,001 387	0,002 081	0,002 774	0,003 468	0,004 161	0,004 855	0,005 548	0,006 242	0,006 935
0,170	0,000 736	0,001 472	0,002 208	0,002 944	0,003 680	0,004 416	0,005 152	0,005 888	0,006 624	0,007 360
0,175	0,000 780	0,001 560	0,002 340	0,003 120	0,003 900	0,004 680	0,005 460	0,006 240	0,007 020	0,007 800
0,180	0,000 825	0,001 650	0,002 475	0,003 300	0,004 125	0,004 950	0,005 775	0,006 600	0,007 425	0,008 250
0,185	0,000 872	0,001 744	0,002 616	0,003 488	0,004 360	0,005 232	0,006 104	0,006 976	0,007 848	0,008 720
0,190	0,000 920	0,001 839	0,002 759	0,003 678	0,004 598	0,005 517	0,006 437	0,007 356	0,008 276	0,009 195
0,195	0,000 969	0,001 937	0,002 906	0,003 874	0,004 843	0,005 811	0,006 780	0,007 748	0,008 717	0,009 685
0,200	0,001 019	0,002 038	0,003 057	0,004 076	0,005 095	0,006 114	0,007 133	0,008 152	0,009 171	0,010 190

höhen und der möglichen stündlich zu fördernden Wärmemenge.

Geschwindigkeit des Wassers in Metern	Werthe des Ausdruckes $\frac{v^2}{2g}\frac{\varrho}{d}$ … I; Mögliche stündlich zu fördernde Wärmemenge bei einer Temperaturdifferenz des Wassers von 20° II, » 15° III, für eine Rohrweite (in Metern) von:								
v	0,057	0,063	0,069	0,075	0,082	0,088	0,094	0,100	
0,105	0,000 432	0,000 387	0,000 354	0,000 325	0,000 297	0,000 281	0,000 258	0,000 245	I
	18 750	22 826	27 632	32 559	38 889	44 872	51 219	58 011	II
	14 062	17 120	20 724	24 419	29 167	33 654	38 415	43 508	III
0,110	0,000 462	0,000 418	0,000 382	0,000 351	0,000 321	0,000 301	0,000 283	0,000 265	I
	19 643	23 913	28 947	34 162	40 741	47 019	53 658	60 773	II
	14 732	17 935	21 711	25 581	30 556	35 256	40 244	45 580	III
0,115	0,000 497	0,000 451	0,000 409	0,000 376	0,000 349	0,000 323	0,000 303	0,000 285	I
	20 536	25 000	30 263	35 714	42 593	49 145	56 097	63 536	II
	15 402	18 750	22 697	26 744	31 994	36 859	42 073	47 652	III
0,120	0,000 535	0,000 484	0,000 440	0,000 410	0,000 374	0,000 345	0,000 323	0,000 305	I
	21 429	26 087	31 579	37 267	44 444	51 282	58 536	66 298	II
	16 071	19 565	23 684	27 907	33 333	38 461	43 902	49 724	III
0,125	0,000 573	0,000 518	0,000 477	0,000 438	0,000 399	0,000 374	0,000 350	0,000 328	I
	22 321	27 174	32 895	38 820	46 296	53 419	60 976	69 061	II
	16 741	20 381	24 671	29 070	34 722	40 064	45 732	51 796	III
0,130	0,000 612	0,000 559	0,000 508	0,000 465	0,000 431	0,000 396	0,000 370	0,000 350	I
	23 214	28 261	34 211	40 373	48 148	55 556	63 315	71 823	II
	17 411	21 196	25 658	30 233	36 111	41 667	47 561	53 867	III
0,135	0,000 659	0,000 594	0,000 539	0,000 501	0,000 455	0,000 427	0,000 399	0,000 373	I
	24 107	29 348	35 526	41 926	50 000	57 692	65 853	74 586	II
	18 080	22 011	26 645	31 395	37 500	43 269	49 390	55 939	III
0,140	0,000 699	0,000 629	0,000 580	0,000 529	0,000 480	0,000 449	0,000 419	0,000 397	I
	25 000	30 435	36 842	43 478	51 852	59 829	68 293	77 348	II
	18 750	22 826	27 632	32 558	38 889	44 872	51 220	58 011	III
0,145	0,000 731	0,000 661	0,000 604	0,000 555	0,000 508	0,000 477	0,000 447	0,000 421	I
	25 893	31 522	38 158	45 031	53 704	61 966	70 732	80 110	II
	19 420	23 641	28 618	33 721	40 278	46 474	53 049	60 083	III
0,150	0,000 781	0,000 707	0,000 646	0,000 593	0,000 543	0,000 505	0,000 473	0,000 445	I
	26 786	32 609	39 474	46 584	55 556	64 103	73 171	82 873	II
	20 089	24 457	29 605	34 884	41 667	48 077	54 878	62 155	III
0,155	0,000 826	0,000 747	0,000 682	0,000 628	0,000 574	0,000 535	0,000 494	0,000 471	I
	27 679	33 696	40 789	48 137	57 407	66 239	75 610	85 635	II
	20 759	25 272	30 592	36 046	43 056	49 679	56 707	64 226	III
0,160	0,000 871	0,000 787	0,000 720	0,000 662	0,000 605	0,000 564	0,000 528	0,000 497	I
	28 571	34 783	42 105	49 690	59 259	68 376	78 049	88 398	II
	21 429	26 087	31 579	37 209	44 444	51 282	58 537	66 298	III
0,165	0,000 919	0,000 831	0,000 759	0,000 698	0,000 638	0,000 594	0,000 556	0,000 523	I
	29 464	35 870	43 421	51 242	61 111	70 513	80 488	91 160	II
	22 098	26 902	32 566	38 372	45 833	52 884	60 366	68 370	III
0,170	0,000 965	0,000 873	0,000 796	0,000 733	0,000 671	0,000 626	0,000 586	0,000 551	I
	30 357	36 957	44 737	52 795	62 963	72 650	82 927	93 923	II
	22 768	27 717	33 553	39 535	47 222	54 487	62 195	70 442	III
0,175	0,001 012	0,000 917	0,000 838	0,000 771	0,000 705	0,000 657	0,000 615	0,000 577	I
	31 250	38 044	46 053	54 348	64 815	74 786	85 366	96 685	II
	23 437	28 533	34 540	40 698	48 611	56 090	64 024	72 514	III
0,180	0,001 063	0,000 962	0,000 877	0,000 809	0,000 739	0,000 688	0,000 645	0,000 605	I
	32 143	39 131	47 368	55 901	66 667	76 923	87 805	99 447	II
	24 107	29 348	35 526	41 860	50 000	57 692	65 854	74 586	III
0,185	0,001 114	0,001 008	0,000 920	0,000 846	0,000 774	0,000 722	0,000 675	0,000 635	I
	33 036	40 218	48 684	57 454	68 518	79 060	90 244	102 210	II
	24 777	30 163	36 513	43 023	51 389	59 295	67 683	76 657	III
0,190	0,001 166	0,001 054	0,000 962	0,000 886	0,000 809	0,000 754	0,000 707	0,000 664	I
	33 929	41 304	50 000	59 006	70 370	81 197	92 683	104 972	II
	25 446	30 978	37 500	44 186	52 778	60 897	69 512	78 729	III
0,195	0,001 218	0,001 102	0,001 005	0,000 926	0,000 847	0,000 788	0,000 738	0,000 693	I
	34 821	42 391	51 316	60 559	72 222	83 333	95 122	107 735	II
	26 120	31 794	38 487	45 349	54 167	62 500	71 342	80 801	III
0,200	0,001 272	0,001 152	0,001 052	0,000 966	0,000 884	0,000 824	0,000 770	0,000 726	I
	35 714	43 478	52 632	62 112	74 074	85 470	97 561	110 497	II
	26 786	32 609	39 474	46 512	55 556	64 102	73 171	82 873	III

Tabellen zur Bestimmung der Geschwindigkeits- und Widerstands-

Geschwindigkeit des Wassers in Metern	Werthe des Ausdruckes $\frac{v^2}{2g} \cdot \Sigma\zeta$ für $\Sigma\zeta =$									
v	0,5	1	1,5	2	2,5	3	3,5	4	4,5	5
0,205	0,001 071	0,002 141	0,003 212	0,004 282	0,005 353	0,006 423	0,007 494	0,008 564	0,009 635	0,010 705
0,210	0,001 123	0,002 246	0,003 369	0,004 492	0,005 615	0,006 738	0,007 861	0,008 984	0,010 107	0,011 230
0,215	0,001 177	0,002 354	0,003 531	0,004 708	0,005 885	0,007 062	0,008 239	0,009 416	0,010 593	0,011 770
0,220	0,001 233	0,002 465	0,003 698	0,004 930	0,006 163	0,007 395	0,008 628	0,009 860	0,011 093	0,012 325
0,225	0,001 290	0,002 579	0,003 869	0,005 158	0,006 448	0,007 737	0,009 027	0,010 316	0,011 606	0,012 895
0,230	0,001 348	0,002 695	0,004 043	0,005 390	0,006 738	0,008 085	0,009 433	0,010 780	0,012 128	0,013 475
0,235	0,001 407	0,002 813	0,004 220	0,005 626	0,007 033	0,008 439	0,009 846	0,011 252	0,012 659	0,014 065
0,240	0,001 467	0,002 934	0,004 401	0,005 868	0,007 335	0,008 802	0,010 269	0,011 736	0,013 203	0,014 670
0,245	0,001 529	0,003 058	0,004 587	0,006 116	0,007 645	0,009 174	0,010 703	0,012 232	0,013 761	0,015 290
0,250	0,001 592	0,003 184	0,004 776	0,006 368	0,007 960	0,009 552	0,011 144	0,012 736	0,014 328	0,015 920
0,255	0,001 657	0,003 313	0,004 970	0,006 626	0,008 283	0,009 939	0,011 596	0,013 252	0,014 909	0,016 565
0,260	0,001 722	0,003 444	0,005 166	0,006 888	0,008 610	0,010 332	0,012 054	0,013 776	0,015 498	0,017 220
0,265	0,001 789	0,003 577	0,005 366	0,007 154	0,008 943	0,010 731	0,012 520	0,014 308	0,016 097	0,017 885
0,270	0,001 857	0,003 714	0,005 571	0,007 428	0,009 285	0,011 142	0,012 999	0,014 856	0,016 713	0,018 570
0,275	0,001 927	0,003 853	0,005 780	0,007 706	0,009 633	0,011 559	0,013 486	0,015 412	0,017 339	0,019 265
0,280	0,001 997	0,003 994	0,005 991	0,007 988	0,009 985	0,011 982	0,013 979	0,015 976	0,017 973	0,019 970
0,285	0,002 069	0,004 138	0,006 207	0,008 276	0,010 345	0,012 414	0,014 483	0,016 552	0,018 621	0,020 690
0,290	0,002 142	0,004 284	0,006 426	0,008 568	0,010 710	0,012 852	0,014 994	0,017 136	0,019 278	0,021 420
0,295	0,002 217	0,004 433	0,006 650	0,008 866	0,011 083	0,013 299	0,015 516	0,017 732	0,019 949	0,022 165
0,300	0,002 293	0,004 585	0,006 878	0,009 170	0,011 463	0,013 755	0,016 048	0,018 340	0,020 633	0,022 925

höhen und der möglichen stündlich zu fördernden Wärmemenge.

Geschwindigkeit des Wassers in Metern	Werthe des Ausdruckes $\frac{v^2}{2g}\frac{\varrho}{d}$ . . . . Mögliche stündlich zu fördernde Wärmemenge bei einer Temperaturdifferenz des Wassers { von 20° / » 15° für eine Rohrweite (in Metern) von:								I II III
v	**0,057**	**0,063**	**0,069**	**0,075**	**0,082**	**0,088**	**0,094**	**0,100**	
0,205	0,001 327	0,001 199	0,001 096	0,001 008	0,000 923	0,000 859	0,000 807	0,000 756	I
	36 607	44 565	53 947	63 665	75 926	87 607	100 000	113 260	II
	27 455	33 424	40 461	47 674	56 944	65 705	75 000	84 945	III
0,210	0,001 382	0,001 251	0,001 141	0,001 049	0,000 962	0,000 894	0,000 837	0,000 788	I
	37 500	45 652	55 263	65 218	77 778	89 744	102 439	116 022	II
	28 125	34 239	41 447	48 837	58 333	67 308	76 829	87 016	III
0,215	0,001 438	0,001 302	0,001 189	0,001 116	0,001 000	0,000 932	0,000 871	0,000 819	I
	38 393	46 739	56 579	66 770	79 630	91 880	104 878	118 784	II
	28 795	35 054	42 434	50 000	59 722	68 910	78 659	89 088	III
0,220	0,001 496	0,001 353	0,001 235	0,001 136	0,001 040	0,000 969	0,000 907	0,000 853	I
	39 286	47 826	57 895	68 323	81 481	94 017	107 317	121 547	II
	29 464	35 870	43 421	51 163	61 111	70 513	80 488	91 160	III
0,225	0,001 556	0,001 407	0,001 286	0,001 183	0,001 082	0,001 007	0,000 944	0,000 888	I
	40 179	48 913	59 211	69 876	83 333	96 154	109 756	124 309	II
	30 134	36 685	44 408	52 326	62 500	72 115	82 317	93 232	III
0,230	0,001 614	0,001 461	0,001 334	0,001 226	0,001 121	0,001 046	0,000 978	0,000 919	I
	41 071	50 000	60 526	71 429	85 185	98 291	112 195	127 072	II
	30 803	37 500	45 395	53 488	63 889	73 718	84 146	95 304	III
0,235	0,001 674	0,001 516	0,001 384	0,001 271	0,001 164	0,001 086	0,001 015	0,000 953	I
	41 964	51 087	61 842	72 982	87 037	100 427	114 634	129 834	II
	31 473	38 315	46 382	54 651	65 278	75 320	85 976	97 376	III
0,240	0,001 737	0,001 570	0,001 435	0,001 321	0,001 206	0,001 124	0,001 053	0,000 989	I
	42 857	52 174	63 158	74 534	88 889	102 564	117 073	132 597	II
	32 143	39 131	47 368	55 814	66 667	76 923	87 805	99 447	III
0,245	0,001 798	0,001 627	0,001 487	0,001 367	0,001 250	0,001 165	0,001 092	0,001 024	I
	43 750	53 261	64 474	76 087	90 741	104 701	119 512	135 359	II
	32 812	39 916	48 355	56 977	68 056	78 525	89 634	101 519	III
0,250	0,001 863	0,001 684	0,001 538	0,001 414	0,001 293	0,001 207	0,001 130	0,001 061	I
	44 643	54 348	65 790	77 640	92 593	106 838	121 951	138 122	II
	33 482	40 761	49 342	58 140	69 444	80 128	91 464	103 591	III
0,255	0,001 928	0,001 742	0,001 620	0,001 465	0,001 339	0,001 249	0,001 170	0,001 100	I
	45 536	55 435	67 105	79 193	94 444	108 974	124 390	140 884	II
	34 152	31 576	50 329	59 302	70 833	81 731	93 293	105 663	III
0,260	0,001 990	0,001 801	0,001 645	0,001 515	0,001 384	0,001 292	0,001 209	0,001 137	I
	46 429	56 522	68 421	80 746	96 296	111 111	126 829	143 646	II
	34 821	42 391	51 316	60 465	72 222	83 333	95 122	107 735	III
0,265	0,002 087	0,001 861	0,001 699	0,001 563	0,001 431	0,001 334	0,001 248	0,001 174	I
	47 321	57 000	69 737	82 298	98 148	113 248	129 268	146 409	II
	35 491	43 207	52 303	61 628	73 611	84 936	96 951	109 806	III
0,270	0,002 124	0,001 924	0,001 757	0,001 616	0,001 479	0,001 378	0,001 289	0,001 210	I
	48 214	58 696	71 053	83 851	100 000	115 385	131 707	149 171	II
	36 161	44 022	53 290	62 791	75 000	86 538	98 781	111 878	III
0,275	0,002 192	0.001 984	0,001 810	0,001 668	0,001 526	0,001 422	0,001 329	0,001 252	I
	49 107	59 783	72 368	85 404	101 852	117 521	134 146	151 934	II
	36 830	44 837	54 276	63 953	76 389	88 141	100 610	113 950	III
0,280	0,002 260	0,002 048	0,001 869	0,001 717	0,001 573	0,001 466	0,001 374	0,001 290	I
	50 000	60 870	73 684	86 957	103 704	119 658	136 585	154 696	II
	37 500	45 652	55 263	65 116	77 778	89 743	102 439	116 022	III
0,285	0.002 333	0,002 113	0,001 929	0,001 771	0,001 622	0,001 511	0,001 415	0,001 328	I
	50 893	61 957	75 000	88 510	105 555	121 795	139 024	757 459	II
	38 170	46 468	56 250	66 279	79 167	91 346	104 268	118 094	III
0,290	0,002 403	0,002 178	0,001 983	0,001 825	0,001.671	0,001 555	0,001 456	0,001 370	I
	51 786	63 044	76 316	90 062	107 407	123 932	141 463	160 221	II
	38 839	47 283	57 237	67 442	80 556	92 948	106 098	120 166	III
0,295	0,002 473	0,002 242	0,002 043	0,001 880	0,001 720	0,001 604	0,001 503	0,001 410	I
	52 679	64 131	77 632	91 615	109 259	126 068	143 902	162 983	II
	39 509	48 098	58 224	68 605	81 945	94 551	107 927	122 237	III
0,300	0,002 549	0,002 308	0,002 104	0,001 935	0,001 770	0,001 650	0,001 545	0,001 453	I
	53 571	65 218	78 947	93 169	111 111	128 205	146 341	165 746	II
	40 178	48 913	59 211	69 767	83 333	96 154	109 756	124 309	III

Tabellen zur Bestimmung der Geschwindigkeits- und Widerstands-

Geschwindigkeit des Wassers in Metern	Werthe des Ausdruckes $\frac{v^2}{2g} \cdot \Sigma\zeta$ für $\Sigma\zeta =$									
v	0,5	1	1,5	2	2,5	3	3,5	4	4,5	5
0,305	0,002 370	0,004 739	0,007 109	0,009 478	0,011 848	0,014 217	0,016 587	0,018 956	0,021 326	0,023 69
0,310	0,002 448	0,004 896	0,007 344	0,009 792	0,012 240	0,014 688	0,017 136	0,019 584	0,022 032	0,024 48
0,315	0,002 528	0,005 055	0,007 583	0,010 110	0,012 638	0,015 165	0,017 693	0,020 220	0,022 748	0,025 27
0,320	0,002 609	0,005 217	0,007 826	0,010 434	0,013 043	0,015 651	0,018 260	0,020 868	0,023 477	0,026 08
0,325	0,002 691	0,005 381	0,008 072	0,010 762	0,013 453	0,016 143	0,018 834	0,021 524	0,024 215	0,026 90
0,330	0,002 774	0,005 548	0,008 322	0,011 096	0,013 870	0,016 644	0,019 418	0,022 192	0,024 966	0,027 74
0,335	0,002 859	0,005 717	0,008 576	0,011 434	0,014 293	0,017 151	0,020 010	0,022 868	0,025 727	0,028 58
0,340	0,002 945	0,005 889	0,008 834	0,011 778	0,014 723	0,017 667	0,020 612	0,023 556	0,026 501	0,029 44
0,345	0,003 032	0,006 064	0,009 096	0,012 128	0,015 160	0,018 192	0,021 224	0,024 256	0,027 288	0,030 32
0,350	0,003 121	0,006 241	0,009 362	0,012 482	0,015 603	0,018 723	0,021 844	0,024 964	0,028 085	0,031 20
0,355	0,003 211	0,006 421	0,009 632	0,012 842	0,016 053	0,019 263	0,022 474	0,025 684	0,028 895	0,032 10
0,360	0,003 302	0,006 603	0,009 905	0,013 206	0,016 508	0,019 809	0,023 111	0,026 412	0,029 714	0,033 01
0,365	0,003 394	0,006 787	0,010 181	0,013 574	0,016 968	0,020 361	0,023 755	0,027 148	0,030 542	0,033 93
0,370	0,003 488	0,006 975	0,010 463	0,013 950	0,017 438	0,020 925	0,024 413	0,027 900	0,031 388	0,034 87
0,375	0,003 583	0,007 165	0,010 748	0,014 330	0,017 913	0,021 495	0,025 078	0,028 660	0,032 243	0,035 82
0,380	0,003 679	0,007 357	0,011 036	0,014 714	0,018 393	0,022 071	0,025 750	0,029 428	0,033 107	0,036 78
0,385	0,003 776	0,007 552	0,011 328	0,015 105	0,018 881	0,022 658	0,026 434	0,030 211	0,033 987	0,037 76
0,390	0,003 845	0,007 749	0,011 624	0,015 498	0,019 373	0,023 247	0,027 122	0,030 996	0,034 871	0,038 74
0,395	0,003 975	0,007 949	0,011 924	0,015 898	0,019 873	0,023 847	0,027 822	0,031 796	0,035 771	0,039 74
0,400	0,004 076	0,008 152	0,012 228	0,016 304	0,020 380	0,024 456	0,028 532	0,032 608	0,036 684	0,040 76

Geschwindigkeit des Wassers in Metern	Werthe des Ausdruckes $\frac{v^2}{2g}\frac{\varrho}{d}$ . . . . Mögliche stündlich zu fördernde Wärmemenge bei einer Temperaturdifferenz des Wassers von 20° / » 15° für eine Rohrweite (in Metern) von:								I / II / III
v	0,057	0,063	0,069	0,075	0,082	0,088	0,094	0,100	
0,305	0,002 621	0,002 374	0,002 166	0,001 995	0,001 825	0,001 696	0,001 592	0,001 493	I
	54 464	66 305	80 263	94 721	112 963	130 342	148 780	168 508	II
	40 848	49 728	60 197	70 930	84 722	97 756	111 585	126 381	III
0,310	0,002 698	0,002 440	0,002 227	0,002 052	0,001 875	0,001 748	0,001 635	0,001 537	I
	55 357	67 392	81 579	96 274	114 815	132 479	151 219	171 271	II
	41 518	50 544	61 184	72 093	86 111	99 359	113 415	128 453	III
0,315	0,002 770	0,002 507	0,002 290	0,002 118	0,001 926	0,001 794	0,001 683	0,001 582	I
	56 250	68 478	62 895	97 826	116 667	134 615	153 658	174 033	II
	42 187	51 358	62 171	73 256	87 500	100 961	115 244	130 525	III
0,320	0,002 848	0,002 575	0,002 353	0,002 165	0,001 982	0,001 847	0,001 727	0,001 623	I
	57 143	69 565	84 211	99 379	118 518	136 752	156 097	176 796	II
	42 857	52 174	63 158	74 419	88 889	102 564	117 073	132 596	III
0,325	0,002 928	0,002 643	0,002 416	0,002 222	0,002 034	0,001 894	0,001 776	0,001 668	I
	58 036	70 652	85 526	100 932	120 370	138 889	158 536	179 558	II
	43 527	52 989	64 145	75 581	90 278	104 166	118 903	124 668	III
0,330	0,003 007	0,002 709	0,002 486	0,002 286	0,002 091	0,001 947	0,001 826	0,001 715	I
	58 929	71 739	86 842	102 485	122 222	141 026	160 975	182 320	II
	44 196	53 805	65 132	76 744	91 667	105 769	120 732	136 740	III
0,335	0,003 081	0,002 783	0,002 550	0,002 346	0,002 143	0,001 995	0,001 869	0,001 761	I
	59 821	72 826	88 158	104 038	124 074	143 162	163 414	185 083	II
	44 866	54 620	66 118	77 907	93 056	107 372	122 561	138 812	III
0,340	0,003 162	0,002 874	0,002 615	0,002 403	0,002 202	0,002 050	0,001 920	0,001 803	I
	60 714	73 913	89 474	105 590	125 926	145 299	165 853	187 845	II
	45 536	55 435	67 105	79 070	94 445	108 974	124 390	140 884	III
0,345	0,003 244	0,002 946	0,002 681	0,002 468	0,002 256	0,002 104	0,001 971	0,001 849	I
	61 607	75 000	90 790	107 143	127 778	147 436	168 292	190 608	II
	46 205	56 250	68 092	80 233	95 833	110 577	126 220	142 956	III
0,350	0,003 326	0,003 018	0,002 752	0,002 528	0,002 315	0,002 153	0,002 029	0,001 907	I
	62 500	76 087	92 105	108 696	129 630	149 573	170 731	193 370	II
	46 875	57 065	69 079	81 395	97 222	112 179	128 049	145 027	III
0,355	0,003 409	0,003 090	0,002 819	0,002 594	0,003 370	0,002 209	0,002 068	0,001 946	I
	63 393	77 174	93 421	110 249	131 481	151 709	173 170	196 133	II
	47 545	57 881	70 066	82 558	98 611	113 782	129 878	147 099	III
0,360	0,003 493	0,003 163	0,002 886	0,002 655	0,002 429	0,002 265	0,002 120	0,001 994	I
	64 286	78 261	94 737	111 802	133 333	153 846	175 609	198 895	II
	48 214	58 696	71 052	83 721	100 000	115 384	131 707	149 171	III
0,365	0,003 585	0,003 238	0,002 959	0,002 722	0.002 491	0,002 321	0,002 172	0,002 043	I
	65 179	79 348	96 053	113 354	135 185	155 983	178 048	201 657	II
	48 884	59 511	72 040	84 884	101 389	116 987	133 537	151 243	III
0,370	0,003 669	0,003 320	0,003 027	0,002 790	0,002 556	0,002 379	0,002 225	0,002 092	I
	66 071	80 435	97 368	114 907	137 037	158 120	180 487	204 420	II
	49 553	60 326	73 026	86 046	102 778	118 589	135 366	153 315	III
0,375	0,003 755	0,003 396	0,003 103	0,002 851	0,002 608	0,002 429	0,002 278	0,002 143	I
	66 964	81 522	98 684	116 460	138 889	160 256	182 927	207 182	II
	50 223	61 142	74 013	87 209	104 167	120 192	137 195	155 387	III
0,380	0,003 841	0,003 472	0,003 171	0,002 921	0,002 671	0,002 487	0,002 340	0,002 192	I
	67 857	82 669	100 000	118 013	140 741	162 393	185 366	209 945	II
	50 893	61 957	75 000	88 372	105 556	121 795	139 025	157 458	III
0,385	0,003 927	0,003 557	0,003 247	0,002 983	0,002 733	0,002 545	0,002 379	0,002 243	I
	68 750	83 696	101 316	119 566	142 592	164 530	187 805	212 707	II
	51 562	62 772	75 987	89 535	106 945	123 397	140 854	159 530	III
0,390	0,004 022	0,003 634	0,003 316	0,003 053	0,002 790	0,002 604	0,002 433	0,002 294	I
	69 643	84 783	102 632	121 118	144 444	166 667	190 244	215 470	II
	52 232	63 587	76 974	90 698	108 333	125 000	142 683	161 602	III
0,395	0,004 110	0,003 720	0,003 394	0,003 124	0,002 853	0,002 662	0,002 488	0,002 344	I
	70 536	85 870	103 947	122 671	146 296	168 803	192 683	218 232	II
	52 902	64 402	77 961	91 860	109 722	126 602	144 512	163 674	III
0,400	0,004 199	0,003 799	0,003 473	0,003 195	0,002 919	0,002 723	0,002 543	0,002 397	I
	71 429	86 957	105 263	124 224	148 148	170 940	195 122	220 994	II
	53 571	65 218	78 947	93 023	111 111	128 205	146 342	165 746	III

Tabellen zur Bestimmung der Geschwindigkeits- und Widerstands-

Geschwindigkeit des Wassers in Metern	Werthe des Ausdruckes $\frac{v^2}{2g} \cdot \Sigma\zeta$ für $\Sigma\zeta$ =									
v	0,5	1	1,5	2	2,5	3	3,5	4	4,5	5
0,405	0,004 179	0,008 357	0,012 536	0,016 714	0,020 893	0,025 071	0,029 250	0,033 428	0,037 607	0,041 785
0,410	0,004 283	0,008 565	0,012 848	0,017 130	0,021 413	0,025 695	0,029 978	0,034 260	0,038 543	0,042 825
0,415	0,004 388	0,008 775	0,013 163	0,017 550	0,021 938	0,026 325	0,030 713	0,035 100	0,039 488	0,043 875
0,420	0,004 494	0,008 988	0,013 482	0,017 976	0,022 470	0,026 964	0,031 458	0,035 952	0,040 446	0,044 940
0,425	0,004 602	0,009 203	0,013 805	0,018 406	0,023 007	0,027 609	0,032 211	0,036 812	0,041 414	0,046 015
0,430	0,004 711	0,009 420	0,014 131	0,018 842	0,023 552	0,028 263	0,032 974	0,037 684	0,042 394	0,047 105
0,435	0,004 821	0,009 641	0,014 462	0,019 282	0,024 103	0,028 923	0,033 744	0,038 564	0,043 385	0,048 205
0,440	0,004 932	0,009 864	0,014 796	0,019 728	0,024 660	0,029 592	0,034 524	0,039 456	0,044 388	0,049 320
0,445	0,005 045	0,010 089	0,015 134	0,020 178	0,025 223	0,030 267	0,035 312	0,040 356	0,045 401	0,050 445
0,450	0,005 159	0,010 317	0,015 476	0,020 634	0,025 793	0,030 951	0,036 110	0,041 268	0,046 427	0,051 585
0,455	0,005 274	0,010 548	0,015 822	0,021 096	0,026 370	0,031 644	0,036 918	0,042 192	0,047 466	0,052 740
0,460	0,005 391	0,010 781	0,016 172	0,021 562	0,026 953	0,032 343	0,037 734	0,043 124	0,048 515	0,053 905
0,465	0,005 509	0,011 017	0,016 526	0,022 034	0,027 543	0,033 051	0,038 560	0,044 068	0,049 577	0,055 085
0,470	0,005 628	0,011 255	0,016 883	0,022 510	0,028 138	0,033 765	0,039 393	0,045 020	0,050 648	0,056 275
0,475	0,005 748	0,011 496	0,017 244	0,022 992	0,028 740	0,034 488	0,040 236	0,045 984	0,051 732	0,057 480
0,480	0,005 870	0,011 739	0,017 609	0,023 478	0,029 348	0,035 217	0,041 087	0,046 956	0,052 826	0,058 695
0,485	0,005 993	0,011 985	0,017 978	0,023 970	0,029 963	0,035 955	0,041 948	0,047 940	0,053 933	0,059 925
0,490	0,006 117	0,012 233	0,018 350	0,024 466	0,030 582	0,036 699	0,042 816	0,048 932	0,055 048	0,061 165
0,495	0,006 242	0,012 484	0,018 726	0,024 968	0,031 210	0,037 452	0,043 694	0,049 936	0,056 178	0,062 420
0,500	0,006 369	0,012 738	0,019 107	0,025 476	0,031 845	0,038 214	0,044 583	0,050 952	0,057 321	0,063 690

höhen und der möglichen stündlich zu fördernden Wärmemenge.

Geschwindigkeit des Wassers in Metern	Werthe des Ausdruckes $\frac{v^2}{2g}\frac{\varrho}{d}$ . . . . Mögliche stündlich zu fördernde Wärmemenge bei einer Temperaturdifferenz des Wassers { von 20° / » 15° für eine Rohrweite (in Metern) von:								I / II / III
v	0,057	0,063	0,069	0,075	0,082	0,088	0,094	0,100	
0,405	0,004 296	0,003 886	0,003 544	0,003 259	0,002 983	0,002 783	0,002 599	0,002 449	I
	72 321	88 044	106 579	125 777	150 000	173 077	197 561	223 757	II
	54 241	66 033	79 934	94 186	112 500	129 807	148 171	167 817	III
0,410	0,004 385	0,003 966	0,003 623	0,003 332	0,003 059	0,002 843	0,002 655	0,002 501	I
	73 214	89 131	107 895	127 330	151 852	175 214	200 000	226 519	II
	54 911	66 848	80 921	95 349	113 889	131 410	150 000	169 889	III
0,415	0,004 475	0,004 054	0,003 693	0,003 404	0,003 115	0,002 905	0,002 720	0,002 554	I
	74 107	90 218	109 211	128 882	153 704	177 350	202 439	229 282	II
	55 580	67 663	81 908	96 512	115 278	133 012	151 829	171 961	III
0,420	0,004 575	0,004 131	0,003 775	0,003 478	0,003 181	0,002 966	0,002 778	0,002 606	I
	75 000	91 305	110 526	130 435	155 555	179 487	204 878	232 044	II
	56 250	68 478	82 895	97 674	116 667	134 615	153 659	174 033	III
0,425	0,004 675	0,004 224	0,003 856	0,003 553	0,003 249	0,003 028	0,002 834	0,002 660	I
	75 893	92 392	111 842	131 988	157 407	181 624	207 317	234 807	II
	56 920	69 294	83 882	98 837	118 056	136 218	155 488	176 105	III
0,430	0,004 767	0,004 315	0,003 938	0,003 617	0,003 317	0,003 091	0,002 892	0,002 716	I
	76 786	93 479	113 158	133 541	159 259	183 761	209 756	237 569	II
	57 589	70 109	84 868	99 999	119 445	137 820	157 317	178 177	III
0,435	0,004 859	0,004 397	0,004 020	0,003 692	0,003 384	0,003 153	0,002 950	0,002 777	I
	77 679	94 566	114 474	135 094	161 111	185 897	212 195	240 331	II
	58 259	70 924	85 855	101 163	120 833	139 423	159 146	180 248	III
0,440	0,004 962	0,004 488	0,004 104	0,003 768	0,003 453	0,003 216	0,003 009	0,002 831	I
	78 571	95 652	115 790	136 646	162 963	188 034	214 634	243 094	II
	58 928	71 739	86 842	102 326	122 222	141 025	160 976	182 320	III
0,445	0,005 065	0,004 580	0,004 176	0,003 843	0,003 521	0,003 279	0,003 067	0,002 886	I
	79 464	96 739	117 105	138 199	164 815	190 171	217 073	245 856	II
	59 598	72 555	87 829	103 488	123 611	142 628	162 805	184 392	III
0,450	0,005 158	0,004 674	0,004 261	0,003 920	0,003 590	0,003 343	0,003 126	0,002 940	I
	80 357	97 826	118 421	139 752	166 667	192 308	219 512	248 619	II
	60 268	73 370	88 816	104 465	125 000	144 230	164 634	186 464	III
0,455	0,005 263	0,004 768	0,004 356	0,004 008	0,003 660	0,003 417	0,003 196	0,003 007	I
	81 250	98 913	119 737	141 305	168 518	194 444	221 951	251 381	II
	60 937	74 185	89 803	105 814	126 389	145 833	166 463	188 536	III
0,460	0,005 358	0,004 851	0,004 431	0,004 075	0,003 731	0,003 471	0,003 256	0,003 061	I
	82 143	100 000	121 053	142 858	170 370	196 581	224 390	254 144	II
	61 607	75 000	90 790	106 977	127 778	147 436	168 293	190 607	III
0,465	0,005 465	0,004 947	0,004 517	0,004 153	0,003 801	0,003 537	0,003 316	0,003 118	I
	83 036	101 087	122 368	144 410	172 222	198 718	226 829	256 906	II
	62 277	75 815	91 776	108 139	129 167	149 038	170 122	192 679	III
0,470	0,005 572	0,005 043	0,004 604	0,004 232	0,003 872	0,003 601	0,003 376	0,003 174	I
	83 929	102 174	123 684	145 963	174 074	200 855	229 268	259 668	II
	62 946	76 631	92 763	109 302	130 556	150 641	171 951	194 751	III
0,475	0,005 679	0,005 139	0,004 691	0,004 311	0,003 943	0,003 678	0,003 437	0,003 230	I
	84 821	103 261	125 000	147 516	175 926	202 991	231 707	262 431	II
	63 616	77 446	93 750	110 465	131 945	152 243	173 781	196 823	III
0,480	0,005 776	0,005 223	0,004 777	0,004 391	0,004 014	0,003 745	0,003 498	0,003 299	I
	85 714	104 348	126 316	149 069	177 778	205 128	234 146	265 193	II
	64 286	78 261	94 737	111 628	133 333	153 846	175 610	198 895	III
0.485	0,005 885	0,005 321	0,004 866	0,004 470	0,004 087	0,003 811	0,003 571	0,003 356	I
	86 607	105 435	127 632	150 622	179 629	207 265	236 585	267 956	II
	64 955	79 076	95 724	112 791	134 722	155 448	177 439	200 967	III
0,490	0,005 994	0,005 419	0,004 955	0,004 551	0,004 159	0,003 878	0,003 634	0,003 413	I
	87 500	106 522	128 947	152 174	181 481	209 402	239 024	270 718	II
	65 625	79 892	96 711	113 953	136 111	157 051	179 268	203 038	III
0,495	0,006 104	0,005 518	0,005 043	0,004 632	0,004 244	0,003 945	0,003 695	0,003 483	I
	88 393	107 609	130 263	153 727	183 333	211 538	241 463	273 481	II
	66 294	80 707	97 697	115 116	137 500	158 653	181 098	205 110	III
0,500	0,006 203	0,005 617	0,005 120	0,004 713	0,004 318	0,004 025	0,003 771	0,003 541	I
	89 286	108 696	131 579	155 280	185 185	213 675	243 902	276 243	II
	66 964	81 522	98 684	116 279	138 889	160 256	182 927	207 182	III

Tabellen zur Bestimmung der Geschwindigkeits- und Widerstands-

Geschwindigkeit des Wassers in Metern	Werthe des Ausdruckes $\frac{v^2}{2g} \cdot \Sigma\zeta$ für $\Sigma\zeta =$									
v	0,5	1	1,5	2	2,5	3	3,5	4	4,5	5
0,505	0,006 497	0,012 994	0,019 491	0,025 988	0,032 485	0,038 982	0,045 479	0,051 977	0,058 473	0,064 970
0,510	0,006 626	0,013 252	0,019 878	0,026 504	0,033 130	0,039 756	0,046 382	0,053 008	0,059 634	0,066 261
0,515	0,006 757	0,013 513	0,020 270	0,027 026	0,033 783	0,040 539	0,047 296	0,054 052	0,060 809	0,067 565
0,520	0,006 889	0,013 777	0,020 666	0,027 554	0,034 443	0,041 331	0,048 220	0,055 108	0,061 997	0,068 885
0,525	0,007 022	0,014 043	0,021 065	0,028 086	0,035 108	0,042 129	0,049 151	0,056 172	0,063 194	0,070 215
0,530	0,007 156	0,014 312	0,021 468	0,028 624	0,035 780	0,042 936	0,050 092	0,057 248	0,064 404	0,071 500
0,535	0,007 292	0,014 583	0,021 875	0,029 166	0,036 458	0,043 749	0,051 040	0,058 332	0,065 624	0,072 915
0,540	0,007 429	0,014 857	0,022 286	0,029 714	0,037 143	0,044 571	0,052 100	0,059 428	0,066 857	0,074 285
0,545	0,007 567	0,015 133	0,022 700	0,030 266	0,037 833	0,045 399	0,052 966	0,060 532	0,068 099	0,075 665
0,550	0,007 706	0,015 412	0,023 118	0,030 824	0,038 530	0,046 236	0,053 942	0,061 648	0,069 354	0,077 060
0,555	0,007 847	0,015 694	0,023 540	0,031 388	0,039 235	0,047 082	0,054 929	0,062 776	0,070 623	0,078 470
0,560	0,007 989	0,015 978	0,023 967	0,031 956	0,039 945	0,047 934	0,055 923	0,063 912	0,071 901	0,079 890
0,565	0,008 132	0,016 264	0,024 396	0,032 528	0,040 660	0,048 792	0,056 924	0,065 056	0,073 188	0,081 320
0,570	0,008 277	0,016 554	0,024 831	0,033 108	0,041 385	0,049 662	0,057 939	0,066 216	0,074 493	0,082 770
0,575	0,008 423	0,016 845	0,025 268	0,033 690	0,042 113	0,050 535	0,058 956	0,067 380	0,075 803	0,084 225
5,580	0,008 570	0,017 139	0,025 708	0,034 278	0,042 848	0,051 417	0,059 987	0,068 556	0,077 126	0,085 695
0,585	0,008 718	0,017 436	0,026 154	0,034 872	0,043 590	0,052 308	0,061 026	0,069 744	0,078 462	0,087 180
0,590	0,008 868	0,017 736	0,026 604	0,035 472	0,044 340	0,053 208	0,062 076	0,070 944	0,079 812	0,088 680
0,595	0,009 019	0,018 038	0,027 058	0,036 076	0,045 095	0,054 116	0,063 131	0,072 152	0,081 171	0,090 190
0,600	0,009 171	0,018 342	0,027 513	0,036 684	0,045 855	0,055 026	0,064 197	0,073 368	0,082 539	0,091 710

höhen und der möglichen stündlich zu fördernden Wärmemenge.

Geschwindigkeit des Wassers in Metern	Werthe des Ausdruckes $\frac{v^2}{2g}\frac{\varrho}{d}$ . . . . Mögliche stündlich zu fördernde Wärmemenge bei einer Temperaturdifferenz des Wassers } von 20° / von 15° für eine Rohrweite (in Metern) von								I II III
v	0,057	0,063	0,069	0,075	0,082	0,088	0,094	0,100	
0,505	0,006 320	0,005 710	0,005 220	0,004 800	0,004 390	0,004 090	0,003 830	0,003 600	I
	90 179	109 783	132 895	156 833	187 037	215 812	246 341	279 005	II
	67 634	82 337	99 671	117 442	140 278	161 859	184 756	209 254	III
0,510	0,006 430	0,005 820	0,005 310	0,004 890	0,004 470	0,004 160	0,003 900	0,003 660	I
	91 072	110 870	134 211	158 386	188 889	217 949	248 780	281 768	II
	68 303	83 152	100 658	118 605	141 667	163 461	186 586	211 326	III
0,515	0,006 540	0,005 920	0,005 400	0,004 970	0,004 540	0,004 230	0,003 960	0,003 730	I
	91 965	111 957	135 526	159 938	190 741	220 085	251 219	284 530	II
	68 973	83 968	101 645	119 767	143 056	165 064	188 415	213 397	III
0,520	0,006 650	0,006 020	0,005 500	0,005 050	0,004 620	0,004 310	0,004 030	0,003 790	I
	92 857	113 044	136 842	161 491	192 592	222 222	253 658	287 293	II
	69 643	84 783	102 632	120 930	144 445	166 667	190 244	215 469	III
0,525	0,006 760	0,006 120	0,005 590	0,005 140	0,004 700	0,004 380	0,004 100	0,003 850	I
	93 750	114 131	138 158	163 044	194 444	224 359	256 097	290 055	II
	70 312	85 598	103 619	122 093	145 833	168 269	192 073	217 541	III
0,530	0,006 880	0,006 220	0,005 680	0,005 230	0,004 780	0,004 460	0,004 170	0,003 920	I
	94 643	115 218	139 474	164 597	196 296	226 496	258 536	292 818	II
	70 982	86 413	104 605	123 356	147 222	169 871	193 903	219 613	III
0,535	0,006 991	0,006 325	0,005 775	0,005 313	0,004 860	0,004 529	0,004 238	0,003 980	I
	95 536	116 305	140 790	166 150	198 148	228 632	260 975	295 580	II
	71 652	87 229	105 592	124 419	148 611	171 474	195 732	221 685	III
0,540	0,007 114	0,006 437	0,005 877	0,005 407	0,004 946	0,004 608	0,004 314	0,004 055	I
	96 429	117 392	142 105	167 702	200 000	230 739	263 414	298 342	II
	72 321	88 044	106 579	125 581	150 000	173 076	197 561	223 757	III
0,545	0,007 223	0,006 535	0,005 967	0,005 489	0,005 020	0,004 678	0,004 380	0,004 120	I
	97 322	118 479	143 421	169 255	201 852	232 906	265 853	301 105	II
	72 991	88 859	107 566	126 744	151 389	174 679	199 390	225 828	III
0,550	0,007 340	0,006 642	0,006 064	0,005 582	0,005 106	0,004 757	0,004 453	0,004 187	I
	98 215	119 566	144 737	170 808	203 704	235 043	268 292	303 867	II
	73 661	89 674	108 553	127 907	152 778	176 282	201 220	227 900	III
0,555	0,007 459	0,006 750	0,006 163	0,005 669	0,005 186	0,004 833	0,004 523	0,004 252	I
	99 107	120 653	146 053	172 361	205 555	237 179	270 731	306 630	II
	74 330	90 489	109 540	129 090	154 167	177 889	203 049	229 972	III
0,560	0,007 581	0,006 859	0,006 263	0,005 761	0,005 267	0,004 911	0,004 598	0,004 321	I
	100 000	121 740	147 368	173 914	207 407	239 316	273 170	309 392	II
	75 000	91 305	110 526	130 232	155 556	179 487	204 878	232 044	III
0,565	0,007 696	0,006 964	0,006 358	0,005 849	0,005 350	0,004 988	0,004 670	0,004 390	I
	100 893	122 826	148 684	175 466	209 259	241 453	275 609	312 155	II
	75 669	92 120	111 513	131 395	156 945	181 089	206 708	234 116	III
0,570	0,007 820	0,007 075	0,006 459	0,005 943	0,005 435	0,005 064	0,004 742	0,004 457	I
	101 786	123 913	150 000	177 019	211 111	243 590	278 048	314 917	II
	76 339	92 935	112 500	132 558	158 333	182 692	208 537	236 187	III
0,575	0,007 938	0,007 182	0,006 557	0,006 034	0,005 518	0,005 143	0,004 813	0,004 525	I
	102 679	125 000	151 316	178 572	212 963	245 726	280 487	317 679	II
	77 009	93 750	113 487	133 721	159 722	184 294	210 366	238 259	III
0,580	0,008 064	0,007 296	0,006 662	0,006 129	0,005 606	0,005 224	0,004 890	0,004 597	I
	103 572	126 087	152 632	180 125	214 815	247 863	282 926	320 442	II
	77 678	94 566	114 474	134 884	161 111	185 897	212 195	240 331	III
0,585	0,008 182	0,007 410	0,006 767	0,006 224	0,005 694	0,005 305	0,004 967	0,004 669	I
	104 465	127 174	153 947	181 678	216 666	250 000	285 365	323 204	II
	78 348	95 381	115 461	136 046	162 500	187 500	214 025	242 403	III
0,590	0,008 313	0,007 522	0,006 867	0,006 317	0,005 778	0,005 384	0,005 040	0,004 738	I
	105 357	128 261	155 263	182 230	218 518	252 137	287 804	325 967	II
	79 018	96 196	116 447	137 709	163 889	189 102	215 854	244 475	III
0,595	0,008 441	0,007 634	0,006 970	0,006 411	0,005 864	0,005 464	0,005 115	0,004 808	I
	106 250	129 348	156 579	184 783	220 370	254 273	290 243	328 729	II
	79 687	97 011	117 434	138 372	165 278	190 705	217 683	246 547	III
0,600	0,008 561	0,007 747	0,007 074	0,006 507	0,005 951	0,005 544	0,005 193	0,004 880	I
	107 143	130 435	157 895	186 336	222 222	256 410	296 682	331 492	II
	80 357	97 826	118 421	139 535	166 667	192 307	219 512	248 618	III

Tabellen zur Bestimmung der Geschwindigkeits- und Widerstands-

Geschwindigkeit des Wassers in Metern	Werthe des Ausdruckes $\frac{v^2}{2g} \cdot \Sigma\zeta$ für $\Sigma\zeta =$									
v	0,5	1	1,5	2	2,5	3	3,5	4	4,5	5
0,010	0,000 003	0,000 005	0,000 008	0,000 010	0,000 013	0,000 015	0,000 018	0,000 020	0,000 023	0,000 025
0,015	0,000 006	0,000 011	0,000 017	0,000 022	0,000 028	0,000 033	0,000 039	0,000 044	0,000 050	0,000 055
0,020	0,000 010	0,000 020	0,000 030	0,000 040	0,000 050	0,000 060	0,000 070	0,000 080	0,000 090	0,000 100
0,025	0,000 016	0,000 031	0,000 047	0,000 062	0,000 078	0,000 093	0,000 109	0,000 124	0,000 140	0,000 155
0,030	0,000 023	0,000 045	0,000 068	0,000 090	0,000 113	0,000 135	0,000 158	0,000 180	0,000 203	0,000 225
0,035	0,000 031	0,000 062	0,000 093	0,000 124	0,000 155	0,000 186	0,000 217	0,000 248	0,000 279	0,000 310
0,040	0,000 041	0,000 081	0,000 122	0,000 162	0,000 203	0,000 243	0,000 284	0,000 324	0,000 365	0,000 405
0,045	0,000 052	0,000 103	0,000 155	0,000 206	0,000 258	0,000 309	0,000 361	0,000 412	0,000 464	0,000 515
0,050	0,000 064	0,000 127	0,000 191	0,000 254	0,000 318	0,000 381	0,000 445	0,000 508	0,000 572	0,000 636
0,055	0,000 077	0,000 154	0,000 231	0,000 308	0,000 385	0,000 462	0,000 539	0,000 616	0,000 694	0,000 771
0,060	0,000 092	0,000 183	0,000 275	0,000 366	0,000 458	0,000 549	0,000 641	0,000 732	0,000 824	0,000 915
0,065	0,000 108	0,000 215	0,000 323	0,000 430	0,000 538	0,000 645	0,000 753	0,000 860	0,000 968	0,001 075
0,070	0,000 125	0,000 249	0,000 374	0,000 498	0,000 623	0,000 747	0,000 872	0,000 996	0,001 121	0,001 245
0,075	0,000 143	0,000 286	0,000 429	0,000 572	0,000 715	0,000 858	0,001 001	0,001 144	0,001 287	0,001 430
0,080	0,000 163	0,000 326	0,000 489	0,000 652	0,000 816	0,000 979	0,001 143	0,001 306	0,001 470	0,001 633
0,085	0,000 184	0,000 368	0,000 552	0,000 736	0,000 920	0,001 104	0,001 288	0,001 472	0,001 656	0,001 840
0,090	0,000 206	0,000 412	0,000 618	0,000 824	0,001 030	0,001 236	0,001 442	0,001 648	0,001 854	0,002 060
0,095	0,000 230	0,000 459	0,000 689	0,000 918	0,001 148	0,001 377	0,001 607	0,001 836	0,002 066	0,002 295
0,100	0,000 255	0,000 509	0,000 764	0,001 018	0,001 273	0,001 527	0,001 782	0,002 036	0,002 291	0,002 545

höhen und der möglichen stündlich zu fördernden Wärmemenge.

Werthe des Ausdruckes $\frac{v^2}{2g}\frac{\varrho}{d}$ I

Mögliche stündlich zu fördernde Wärmemenge bei einer Temperaturdifferenz des Wassers von 20° II, von 15° III

für eine Rohrweite (in Metern) von:

Geschwindigkeit des Wassers in Metern v	0,106	0,111	0,118	0,124	0,130	0,136	0,143	
0,010	0,000 005	0,000 005	0,000 005	0,000 004	0,000 004	0,000 004	0,000 004	I
	6 211	6 803	7 692	8 475	9 346	10 204	11 236	II
	4 658	5 102	5 769	6 356	7 010	7 653	8 427	III
0,015	0,000 010	0,000 009	0,000 009	0,000 008	0,000 008	0,000 007	0,000 007	I
	9 317	10 204	11 538	12 712	14 019	15 306	16 854	II
	6 988	7 653	8 654	9 534	10 514	11 480	12 640	III
0,020	0,000 015	0,000 015	0,000 014	0,000 013	0,000 013	0,000 012	0,000 011	I
	12 422	13 605	15 385	16 949	18 692	20 408	22 472	II
	9 317	10 204	11 538	12 712	14 019	15 306	16 854	III
0,025	0,000 021	0,000 020	0,000 019	0,000 018	0.000 017	0,000 017	0,000 016	I
	15 528	17 007	19 231	21 186	23 365	25 510	28 090	II
	11 646	12 755	14 423	15 890	17 523	19 133	21 067	III
0,030	0,000 029	0,000 028	0,000 026	0,000 025	0,000 024	0,000 023	0,000 022	I
	18 634	20 408	23 070	25 424	28 037	30 612	33 708	II
	13 975	15 306	17 307	19 068	21 028	22 959	25 281	III
0,035	0,000 038	0,000 037	0,000 034	0,000 032	0,000 031	0,000 030	0,000,028	I
	21 739	23 810	26 923	29 661	32 710	35 714	39 326	II
	16 304	17 857	20 192	22 246	24 533	26 786	29 494	III
0,040	0,000 047	0,000 045	0,000 042	0,000 041	0,000 038	0,000 036	0,000 035	I
	24 845	27 211	30 769	33 898	37 383	40 816	44 944	II
	18 634	20 408	23 077	25 424	28 037	30 612	33 708	III
0,045	0,000 058	0,000 055	0,000 051	0,000 049	0,000 046	0,000 044	0,000 042	I
	27 950	30 612	34 615	38 136	42 056	45 918	50 562	II
	20 963	22 959	25 962	28 602	31 542	34 439	37 921	III
0,050	0,000 068	0,000 065	0,000 061	0,000 058	0,000 055	0,000 053	0,000 050	I
	31 056	34 014	38 462	42 373	46 729	51 020	56 180	II
	23 292	25 510	28 846	31 780	35 047	38 265	42 135	III
0,055	0,000 080	0,000 076	0,000 071	0,000 067	0,000 064	0,000 062	0,000 059	I
	34 161	37 415	42 308	46 610	51 402	56 122	61 798	II
	25 621	28 061	31 730	34 958	38 551	42 092	46 348	III
0,060	0,000 091	0,000 087	0,000 082	0,000 078	0,000 074	0,000 071	0,000 068	I
	37 267	40 816	46 154	50 847	56 075	61 224	67 416	II
	27 950	30 612	34 615	38 136	42 056	45 918	50 562	III
0,065	0,000 105	0,000 100	0,000 094	0,000 090	0,000 085	0,000 082	0,000 078	I
	40 373	44 218	50 000	55 085	60 748	66 327	73 034	II
	30 279	33 163	37 500	41 314	45 561	49 745	54 775	III
0,070	0,000 118	0,000 113	0,000 106	0,000 101	0,000 096	0,000 092	0,000 088	I
	43 478	47 619	53 846	59 322	65 421	71 429	78 652	II
	32 608	35 714	40 385	44 492	49 066	53 572	58 988	III
0,075	0,000 132	0,000 126	0,000 119	0,000 113	0,000 108	0,000 103	0,000 098	I
	46 584	51 020	57 692	63 559	70 094	76 531	84 270	II
	34 938	38 265	43 269	47 670	52 570	57 398	63 202	III
0,080	0,000 147	0,000 140	0,000 132	0,000 126	0,000 120	0,000 115	0,000 109	f
	49 689	54 422	61 538	67 797	74 766	81 633	89 888	II
	37 267	40 816	46 154	50 848	56 075	61 225	67 415	III
0,085	0,000 162	0,000 155	0,000 146	0,000 139	0,000 133	0.000 127	0,000 121	I
	52 795	57 823	65 385	72 034	79 439	86 735	95 506	II
	39 596	43 367	49 039	54 025	59 580	65 051	71 629	III
0,090	0,000 177	0,000 170	0,000 160	0,000 152	0,000 146	0,000 139	0,000 132	I
	55 901	61 224	69 231	76 271	84 112	91 837	101 124	II
	41 925	45 918	51 923	57 203	63 084	68 878	75 842	III
0,095	0,000 195	0,000 186	0,000 175	0,000 167	0,000 159	0,000 152	0,000 145	I
	59 006	64 626	73 077	80 509	88 785	96 939	106 742	II
	44 255	48 469	54 808	60 381	66 589	72 704	80 056	III
0,100	0,000 213	0,000 203	0,000 192	0,000 182	0,000 173	0,000 166	0,000 158	I
	62 112	68 027	76 923	84 746	93 458	102 041	112 360	II
	46 584	51 020	57 692	63 559	70 094	76 531	84 269	III

Tabellen zur Bestimmung der Geschwindigkeits- und Widerstands-

Geschwindigkeit des Wassers in Metern	Werthe des Ausdruckes $\frac{v^2}{2g} \cdot \Sigma\zeta$ für $\Sigma\zeta =$									
v	0,5	1	1,5	2	2,5	3	3,5	4	4,5	5
0,105	0,000 281	0,000 561	0,000 842	0,001 122	0,001 403	0,001 683	0,001 964	0,002 244	0,002 525	0,002 805
0,110	0,000 308	0,000 616	0,000 924	0,001 232	0,001 540	0,001 848	0,002 156	0,002 464	0,002 772	0,003 080
0,115	0,000 337	0,000 673	0,001 010	0,001 346	0,001 683	0,002 019	0,002 356	0,002 692	0,003 029	0,003 365
0,120	0,000 367	0,000 733	0,001 100	0,001 466	0,001 833	0,002 199	0,002 566	0,002 932	0,003 299	0,003 665
0,125	0,000 398	0,000 796	0,001 194	0,001 592	0,001 990	0,002 388	0,002 786	0,003 184	0,003 582	0,003 980
0,130	0,000 431	0,000 861	0,001 292	0,001 722	0,002 153	0,002 583	0,003 014	0,003 444	0,003 875	0,004 305
0,135	0,000 464	0,000 928	0,001 392	0,001 856	0,002 320	0,002 784	0,003 248	0,003 712	0,004 176	0,004 640
0,140	0,000 500	0,000 999	0,001 499	0,001 998	0,002 498	0,002 997	0,003 497	0,003 996	0,004 496	0,004 995
0,145	0,000 536	0,001 071	0,001 607	0,002 142	0,002 678	0,003 213	0,003 749	0,004 284	0,004 820	0,005 355
0,150	0,000 573	0,001 146	0,001 719	0,002 292	0,002 865	0,003 438	0,004 011	0,004 584	0,005 157	0,005 730
0,155	0,000 612	0,001 224	0,001 836	0,002 448	0,003 060	0,003 672	0,004 284	0,004 896	0,005 508	0,006 120
0,160	0,000 652	0,001 304	0,001 956	0,002 608	0,003 260	0,003 912	0,004 564	0,005 216	0,005 868	0,006 520
0,165	0,000 694	0,001 387	0,002 081	0,002 774	0,003 468	0,004 161	0,004 855	0,005 548	0,006 242	0,006 935
0,170	0,000 736	0,001 472	0,002 208	0,002 944	0,003 680	0,004 416	0,005 152	0,005 888	0,006 624	0,007 360
0,175	0,000 780	0,001 560	0,002 340	0,003 120	0,003 900	0,004 680	0,005 460	0,006 240	0,007 020	0,007 800
0,180	0,000 825	0,001 650	0,002 475	0,003 300	0,004 125	0,004 950	0,005 775	0,006 600	0,007 425	0,008 250
0,185	0,000 872	0,001 744	0,002 616	0,003 488	0,004 360	0,005 232	0,006 104	0,006 976	0,007 848	0,008 720
0,190	0,000 920	0,001 839	0,002 759	0,003 678	0,004 598	0,005 517	0,006 437	0,007 356	0,008 276	0,009 195
0,195	0,000 969	0,001 937	0,002 906	0,003 874	0,004 843	0,005 811	0,006 780	0,007 748	0,008 717	0,009 685
0,200	0,001 019	0,002 038	0,003 057	0,004 076	0,005 095	0,006 114	0,007 133	0,008 152	0,009 171	0,010 190

höhen und der möglichen stündlich zu fördernden Wärmemenge.

Geschwindigkeit des Wassers in Metern	Werthe des Ausdruckes $\frac{v^2}{2g}\frac{\varrho}{d}$ . . . I Mögliche stündlich zu fördernde Wärmemenge bei einer Temperaturdifferenz des Wassers von 20° II, » 15° III für eine Rohrweite (in Metern) von:							
v	0,106	0,111	0,118	0,124	0,130	0,136	0,143	
0,105	0,000 231	0,000 221	0,000 207	0,000 197	0,000 188	0,000 180	0,000 171	I
	65 217	71 429	80 769	88 983	98 131	107 143	117 978	II
	48 913	53 571	60 577	66 737	73 598	80 357	88 483	III
0,110	0,000 249	0,000 238	0,000 224	0,000 213	0,000 204	0,000 195	0.000 184	I
	68 323	74 830	84 615	93 220	102 804	112 245	123 596	II
	51 242	56 122	63 462	69 915	77 103	84 184	92 696	III
0,115	0,000 269	0,000 257	0,000 242	0,000 229	0,000 219	0,000 209	0,000 199	I
	71 429	78 231	88 461	97 458	107 477	117 347	129 214	II
	53 571	58 673	66 346	73 093	80 608	88 010	96 910	III
0,120	0,000 288	0,000 275	0,000 259	0,000 247	0,000 235	0,000 225	0,000 214	I
	74 534	81 633	93 308	101 695	112 150	122 449	134 832	II
	55 901	61 225	69 231	76 271	84 112	91 837	101 123	III
0,125	0,000 310	0,000 296	0,000 277	0,000 264	0,000 252	0,000 241	0,000 229	I
	77 640	85 034	96 154	105 932	116 823	127 551	140 450	II
	58 230	63 776	72 116	79 449	87 617	95 664	105 337	III
0,130	0,000 331	0,000 315	0,000 297	0,000 283	0,000 270	0,000 257	0,000 244	I
	80 745	88 435	100 000	110 170	121 495	132 653	146 067	II
	60 559	66 327	75 000	82 627	91 122	99 490	109 550	III
0,135	0,000 352	0,000 336	0,000 316	0,000 301	0,000 286	0,000 273	0,000 261	I
	83 851	91 837	103 846	114 407	126 168	137 755	151 685	II
	62 888	68 878	77 885	85 805	94 626	103 317	113 763	III
0,140	0,000 375	0,000 358	0,000 335	0,000 319	0,000 305	0,000 292	0,000 278	I
	86 957	95 238	107 692	118 644	130 841	142 857	157 303	II
	65 217	71 429	80 169	88 983	98 131	107 143	117 977	III
0,145	0,000 397	0,000 380	0,000 356	0,000 339	0,000 323	0,000 310	0,000 295	I
	90 062	98 639	111 538	122 881	135 514	147 959	162 921	II
	67 547	73 980	83 654	92 161	101 636	110 970	122 190	III
0,150	0,000 420	0,000 402	0,000 377	0,000 359	0,000 343	0,000 328	0,000 312	I
	93 168	102 041	115 385	127 119	140 187	153 061	168 539	II
	69 876	76 531	86 539	95 339	105 140	114 796	126 404	III
0,155	0,000 444	0,000 424	0,000 399	0,000 379	0,000 362	0,000 346	0,000 329	I
	96 273	105 442	119 231	131 356	144 860	158 163	174 157	II
	72 205	79 082	89 423	98 517	108 645	118 623	130 617	III
0,160	0,000 468	0,000 447	0,000 421	0,000 401	0,000 383	0,000 363	0,000 347	I
	99 379	108 844	123 077	135 593	149 533	163 265	179 775	II
	74 534	81 633	92 308	101 695	112 149	122 449	134 831	III
0,165	0,000 494	0,000 471	0,000 444	0,000 422	0,000 402	0,000 385	0,000 366	I
	102 484	112 245	126 923	139 831	154 206	168 367	185 393	II
	76 863	84 184	95 192	104 873	115 654	126 276	139 044	III
0,170	0,000 519	0,000 496	0,000 467	0,000 443	0,000 423	0,000 404	0,000 384	I
	105 590	115 646	130 769	144 068	158 879	173 469	191 011	II
	79 192	86 735	98 077	108 051	119 159	130 102	143 258	III
0,175	0,000 546	0,000 521	0,000 489	0,000 466	0,000 445	0,000 425	0,000 404	I
	108 696	119 048	134 615	148 305	163 552	178 571	196 629	II
	81 522	89 286	100 962	111 229	122 664	133 929	147 471	III
0,180	0,000 571	0,000 547	0,000 513	0,000 488	0,000 467	0,000 447	0,000 424	I
	111 801	122 449	138 461	152 542	168 224	183 673	202 247	II
	83 851	91 837	103 846	114 407	126 168	137 755	151 685	III
0,185	0,000 600	0,000 572	0,000 539	0,000 513	0,000 488	0,000 467	0,000 445	I
	114 907	125 850	142 308	156 780	172 897	188 775	207 865	II
	86 180	94 388	106 731	117 585	129 673	141 582	155 898	III
0,190	0,000 627	0,000 598	0,000 563	0,000 535	0,000 512	0,000 488	0,000 465	I
	118 012	129 252	146 154	161 017	177 570	193 878	213 483	II
	88 509	96 939	109 616	120 763	133 177	145 409	160 111	III
0,195	0,000 655	0,000 626	0,000 588	0,000 560	0,000 535	0,000 512	0,000 487	I
	121 118	132 653	150 000	165 254	182 243	198 980	219 101	II
	90 838	99 490	112 500	123 941	136 683	149 235	164 325	III
0,200	0,000 684	0,000 652	0,000 614	0,000 584	0,000 558	0,000 534	0,000 508	I
	124 224	136 054	153 846	169 492	186 916	204 082	224 719	II
	93 168	102 041	115 385	127 119	140 187	153 062	168 538	III

Tabellen zur Bestimmung der Geschwindigkeits- und Widerstands-

Geschwindigkeit des Wassers in Metern	Werthe des Ausdruckes $\frac{v^2}{2g} \cdot \Sigma\zeta$ für $\Sigma\zeta =$									
v	0,5	1	1,5	2	2,5	3	3,5	4	4,5	5
0,205	0,001 071	0,002 141	0,003 212	0,004 282	0,005 353	0,006 423	0,007 494	0,008 564	0,009 635	0,010 705
0,210	0,001 123	0,002 246	0,003 369	0,004 492	0,005 615	0,006 738	0,007 861	0,008 984	0,010 107	0,011 230
0,215	0,001 177	0,002 354	0,003 531	0,004 708	0,005 885	0,007 062	0,008 239	0,009 416	0,010 593	0,011 770
0,220	0,001 233	0,002 465	0,003 698	0,004 930	0,006 163	0,007 395	0,008 628	0,009 860	0,011 093	0,012 325
0,225	0,001 290	0,002 579	0,003 869	0,005 158	0,006 448	0,007 737	0,009 027	0,010 316	0,011 606	0,012 895
0,230	0,001 348	0,002 695	0,004 043	0,005 390	0,006 738	0,008 085	0,009 433	0,010 780	0,012 128	0,013 475
0,235	0,001 407	0,002 813	0,004 220	0,005 626	0,007 033	0,008 439	0,009 846	0,011 252	0,012 659	0,014 065
0,240	0,001 467	0,002 934	0,004 401	0,005 868	0,007 335	0,008 802	0,010 269	0,011 736	0,013 203	0,014 670
0,245	0,001 529	0,003 058	0,004 587	0,006 116	0,007 645	0,009 174	0,010 703	0,012 232	0,013 761	0,015 290
0,250	0,001 592	0,003 184	0,004 776	0,006 368	0,007 960	0,009 552	0,011 144	0,012 736	0,014 328	0,015 920
0,255	0,001 657	0,003 313	0,004 970	0,006 626	0,008 283	0,009 939	0,011 596	0,013 252	0,014 909	0,016 565
0,260	0,001 722	0,003 444	0,005 166	0,006 888	0,008 610	0,010 332	0,012 054	0,013 776	0,015 498	0,017 220
0,265	0,001 789	0,003 577	0,005 366	0,007 154	0,008 943	0,010 731	0,012 520	0,014 308	0,016 097	0,017 885
0,270	0,001 857	0,003 714	0,005 571	0,007 428	0,009 285	0,011 141	0,012 999	0,014 856	0,016 713	0,018 570
0,275	0,001 927	0,003 853	0,005 780	0,007 706	0,009 633	0,011 559	0,013 486	0,015 412	0,017 339	0,019 265
0,280	0,001 997	0,003 994	0,005 991	0,007 988	0,009 985	0,011 982	0,013 979	0,015 976	0,017 973	0,019 970
0,285	0,002 069	0,004 138	0,006 207	0,008 276	0,010 345	0,012 414	0,014 483	0,016 552	0,018 621	0,020 690
0,290	0,002 142	0,004 284	0,006 426	0,008 568	0,010 710	0,012 852	0,014 994	0,017 136	0,019 278	0,021 420
0,295	0,002 217	0,004 433	0,006 650	0,008 866	0,011 083	0,013 299	0,015 516	0,017 732	0,019 949	0,022 165
0,300	0,002 293	0,004 585	0,006 878	0,009 170	0,011 463	0,013 755	0,016 048	0,018 340	0,020 633	0,022 925

höhen und der möglichen stündlich zu fördernden Wärmemenge.

Geschwindigkeit des Wassers in Metern	Werthe des Ausdruckes $\frac{v^2}{2g}\frac{\varrho}{d}$ . . . . Mögliche stündlich zu fördernde Wärmemenge bei einer Temperaturdifferenz des Wassers von 20° / » 15° für eine Rohrweite (in Metern) von:							I II III
v	0,106	0,111	0,118	0,124	0,130	0,136	0,143	
0,205	0,000 713 127 329 95 497	0,000 680 139 456 104 592	0,000 642 157 692 118 269	0,000 610 173 729 130 297	0,000 582 191 589 143 692	0,000 556 209 184 156 888	0,000 529 230 337 172 752	I II III
0,210	0,000 744 130 435 97 826	0,000 709 142 857 107 143	0,000 667 161 538 121 154	0,000 636 177 966 133 475	0,000 606 196 262 147 197	0,000 579 214 286 160 715	0,000 550 235 955 176 965	I II III
0,215	0,000 772 132 540 100 155	0,000 740 146 258 109 694	0,000 694 165 384 124 039	0,000 662 182 203 136 653	0,000 631 200 935 150 701	0,000 602 219 388 164 541	0,000 572 241 573 181 179	I II III
0,220	0,000 803 136 646 102 484	0,000 769 149 660 112 245	0,000 722 169 231 126 923	0,000 688 186 441 139 831	0,000 656 205 608 154 206	0,000 627 224 490 168 368	0,000 596 247 191 185 392	I II III
0,225	0,000 836 139 752 104 814	0,000 800 153 061 114 796	0,000 751 173 077 129 808	0,000 715 190 678 143 009	0,000 682 210 286 157 711	0,000 653 229 592 172 194	0,000 619 252 809 189 606	I II III
0,230	0,000 868 142 857 107 143	0,000 830 156 463 117 347	0,000 779 176 923 132 693	0,000 741 194 915 146 187	0,000 709 214 953 161 215	0,000 676 234 694 176 021	0,000 644 258 427 193 819	I II III
0,235	0,000 900 145 963 109 472	0,000 861 159 864 119 898	0,000 810 180 769 135 577	0,000 771 199 153 149 365	0,000 735 219 626 164 720	0,000 700 239 796 179 847	0,000 667 264 045 198 033	I II III
0,240	0,000 933 149 068 111 801	0,000 892 163 265 122 449	0,000 839 184 615 138 462	0,000 798 203 390 152 543	0,000 760 224 299 168 225	0,000 727 244 898 183 674	0,000 692 269 663 202 246	I II III
0,245	0,000 966 152 174 114 130	0,000 923 166 667 125 000	0,000 869 188 461 141 346	0,000 826 207 627 155 721	0,000 787 278 972 171 730	0,000 752 250 000 187 500	0,000 716 275 281 206 460	I II III
0,250	0,001 000 155 280 116 460	0,000 956 170 068 127 551	0,000 897 192 308 144 231	0,000 857 211 865 158 899	0,000 815 233 645 175 234	0,000 780 255 102 191 327	0,000 742 280 899 210 673	I II III
0,255	0,001 037 158 385 118 788	0,000 990 173 469 130 102	0,000 931 196 154 147 116	0,000 884 216 102 162 076	0,000 845 238 318 178 739	0,000 809 260 204 195 154	0,000 768 286 517 214 886	I II III
0,260	0,001 071 161 491 121 118	0,001 023 176 871 132 653	0,000 961 200 000 150 000	0,000 916 220 339 165 254	0,000 871 242 991 182 243	0,000 834 265 306 198 980	0,000 792 292 135 219 100	I II III
0,265	0,001 105 164 596 123 447	0,001 055 180 272 135 204	0,000 995 203 846 152 885	0,000 944 224 576 168 432	0,000 901 247 664 185 748	0,000 862 270 408 202 806	0,000 819 297 753 223 313	I II III
0,270	0,001 143 167 702 125 776	0,001 092 183 673 137 755	0,001 025 207 692 155 769	0,000 977 228 814 171 610	0,000 933 252 337 189 253	0,000 891 275 510 206 633	0,000 847 303 371 227 527	I II III
0,275	0,001 179 170 807 128 105	0,001 125 187 075 140 306	0,001 059 211 538 158 654	0,001 009 233 051 174 788	0,000 964 257 010 192 757	0,000 921 280 612 210 459	0,000 875 308 989 231 740	I II III
0,280	0,001 218 173 913 130 435	0,001 162 190 476 142 857	0,001 094 215 384 161 539	0,001 038 237 288 177 966	0,000 991 261 682 196 262	0,000 947 285 714 214 286	0,000 903 314 607 235 954	I II III
0,285	0,001 254 177 019 132 764	0,001 196 193 878 145 409	0,001 125 219 231 164 423	0,001 072 241 526 181 144	0,001 022 266 355 199 767	0,000 977 290 816 218 113	0,000 932 320 225 240 167	I II III
0,290	0,001 294 180 124 135 093	0,001 234 197 279 147 960	0,001 161 223 077 167 308	0,001 105 245 763 184 322	0,001 056 271 028 203 271	0,001 007 295 918 221 939	0,000 960 325 843 244 381	I II III
0,295	0,001 330 182 230 137 422	0,001 272 200 680 150 511	0,001 197 226 923 170 193	0,001 139 250 000 187 500	0,001 086 275 701 202 776	0,001 037 301 020 225 766	0,000 988 331 461 248 594	I II III
0,300	0,001 371 186 335 139 751	0,001 307 204 082 153 062	0,001 229 230 769 173 077	0,001 169 254 237 190 678	0,001 108 280 374 210 281	0,001 069 306 122 229 592	0,001 018 337 079 252 808	I II III

Geschwindigkeit des Wassers in Metern	Werthe des Ausdruckes $\frac{v^2}{2g} \cdot \Sigma\zeta$ für $\Sigma\zeta =$									
v	0,5	1	1,5	2	2,5	3	3,5	4	4,5	5
0,305	0,002 370	0,004 739	0,007 109	0,009 478	0,011 848	0,014 217	0,016 587	0,018 956	0,021 326	0,023 695
0,310	0,002 448	0,004 896	0,007 344	0,009 792	0,012 240	0,014 688	0,017 136	0,019 584	0,022 032	0,024 480
0,315	0,002 528	0,005 055	0,007 583	0,010 110	0,012 638	0,015 165	0,017 693	0,020 220	0,022 748	0,025 275
0,320	0,002 609	0,005 217	0,007 826	0,010 434	0,013 043	0,015 651	0,018 260	0,020 868	0,023 477	0,026 085
0,325	0,002 691	0,005 381	0,008 072	0,010 762	0,013 453	0,016 143	0,018 834	0,021 524	0,024 215	0,026 905
0,330	0,002 774	0,005 548	0,008 322	0,011 096	0,013 870	0,016 644	0,019 418	0,022 192	0,024 966	0,027 740
0,335	0,002 859	0,005 717	0,008 576	0,011 434	0,014 293	0,017 151	0,020 010	0,022 868	0,025 727	0,028 585
0,340	0,002 945	0,005 889	0,008 834	0,011 778	0,014 723	0,017 667	0,020 612	0,023 556	0,026 501	0,029 445
0,345	0,003 032	0,006 064	0,009 096	0,012 128	0,015 160	0,018 192	0,021 224	0,024 256	0,027 288	0,030 320
0,350	0,003 121	0,006 241	0,009 362	0,012 482	0,015 603	0,018 723	0,021 844	0,024 964	0,028 085	0,031 205
0,355	0,003 211	0,006 421	0,009 632	0,012 842	0,016 053	0,019 263	0,022 474	0,025 684	0,028 895	0,032 105
0,360	0,003 302	0,006 603	0,009 905	0,013 206	0,016 508	0,019 809	0,023 111	0,026 412	0,029 714	0,033 015
0,365	0,003 394	0,006 787	0,010 181	0,013 574	0,016 968	0,020 361	0,023 755	0,027 148	0,030 542	0,033 935
0,370	0,003 488	0,006 975	0,010 463	0,013 950	0,017 438	0,020 925	0,024 413	0,027 900	0,031 388	0,034 875
0,375	0,003 583	0,007 165	0,010 748	0,014 330	0,017 913	0,021 495	0,025 078	0,028 660	0,032 243	0,035 825
0,380	0,003 679	0,007 357	0,011 036	0,014 714	0,018 393	0,022 071	0,025 750	0,029 428	0,033 107	0,036 785
0,385	0,003 776	0,007 552	0,011 328	0,015 105	0,018 881	0,022 658	0,026 434	0,030 211	0,033 987	0,037 764
0,390	0,003 845	0,007 749	0,011 624	0,015 498	0,019 373	0,023 247	0,027 122	0,030 996	0,034 871	0,038 745
0,395	0,003 975	0,007 949	0,011 924	0,015 898	0,019 873	0,023 847	0,027 822	0,031 796	0,035 771	0,039 745
0,400	0,004 076	0,008 152	0,012 228	0,016 304	0,020 380	0,024 456	0,028 532	0,032 608	0,036 684	0,040 760

höhen und der möglichen stündlich zu fördernden Wärmemenge.

Geschwindigkeit des Wassers in Metern	Werthe des Ausdruckes $\frac{v^2}{2g}\frac{\varrho}{d}$ . . . . Mögliche stündlich zu fördernde Wärmemenge bei einer Temperaturdifferenz des Wassers von 20° / » 15° für eine Rohrweite (in Metern) von:							I / II / III
v	0,106	0,111	0,118	0,124	0,130	0,136	0,143	
0,305	0,001 412	0,001 346	0,001 265	0,001 204	0,001 151	0,001 099	0,001 048	I
	189 441	207 483	234 615	258 475	285 047	311 222	342 196	II
	142 081	155 613	175 962	193 856	213 785	233 419	257 021	III
0,310	0,001 449	0,001 386	0,001 302	0,001 238	0,001 185	0,001 131	0,001 072	I
	192 547	210 884	238 461	262 712	289 720	316 324	348 314	II
	144 410	158 164	178 846	197 034	217 290	237 245	261 235	III
0,315	0,001 492	0,001 426	0,001 339	0,001 274	0,001 213	0,001 163	0,001 107	I
	195 652	214 286	242 307	266 949	294 393	321 426	353 932	II
	146 739	160 715	181 731	200 212	220 795	241 072	265 448	III
0,320	0,001 534	0,001 460	0,001 378	0,001 309	0,001 246	0,001 195	0,001 137	I
	198 758	217 687	246 154	271 187	299 066	326 528	359 550	II
	149 068	163 266	184 616	203 390	224 300	244 899	269 661	III
0,325	0,001 571	0,001 502	0,001 415	0,001 345	0,001 281	0,001 227	0,001 168	I
	201 863	221 088	250 000	275 424	303 738	331 630	365 168	II
	151 397	165 817	187 500	206 568	227 804	248 725	273 875	III
0,330	0,001 614	0,001 542	0,001 453	0,001 382	0,001 320	0,001 260	0,001 198	I
	204 969	224 490	253 846	279 661	308 411	336 732	370 786	II
	153 727	168 368	190 385	209 746	231 309	252 552	278 088	III
0,335	0,001 658	0,001 583	0,001 493	0,001 418	0,001 355	0,001 292	0,001 229	I
	208 075	227 891	257 692	283 898	313 084	341 834	376 404	II
	156 056	170 919	193 270	212 924	234 814	256 378	282 302	III
0,340	0,001 702	0,001 625	0,001 531	0,001 454	0,001 390	0,001 325	0,001 261	I
	211 180	231 292	261 538	288 136	317 757	346 936	382 022	II
	158 385	173 470	196 154	216 102	238 318	260 205	286 515	III
0,345	0,001 746	0,001 667	0,001 571	0,001 492	0,001 425	0,001 359	0,001 292	I
	214 286	234 694	265 384	292 373	322 430	352 038	387 640	II
	160 714	176 021	199 039	219 280	241 823	264 031	290 729	III
0,350	0,001 791	0,001 710	0,001 610	0,001 529	0,001 460	0,001 398	0,001 319	I
	217 391	238 095	269 231	296 610	327 103	357 140	393 258	II
	163 043	178 572	201 924	222 458	245 328	267 858	294 942	III
0,355	0,001 837	0,001 753	0,001 650	0,001 566	0,001 496	0,001 430	0,001 362	I
	220 497	241 497	273 077	300 848	331 776	362 242	398 875	II
	165 372	181 123	204 808	225 636	248 320	271 684	299 156	III
0,360	0,001 881	0,001 796	0,001 691	0,001 605	0,001 532	0,001 466	0,001 393	I
	223 602	244 898	276 923	305 085	336 449	367 344	404 493	II
	167 702	183 674	207 693	228 814	252 337	275 511	303 369	III
0,365	0,001 928	0,001 839	0,001 731	0,001 649	0,001 567	0,001 500	0,001 425	I
	226 708	248 299	280 769	309 322	341 122	372 446	410 111	II
	170 031	186 225	210 578	231 992	255 842	279 337	307 583	III
0,370	0,001 974	0,001 883	0,001 771	0,001 687	0,001 605	0,001 534	0,001 464	I
	229 814	251 701	284 615	313 559	345 795	377 548	415 729	II
	172 360	188 776	213 462	235 170	259 346	283 164	311 796	III
0,375	0,002 021	0,001 928	0,001 813	0,001 727	0,001 648	0,001 577	0,001 498	I
	232 919	255 102	288 461	317 797	350 467	382 650	421 347	II
	174 689	191 327	216 347	238 348	262 851	286 991	316 010	III
0,380	0,002 067	0,001 971	0,001 854	0,001 765	0,001 685	0,001 611	0,001 530	I
	236 025	258 503	292 307	322 034	355 140	387 752	426 965	II
	177 018	193 878	219 231	241 526	266 356	290 817	320 223	III
0,385	0,002 115	0,002 017	0,001 896	0,001 805	0,001 722	0,001 646	0,001 563	I
	239 130	261 905	296 154	326 271	359 813	392 854	432 583	II
	179 348	196 429	222 116	244 704	269 860	294 644	324 436	III
0,390	0,002 162	0,002 061	0,001 945	0,001 844	0,001 759	0,001 681	0,001 604	I
	242 236	265 306	300 000	330 509	364 486	397 956	438 201	II
	181 677	198 980	225 000	247 882	273 365	298 470	328 650	III
0,395	0,002 210	0,002 106	0,001 987	0,001 891	0,001 805	0,001 725	0,001 637	I
	245 342	268 707	303 846	343 746	369 159	403 058	443 819	II
	184 906	201 531	227 885	251 060	276 870	302 297	332 863	III
0,400	0,002 258	0,002 160	0,002 030	0,001 932	0,001 842	0,001 761	0,001 671	I
	248 447	272 109	307 692	338 983	373 832	408 160	449 437	II
	186 335	204 082	230 770	254 238	280 374	306 123	337 077	III

Geschwindigkeit des Wassers in Metern	Werthe des Ausdruckes $\frac{v^2}{2g} \cdot \Sigma\zeta$ für $\Sigma\zeta =$									
v	0,5	1	1,5	2	2,5	3	3,5	4	4,5	5
0,405	0,004 179	0,008 357	0,012 536	0,016 714	0,020 893	0,025 071	0,029 250	0,033 428	0,037 607	0,041 785
0,410	0,004 283	0,008 565	0,012 848	0,017 130	0,021 413	0,025 695	0,029 978	0,034 260	0,038 543	0,042 825
0,415	0,004 388	0,008 775	0,013 163	0,017 550	0,021 938	0,026 325	0,030 713	0,035 100	0,039 488	0,043 875
0,420	0,004 494	0,008 988	0,013 482	0,017 976	0,022 470	0,026 964	0,031 458	0,035 952	0,040 446	0,044 940
0,425	0,004 602	0,009 203	0,013 805	0,018 406	0,023 007	0,027 609	0,032 211	0,036 812	0,041 414	0,046 015
0,430	0,004 711	0,009 420	0,014 131	0,018 842	0,023 552	0,028 263	0,032 974	0,037 684	0,042 394	0,047 105
0,435	0,004 821	0,009 641	0,014 462	0,019 282	0,024 103	0,028 923	0,033 744	0,038 564	0,043 385	0,048 205
0,440	0,004 932	0,009 864	0,014 796	0,019 728	0,024 660	0,029 592	0,034 524	0,039 456	0,044 388	0,049 320
0,445	0,005 045	0,010 089	0,015 134	0,020 178	0,025 223	0,030 267	0,035 312	0,040 356	0,045 401	0,050 445
0,450	0,005 159	0,010 317	0,015 476	0,020 634	0,025 793	0,030 951	0,036 110	0,041 268	0,046 427	0,051 585
0,455	0,005 274	0,010 548	0,015 822	0,021 096	0,026 370	0,031 644	0,036 918	0,042 192	0,047 466	0,052 740
0,460	0,005 391	0,010 781	0,016 172	0,021 562	0,026 953	0,032 343	00,37 734	0,043 124	0,048 515	0,053 905
0,465	0,005 509	0,011 017	0,016 526	0,022 034	0,027 543	0,033 051	0,038 560	0,044 068	0,049 577	0,055 085
0,470	0,005 628	0,011 255	0,016 883	0,022 510	0,028 138	0,033 765	0,039 393	0,045 020	0,050 648	0,056 275
0,475	0,005 748	0,011 496	0,017 244	0,022 992	0,028 740	0,034 488	0,040 236	0,045 984	0,051 732	0,057 480
0,480	0,005 870	0,011 739	0,017 609	0,023 478	0,029 348	0,035 217	0,041 087	0,046 956	0,052 826	0,058 695
0,485	0,005 993	0,011 985	0,017 978	0,023 970	0,029 963	0,035 955	0,041 948	0,047 940	0,053 933	0,059 925
0,490	0,006 117	0,012 233	0,018 350	0,024 466	0,030 582	0,036 699	0,042 816	0,048 932	0,055 048	0,061 165
0,495	0,006 242	0,012 484	0,018 726	0,024 968	0,031 210	0,037 452	0,043 694	0,049 936	0,056 178	0,062 420
0,500	0,006 369	0,012 738	0,019 107	0,025 476	0,031 845	0,038 214	0,044 583	0,050 952	0,057 321	0,063 690

höhen und der möglichen stündlich zu fördernden Wärmemenge.

Geschwindigkeit des Wassers in Metern	Werthe des Ausdruckes $\frac{v^2}{2g}\frac{\varrho}{d}$ . . . . Mögliche stündlich zu fördernde Wärmemenge bei einer Temperaturdifferenz des Wassers von 20° / » 15° für eine Rohrweite (in Metern) von:							I / II / III
v	0,106	0,111	0,118	0,124	0,130	0,136	0,143	
0,405	0,002 306	0,002 206	0,002 072	0,001 972	0,001 880	0,001 797	0,001 710	I
	251 553	275 510	311 538	343 220	378 505	413 262	455 054	II
	188 664	206 633	233 655	257 416	283 879	309 950	341 290	III
0,410	0,002 356	0,002 253	0,002 116	0,002 013	0,001 919	0,001 841	0,001 747	I
	254 658	278 912	315 384	347 458	383 178	418 364	460 672	II
	190 994	209 184	236 539	260 594	287 384	313 776	345 504	III
0,415	0,002 404	0,002 299	0,002 167	0,002 062	0,001 965	0,001 878	0,001 791	I
	257 764	282 313	319 230	351 695	387 851	423 466	466 290	II
	193 323	211 735	239 124	263 772	290 888	317 603	349 717	III
0,420	0,002 463	0,002 346	0,002 211	0,002 103	0,002 005	0,001 915	0,001 825	I
	260 870	285 714	321 177	355 932	392 524	428 568	471 908	II
	195 652	214 287	242 309	266 949	294 393	321 429	353 931	III
0,425	0,002 512	0,002 393	0,002 255	0,002 144	0,002 043	0,001 960	0,001 859	I
	263 975	289 116	326 923	360 170	397 196	443 670	477 526	II
	197 981	216 838	245 193	270 127	297 898	325 256	358 144	III
0,430	0,002 563	0,002 450	0,002 298	0,002 195	0,002 091	0,001 997	0,001 903	I
	267 081	292 517	330 769	364 407	401 869	438 772	483 144	II
	200 310	219 389	248 078	273 305	301 402	329 083	362 358	III
0,435	0,002 613	0,002 497	0,002 353	0,002 237	0,002 131	0,002 034	0,001 938	I
	270 186	295 918	334 615	368 644	406 542	443 874	488 762	II
	202 640	221 940	250 962	276 483	304 907	332 909	366 571	III
0,440	0,002 664	0,002 545	0,002 397	0,002 279	0,002 170	0,002 081	0,001 973	I
	273 292	299 320	338 461	372 882	411 215	448 976	494 380	II
	204 969	224 491	253 847	279 661	308 412	336 736	370 784	III
0,445	0,002 724	0,002 603	0,002 441	0,002 330	0,002 219	0,002 119	0,002 018	I
	276 398	302 721	342 307	377 119	415 888	454 078	499 998	II
	207 298	227 042	256 732	282 839	311 917	341 562	374 998	III
0,450	0,002 776	0,002 651	0,002 497	0,002 373	0,002 260	0,002 167	0,002 053	I
	279 503	306 122	346 154	381 356	420 561	459 180	505 616	II
	209 627	229 593	259 616	286 017	315 421	344 389	379 211	III
0,455	0,002 837	0,002 700	0,002 542	0,002 426	0,002 310	0,002 204	0,002 099	I
	282 609	309 524	350 000	385 593	425 234	464 282	511 233	II
	211 956	232 144	262 501	289 195	318 926	348 215	383 425	III
0,460	0,002 879	0,002 749	0,002 587	0,002 469	0,002 350	0,002 243	0,002 135	I
	285 714	312 925	353 846	389 831	429 907	469 384	516 851	II
	214 285	234 695	265 386	292 373	322 431	352 042	387 638	III
0,465	0,002 941	0,002 809	0,002 644	0,002 512	0,002 401	0,002 291	0,002 181	I
	288 820	316 326	357 692	394 068	434 580	474 486	522 469	II
	216 615	237 246	268 270	295 551	325 935	355 868	391 852	III
0,470	0,002 994	0,002 858	0,002 690	0,002 555	0,002 443	0,002 330	0,002 217	I
	291 921	319 728	361 538	398 305	439 253	479 588	528 087	II
	218 944	239 797	271 155	298 729	329 440	359 695	396 065	III
0,475	0,003 046	0,002 908	0,002 736	0,002 609	0,002 483	0,002 380	0,002 265	I
	295 031	323 129	365 384	402 543	443 925	484 690	533 705	II
	221 273	242 348	274 039	301 907	332 945	363 521	400 279	III
0,480	0,003 127	0,002 970	0,002 794	0,002 653	0,002 536	0,002 418	0,002 300	I
	298 137	326 531	369 230	406 780	448 598	489 792	539 323	II
	223 602	244 899	276 924	305 085	336 450	367 348	404 492	III
0,485	0,003 164	0,003 020	0,002 840	0,002 709	0,002 577	0,002 469	0,002 349	I
	301 242	329 932	373 077	411 017	453 271	494 894	544 941	II
	225 931	247 450	279 809	308 263	339 954	371 174	408 706	III
0,490	0,003 218	0,003 070	0,002 899	0,002 752	0,002 630	0,002 508	0,002 385	I
	304 348	333 333	376 923	415 254	457 944	499 996	550 559	II
	228 261	250 000	282 693	311 441	343 459	375 001	412 919	III
0,495	0,003 283	0,003 134	0,002 946	0,002 809	0,002 672	0,002 560	0,002 434	I
	307 453	336 735	380 769	419 492	462 617	505 098	556 177	II
	230 590	252 552	285 578	314 619	346 963	378 827	417 133	III
0,500	0,003 337	0,003 184	0,002 994	0,002 853	0,002 726	0,002 598	0,002 471	I
	310 559	340 136	384 615	423 729	467 290	510 200	561 795	II
	232 919	255 103	288 463	317 797	350 468	382 654	421 346	III

Geschwindigkeit des Wassers in Metern	Werthe des Ausdruckes $\frac{v^2}{2g} \cdot \Sigma\zeta$ für $\Sigma\zeta =$									
v	0,5	1	1,5	2	2,5	3	3,5	4	4,5	5
0,505	0,006 497	0,012 994	0,019 491	0,025 988	0,032 485	0,038 982	0,045 479	0,051 977	0,058 473	0,064 970
0,510	0,006 626	0,013 252	0,019 878	0,026 504	0,033 130	0,039 756	0,046 382	0,053 008	0,059 634	0,066 261
0,515	0,006 757	0,013 513	0,020 270	0,027 026	0,033 783	0,040 539	0,047 296	0,054 052	0,060 809	0,067 565
0,520	0,006 889	0,013 777	0,020 666	0,027 554	0,034 443	0,041 331	0,048 220	0,055 108	0,061 997	0,068 885
0,525	0,007 022	0,014 043	0,021 065	0,028 086	0,035 108	0,042 129	0,049 151	0,056 172	0,063 194	0,070 215
0,530	0,007 156	0,014 312	0,021 468	0,028 624	0,035 780	0,042 936	0,050 092	0,057 248	0,064 404	0,071 500
0,535	0,007 292	0,014 583	0,021 875	0,029 166	0,036 458	0,043 749	0,051 040	0,058 332	0,065 624	0,072 915
0,540	0,007 429	0,014 857	0,022 286	0,029 714	0,037 143	0,044 571	0,052 100	0,059 428	0,066 857	0,074 285
0,545	0,007 567	0,015 133	0,022 700	0,030 266	0,037 833	0,045 399	0,052 966	0,060 532	0,068 099	0,075 665
0,550	0,007 706	0,015 412	0,023 118	0,030 824	0,038 530	0,046 236	0,053 942	0,061 648	0,069 354	0,077 060
0,555	0,007 847	0,015 694	0,023 540	0,031 388	0,039 235	0,047 082	0,054 929	0,062 776	0,070 623	0,078 470
0,560	0,007 989	0,015 978	0,023 967	0,031 956	0,039 945	0,047 934	0,055 923	0,063 912	0,071 901	0,079 890
0,565	0,008 132	0,016 264	0,024 396	0,032 528	0,040 660	0,048 792	0,056 924	0,065 056	0,073 188	0,081 320
0,570	0,008 277	0,016 554	0,024 831	0,033 108	0,041 385	0,049 662	0,057 939	0,066 216	0,074 493	0,082 770
0,575	0,008 423	0,016 845	0,025 268	0,033 690	0,042 113	0,050 535	0,058 956	0,067 380	0,075 803	0,084 225
5,580	0,008 570	0,017 139	0,025 708	0,034 278	0,042 848	0,051 417	0,059 987	0,068 556	0,077 126	0,085 695
0,585	0,008 718	0,017 436	0,026 154	0,034 872	0,043 590	0,052 308	0,061 026	0,069 744	0,078 462	0,087 180
0,590	0,008 868	0,017 736	0,026 604	0,035 472	0,044 340	0,053 208	0,062 076	0,070 944	0,079 812	0,088 680
0,595	0,009 019	0,018 038	0,027 058	0,036 076	0,045 095	0,054 116	0,063 131	0,072 152	0,081 171	0,090 190
0,600	0,009 171	0,018 342	0,027 513	0,036 684	0,045 855	0,055 026	0,064 197	0,073 368	0,082 539	0,091 710

höhen und der möglichen stündlich zu fördernden Wärmemenge.

Geschwindigkeit des Wassers in Metern	Werthe des Ausdruckes $\frac{v^2}{2g}\frac{\varrho}{d}$ . . . . Mögliche stündlich zu fördernde Wärmemenge bei einer Temperaturdifferenz des Wassers } von 20° / » 15° für eine Rohrweite (in Metern) von:							I / II / III
v	0,106	0,111	0,118	0,124	0,130	0,136	0,143	
0,505	0,003 400	0,003 243	0,003 051	0,002 904	0,002 770	0,002 648	0,002 518	I
	313 665	343 537	388 461	427 966	471 963	515 302	567 412	II
	235 248	257 654	291 347	320 975	353 973	386 481	425 559	III
0,510	0,003 460	0,003 301	0,003 105	0,002 955	0,002 819	0,002 694	0,002 563	I
	316 770	346 939	392 307	432 204	476 636	520 404	573 030	II
	237 577	260 205	294 232	324 153	357 477	390 307	429 773	III
0,515	0,003 520	0,003 358	0,003 158	0,003 005	0,002 867	0,002 740	0,002 607	I
	319 876	350 340	396 153	436 441	481 309	525 506	578 648	II
	239 907	262 756	297 116	327 331	360 982	394 134	433 986	III
0,520	0,003 580	0,003 415	0,003 213	0,003 057	0,002 917	0,002 788	0,002 652	I
	322 981	353 741	400 000	440 678	485 982	530 608	584 266	II
	242 236	265 307	300 000	330 509	364 487	397 960	438 200	III
0,525	0,003 640	0,003 473	0,003 266	0,003 109	0,002 966	0,002 834	0,002 696	I
	326 087	357 143	403 846	444 915	490 654	535 710	589 884	II
	244 565	267 858	302 886	333 687	367 991	401 787	442 413	III
0,530	0,003 700	0,003 532	0,003 332	0,003 162	0,003 016	0,002 882	0,002 741	I
	329 193	360 544	407 692	449 153	495 327	540 812	595 502	II
	246 894	270 409	305 770	336 865	371 496	405 613	446 627	III
0,535	0,003 759	0,003 590	0,003 377	0,003 213	0,003 065	0,002 931	0,002 780	I
	332 298	363 946	411 538	453 390	500 000	545 914	601 120	II
	249 233	272 960	308 655	340 043	375 000	409 440	450 840	III
0,540	0,003 826	0,003 654	0,003 437	0,003 270	0,003 120	0,002 981	0,002 836	I
	335 404	367 347	415 384	457 627	504 673	551 016	606 738	II
	251 553	275 511	311 540	343 221	378 505	413 266	455 054	III
0,545	0,003 892	0,003 718	0,003 498	0,003 328	0,003 175	0,003 036	0,002 887	I
	338 509	370 748	419 230	461 865	509 346	556 118	612 356	II
	253 882	278 062	314 424	346 399	382 010	417 093	459 267	III
0,550	0,003 951	0,003 773	0,003 552	0,003 379	0,003 223	0,003 081	0,002 932	I
	341 615	374 150	423 077	466 102	514 019	561 220	617 974	II
	256 211	280 613	317 309	349 577	385 515	420 919	463 481	III
0,555	0,004 012	0,003 830	0,003 604	0,003 430	0,003 271	0,003 127	0,002 973	I
	344 720	377 551	426 923	470 339	518 692	566 322	623 591	II
	258 540	283 164	320 194	352 755	389 019	424 746	467 694	III
0,560	0,004 077	0,003 893	0,003 663	0,003 485	0,003 324	0,003 177	0,003 022	I
	347 826	380 952	430 769	474 576	523 365	571 424	629 209	II
	260 869	285 715	323 078	355 933	392 524	428 572	471 908	III
0,565	0,004 141	0,003 955	0,003 719	0,003 540	0,003 376	0,003 228	0,003 070	I
	350 432	384 354	434 615	478 814	528 038	576 526	634 827	II
	263 118	288 266	325 963	359 111	396 029	432 399	476 121	III
0,570	0,004 205	0,004 015	0,003 777	0,003 595	0,003 429	0,003 277	0,003 116	I
	354 037	387 755	438 461	483 051	532 711	581 628	640 445	II
	265 528	290 817	328 847	362 289	399 534	436 226	480 334	III
0,575	0,004 269	0,004 077	0,003 834	0,003 649	0,003 481	0,003 328	0,003 164	I
	357 143	391 156	442 307	487 288	537 383	586 730	646 063	II
	267 857	293 368	331 732	365 467	403 038	440 052	484 548	III
0,580	0,004 336	0,004 141	0,003 896	0,003 707	0,003 536	0,003 380	0,003 215	I
	360 248	394 558	446 153	491 526	542 056	591 832	651 681	II
	270 186	295 919	334 617	368 645	406 543	443 879	488 761	III
0,585	0,004 405	0,004 207	0,003 957	0,003 765	0,003 591	0,003 432	0,003 265	I
	363 354	397 959	450 000	495 763	546 729	596 934	657 299	II
	272 515	298 470	337 501	371 822	410 048	447 705	492 975	III
0,590	0,004 470	0,004 268	0,004 016	0,003 821	0,003 646	0,003 484	0,003 314	I
	366 460	401 360	453 846	500 000	551 402	602 036	662 917	II
	274 844	301 021	340 386	375 000	413 552	451 532	497 188	III
0,595	0,004 536	0,004 332	0,004 076	0,003 878	0,003 700	0,003 536	0,003 363	I
	369 565	404 762	457 692	504 238	556 085	607 138	668 535	II
	277 174	303 572	343 271	378 178	417 057	455 358	501 402	III
0,600	0,004 603	0,004 396	0,004 136	0,003 935	0,003 754	0,003 589	0,003 413	I
	372 671	408 163	461 538	508 475	560 748	612 246	674 153	II
	279 503	306 123	346 155	381 356	420 562	459 185	505 615	III

Geschwindigkeit des Wassers in Metern	Werthe des Ausdruckes $\frac{v^2}{2g} \cdot \Sigma\zeta$ für $\Sigma\zeta =$									
v	0,5	1	1,5	2	2,5	3	3,5	4	4,5	5
0,010	0,000 003	0,000 005	0,000 008	0,000 010	0,000 013	0,000 015	0,000 018	0,000 020	0,000 023	0,000 025
0,015	0,000 006	0,000 011	0,000 017	0,000 022	0,000 028	0,000 033	0,000 039	0,000 044	0,000 050	0,000 055
0,020	0,000 010	0,000 020	0,000 030	0,000 040	0,000 050	0,000 060	0,000 070	0,000 080	0,000 090	0,000 100
0,025	0,000 016	0,000 031	0,000 047	0,000 062	0,000 078	0,000 093	0,000 109	0,000 124	0,000 140	0,000 155
0,030	0,000 023	0,000 045	0,000 068	0,000 090	0,000 113	0,000 135	0,000 158	0,000 180	0,000 203	0,000 225
0,035	0,000 031	0,000 062	0,000 093	0,000 124	0,000 155	0,000 186	0,000 217	0,000 248	0,000 279	0,000 310
0,040	0,000 041	0,000 081	0,000 122	0,000 162	0,000 203	0,000 243	0,000 284	0,000 324	0,000 365	0,000 405
0,045	0,000 052	0,000 103	0,000 155	0,000 206	0,000 258	0,000 309	0,000 361	0,000 412	0,000 464	0,000 515
0,050	0,000 064	0,000 127	0,000 191	0,000 254	0,000 318	0,000 381	0,000 445	0,000 508	0,000 572	0,000 636
0,055	0,000 077	0,000 154	0,000 231	0,000 308	0,000 385	0,000 462	0,000 539	0,000 616	0,000 694	0,000 771
0,060	0,000 092	0,000 183	0,000 275	0,000 366	0,000 458	0,000 549	0,000 641	0,000 732	0,000 824	0,000 915
0,065	0,000 108	0,000 215	0,000 323	0,000 430	0,000 538	0,000 645	0,000 753	0,000 860	0,000 968	0,001 075
0,070	0,000 125	0,000 249	0,000 374	0,000 498	0,000 623	0,000 747	0,000 872	0,000 996	0,001 121	0,001 245
0,075	0,000 143	0,000 286	0,000 429	0,000 572	0,000 715	0,000 858	0,001 001	0,001 144	0,001 287	0,001 430
0,080	0,000 163	0,000 326	0,000 489	0,000 652	0,000 816	0,000 979	0,001 143	0,001 306	0,001 470	0,001 633
0,085	0,000 184	0,000 368	0,000 552	0,000 736	0,000 920	0,001 104	0,001 288	0,001 472	0,001 656	0,001 840
0,090	0,000 206	0,000 412	0,000 618	0,000 824	0,001 030	0,001 236	0,001 442	0,001 648	0,001 854	0,002 060
0,095	0,000 230	0,000 459	0,000 689	0,000 918	0,001 148	0,001 377	0,001 607	0,001 836	0,002 066	0,002 295
0,100	0,000 255	0,000 509	0,000 764	0,001 018	0,001 273	0,001 527	0,001 782	0,002 036	0,002 291	0,002 545

höhen und der möglichen stündlich zu fördernden Wärmemenge.

Geschwindigkeit des Wassers in Metern	Werthe des Ausdruckes $\frac{v^2}{2g}\frac{\varrho}{d}$ . . . . Mögliche stündlich zu fördernde Wärmemenge bei einer Temperaturdifferenz des Wassers { von 20° / » 15° } für eine Rohrweite (in Metern) von:							I / II / III
v	0,155	0,168	0,178	0,191	0,202	0,215	0,226	
0,010	0,000 004	0,000 003	0,000 003	0,000 003	0,000 003	0,000 003	0,000 002	I
	13 333	15 625	17 544	20 121	22 472	25 510	28 169	II
	10 000	11 719	13 158	15 083	16 863	19 133	21 127	III
0,015	0,000 007	0,000 006	0,000 006	0,000 005	0,000 005	0,000 005	0,000 004	I
	20 000	23 438	26 316	30 181	33 708	38 265	42 254	II
	15 000	17 578	19 737	22 624	25 295	28 699	31 690	III
0,020	0,000 010	0,000 010	0,000 009	0,000 009	0,000 008	0,000 007	0,000 007	I
	26 667	31 250	35 088	40 242	44 944	51 020	56 338	II
	20 000	23 438	26 316	30 166	33 727	38 265	42 254	III
0,025	0,000 015	0,000 014	0,000 013	0,000 012	0,000 012	0,000 011	0,000 011	I
	33 333	39 063	43 860	50 302	56 180	63 776	70 423	II
	25 000	29 297	32 895	37 707	42 159	47 831	52 817	III
0,030	0,000 020	0,000 018	0,000 018	0,000 016	0,000 015	0,000 014	0,000 014	I
	40 000	46 875	52 632	60 362	67 416	76 531	84 507	II
	30 000	35 156	39 473	45 249	50 590	57 398	63 380	III
0,035	0,000 026	0,000,024	0,000 023	0,000 021	0,000 020	0,000 019	0,000 018	I
	46 667	54 688	61 404	70 423	78 652	89 286	98 592	II
	35 000	41 016	46 052	52 790	59 022	66 964	73 944	III
0,040	0,000 032	0,000 030	0,000 028	0,000 026	0,000 025	0,000 023	0,000 022	I
	53 333	62 500	70 175	80 483	89 888	102 041	112 676	II
	40 000	46 875	52 631	60 332	67 454	76 530	84 507	III
0,045	0,000 039	0.000 036	0,000 034	0,000 032	0,000 030	0,000 028	0,000 027	I
	60 000	70 313	78 947	90 544	101 124	114 726	126 761	II
	45 000	52 734	59 210	67 873	75 885	86 096	95 071	III
0,050	0,000 046	0,000 043	0,000 040	0,000 037	0,000 035	0,000 033	0,000 032	I
	66 667	78 125	87 719	100 604	112 260	127 551	140 845	II
	50 000	58 594	65 789	75 415	84 317	95 663	105 634	III
0,055	0,000 054	0,000 050	0,000 047	0,000 044	0,000 041	0,000 039	0,000 037	I
	73 333	85 938	96 491	110 664	123 596	140 306	154 930	II
	55 000	64 453	72 368	82 956	92 749	105 229	116 197	III
0,060	0,000 062	0,000 058	0,000 054	0,000 051	0,000 048	0,000 045	0,000 043	I
	80 000	93 750	105 263	120 725	134 832	153 061	169 014	II
	60 000	70 313	78 947	90 498	101 180	114 795	126 761	III
0,065	0,000 072	0,000 066	0,000 063	0,000 059	0,000 055	0,000 051	0,000 049	I
	86 667	101 563	114 035	130 785	146 048	165 816	183 099	II
	65 000	76 172	85 526	98 039	109 612	124 361	137 324	III
0,070	0,000 081	0,000 075	0,000 071	0,000 066	0,000 061	0,000 058	0.000 055	I
	93 333	109 375	122 807	140 846	157 304	178 571	197 183	II
	70 000	82 031	92 105	105 581	118 044	133 928	147 888	III
0,075	0,000 091	0,000 084	0,000 079	0,000 074	0,000 069	0,000 065	0,000 062	I
	100 000	117 188	131 579	150 906	168 540	191 327	211 268	II
	75 000	87 891	98 684	113 122	126 476	143 494	158 451	III
0,080	0,000 101	0,000 093	0,000 088	0,000 082	0,000 078	0,000 073	0,000 069	I
	106 667	125 000	140 351	160 966	179 776	204 082	225 352	II
	80 000	93 750	105 262	120 664	134 907	153 060	169 014	III
0,085	0,000 111	0,000 103	0,000 097	0,000 090	0,000 086	0,000 081	0,000 077	I
	113 333	132 813	149 123	171 027	191 012	216 837	239 437	II
	85 000	99 609	111 841	128 205	143 339	162 626	179 578	III
0,090	0,000 122	0,000 113	0,000 107	0,000 100	0,000 094	0,000 089	0,000 084	I
	120 000	140 625	157 895	181 087	202 248	229 592	253 521	II
	90 000	105 469	118 420	135 747	151 771	172 193	190 141	III
0,095	0,000 134	0,000 124	0,000 116	0,000 109	0,000 103	0,000 097	0,000 092	I
	126 667	148 438	166 667	191 148	213 484	242 347	267 606	II
	95 000	111 328	124 999	143 288	160 202	181 759	200 705	III
0,100	0,000 145	0,000 134	0,000 127	0,000 118	0,000 112	0.000 105	0,000 100	I
	133 333	156 250	175 439	201 208	224 720	255 102	281 690	II
	100 000	117 188	131 578	150 830	168 634	191 325	211 268	III

Tabellen zur Bestimmung der Geschwindigkeits- und Widerstands-

Geschwindigkeit des Wassers in Metern	Werthe des Ausdruckes $\frac{v^2}{2g} \cdot \Sigma\zeta$ für $\Sigma\zeta =$									
v	**0,5**	**1**	**1,5**	**2**	**2,5**	**3**	**3,5**	**4**	**4,5**	**5**
0,105	0,000 281	0,000 561	0,000 842	0,001 122	0,001 403	0,001 683	0,001 964	0,002 244	0,002 525	0,002 805
0,110	0,000 308	0,000 616	0,000 924	0,001 232	0,001 540	0,001 848	0,002 156	0,002 464	0,002 772	0,003 080
0,115	0,000 337	0,000 673	0,001 010	0,001 346	0,001 683	0,002 019	0,002 356	0,002 692	0,003 029	0,003 365
0,120	0,000 367	0,000 733	0,001 100	0,001 466	0,001 833	0,002 199	0,002 566	0,002 932	0,003 299	0,003 665
0,125	0,000 398	0,000 796	0,001 194	0,001 592	0,001 990	0,002 388	0,002 786	0,003 184	0,003 582	0,003 980
0,130	0,000 431	0,000 861	0,001 292	0,001 722	0,002 153	0,002 583	0,003 014	0,003 444	0,003 875	0,004 305
0,135	0,000 464	0,000 928	0,001 392	0,001 856	0,002 320	0,002 784	0,003 248	0,003 712	0,004 176	0,004 640
0,140	0,000 500	0,000 999	0,001 499	0,001 998	0,002 498	0,002 997	0,003 497	0,003 996	0,004 496	0,004 995
0,145	0,000 536	0,001 071	0,001 607	0,002 142	0,002 678	0,003 213	0,003 749	0,004 284	0,004 820	0,005 355
0,150	0,000 573	0,001 146	0,001 719	0,002 292	0,002 865	0,003 438	0,004 011	0,004 584	0,005 157	0,005 730
0,155	0,000 612	0,001 224	0,001 836	0,002 448	0,003 060	0,003 672	0,004 284	0,004 896	0,005 508	0,006 120
0,160	0,000 652	0,001 304	0,001 956	0,002 608	0,003 260	0,003 912	0,004 564	0,005 216	0,005 868	0,006 520
0,165	0,000 694	0,001 387	0,002 081	0,002 774	0,003 468	0,004 161	0,004 855	0,005 548	0,006 242	0,006 935
0,170	0,000 736	0,001 472	0,002 208	0,002 944	0,003 680	0,004 416	0,005 152	0,005 888	0,006 624	0,007 360
0,175	0,000 780	0,001 560	0,002 340	0,003 120	0,003 900	0,004 680	0,005 460	0,006 240	0,007 020	0,007 800
0,180	0,000 825	0,001 650	0,002 475	0,003 300	0,004 125	0,004 950	0,005 775	0,006 600	0,007 425	0,008 250
0,185	0,000 872	0,001 744	0,002 616	0,003 488	0,004 360	0,005 232	0,006 104	0,006 976	0,007 848	0,008 720
0,190	0,000 920	0,001 839	0,002 759	0,003 678	0,004 598	0,005 517	0,006 437	0,007 356	0,008 276	0,009 195
0,195	0,000 969	0,001 937	0,002 906	0,003 874	0,004 843	0,005 811	0,006 780	0,007 748	0,008 717	0,009 685
0,200	0,001 019	0,002 038	0,003 057	0,004 076	0,005 095	0,006 114	0,007 133	0,008 152	0,009 171	0,010 190

höhen und der möglichen stündlich zu fördernden Wärmemenge.

Geschwindigkeit des Wassers in Metern	Werthe des Ausdruckes $\frac{v^2}{2g}\frac{\varrho}{d}$ . . . . Mögliche stündlich zu fördernde Wärmemenge bei einer Temperaturdifferenz des Wassers { von 20° / » 15° } für eine Rohrweite (in Metern) von:							I II III
v	0,155	0,168	0,178	0,191	0,202	0,215	0,226	
0,105	0,000 158	0,000 146	0,000 137	0,000 129	0.000 121	0,000 114	0,000 109	I
	140 000	164 063	184 211	211 268	235 956	267 857	295 775	II
	105 000	123 047	138 157	158 371	177 066	200 891	221 831	III
0,110	0,000 170	0,000 157	0,000 148	0,000 141	0,000 131	0,000 123	0,000 117	I
	146 667	171 875	192 982	221 329	247 192	280 612	309 859	II
	110 000	128 906	144 736	165 913	185 497	210 458	232 395	III
0,115	0,000 183	0,000 169	0,000 160	0,000 149	0,000 141	0,000 133	0,000 126	I
	153 333	179 688	201 754	231 389	258 428	293 367	323 944	II
	115 000	134 766	151 315	173 454	193 929	220 024	242 958	III
0,120	0,000 198	0,000 181	0,000 171	0,000 160	0,000 151	0,000 142	0,000 135	I
	160 000	187 500	210 526	241 450	269 664	306 122	338 028	II
	120 000	140 625	157 894	180 996	202 361	229 590	253 521	III
0,125	0,000 212	0,000 195	0,000 184	0,000 172	0,000 162	0,000 152	0,000 145	I
	166 667	195 313	219 298	251 510	280 900	318 878	352 113	II
	125 000	146 485	164 473	188 537	210 793	239 156	264 085	III
0,130	0,000 225	0,000 208	0,000 196	0,000 184	0,000 174	0,000 163	0,000 155	I
	173 333	203 125	228 070	261 570	292 136	331 633	366 197	II
	130 000	152 344	171 051	196 079	219 224	248 723	274 648	III
0,135	0,000 240	0,000 222	0,000 210	0,000 195	0,000 185	0,000 173	0,000 165	I
	180 000	210 938	236 842	271 631	303 372	344 388	380 282	II
	135 000	158 203	177 630	203 620	227 656	258 289	285 212	III
0,140	0,000 256	0,000 235	0,000 223	0,000 208	0,000 197	0,000 185	0,000 176	I
	186 667	218 750	245 614	281 691	314 608	357 143	394 366	II
	140 000	164 063	184 209	211 162	236 088	267 855	295 775	III
0,145	0,000 271	0,000 250	0,000 236	0,000 220	0,000 208	0,000 196	0,000 186	I
	193 333	226 563	254 386	291 752	325 844	369 898	408 451	II
	145 000	169 922	190 788	218 703	244 519	277 421	306 339	III
0,150	0,000 286	0,000 264	0,000 250	0,000 233	0,000 221	0,000 208	0,000 198	I
	200 000	234 375	263 158	301 812	337 080	382 653	422 535	II
	150 000	175 781	197 367	226 245	252 951	286 987	316 902	III
0,155	0,000 304	0,000 281	0,000 264	0,000 245	0,000 232	0,000 219	0,000 208	I
	206 667	242 188	271 930	311 872	348 316	395 408	436 620	II
	155 000	181 641	203 946	233 786	261 383	296 554	327 465	III
0,160	0,000 321	0,000 296	0,000 279	0,000 259	0,000 245	0,000 230	0,000 219	I
	213 333	250 000	280 702	321 933	359 552	408 163	450 704	II
	160 000	187 500	210 525	241 328	269 814	306 120	338 029	III
0,165	0,000 337	0,000 311	0,000 294	0,000 273	0,000 258	0,000 242	0,000 231	I
	220 000	257 813	289 474	331 993	370 788	420 918	464 789	II
	165 000	193 360	217 104	248 869	278 246	315 686	348 592	III
0,170	0,000 355	0,000 327	0,000 309	0,000 289	0,000 272	0,000 256	0,000 243	I
	226 667	265 625	298 246	342 054	382 024	433 673	478 873	II
	170 000	199 219	223 683	256 411	286 678	325 253	359 156	III
0,175	0,000 372	0,000 343	0,000 325	0,000 304	0,000 287	0,000 270	0,000 256	I
	233 333	273 438	307 018	352 114	393 260	446 429	492 958	II
	175 000	205 078	230 262	263 952	295 110	334 819	369 719	III
0,180	0,000 391	0,000 361	0,000 340	0,000 318	0,000 301	0,000 282	0,000 268	I
	240 000	281 250	315 789	362 174	404 496	459 184	507 042	II
	180 000	210 938	236 840	271 494	303 541	344 385	380 282	III
0,185	0,000 410	0,000 378	0,000 357	0,000 333	0,000 314	0,000 295	0,000 282	I
	246 667	289 063	324 561	372 235	415 732	471 939	521 127	II
	185 000	216 797	243 419	279 035	311 973	353 951	390 846	III
0,190	0,000 429	0,000 396	0,000 373	0,000 347	0,000 329	0,000 309	0,000 294	I
	253 333	296 875	333 333	382 295	426 966	484 694	535 211	II
	190 000	222 656	249 998	286 577	320 405	363 518	401 409	III
0,195	0,000 447	0,000 413	0,000 390	0,000 364	0,000 343	0,000 324	0,000 308	I
	260 000	304 688	342 105	392 356	438 204	497 449	549 296	II
	195 000	228 516	256 577	294 118	328 836	373 084	411 973	III
0,200	0,000 466	0,000 432	0,000 408	0,000 380	0,000 359	0,000 336	0,000 320	I
	266 667	312 500	350 877	402 416	449 440	510 204	563 380	II
	200 000	234 375	263 156	301 666	337 268	382 650	422 536	III

Tabellen zur Bestimmung der Geschwindigkeits- und Widerstands-

Geschwindigkeit des Wassers in Metern	Werthe des Ausdruckes $\frac{v^2}{2g} \cdot \Sigma\zeta$ für $\Sigma\zeta =$									
v	0,5	1	1,5	2	2,5	3	3,5	4	4,5	5
0,205	0,001 071	0,002 141	0,003 212	0,004 282	0,005 353	0,006 423	0,007 494	0,008 564	0,009 635	0,010 705
0,210	0,001 123	0,002 246	0,003 369	0,004 492	0,005 615	0,006 738	0,007 861	0,008 984	0,010 107	0,011 230
0,215	0,001 177	0,002 354	0,003 531	0,004 708	0,005 885	0,007 062	0,008 239	0,009 416	0,010 593	0,011 770
0,220	0,001 233	0,002 465	0,003 698	0,004 930	0,006 163	0,007 395	0,008 628	0,009 860	0,011 093	0,012 325
0,225	0,001 290	0,002 579	0,003 869	0,005 158	0,006 448	0,007 737	0,009 027	0,010 316	0,011 606	0,012 895
0,230	0,001 348	0,002 695	0,004 043	0,005 390	0,006 738	0,008 085	0,009 433	0,010 780	0,012 128	0,013 475
0,235	0,001 407	0,002 813	0,004 220	0,005 626	0,007 033	0,008 439	0,009 846	0,011 252	0,012 659	0,014 065
0,240	0,001 467	0,002 934	0,004 401	0,005 868	0,007 335	0,008 802	0,010 269	0,011 736	0,013 203	0,014 670
0,245	0,001 529	0,003 058	0,004 587	0,006 116	0,007 645	0,009 174	0,010 703	0,012 232	0,013 761	0,015 290
0,250	0,001 592	0,003 184	0,004 776	0,006 368	0,007 960	0,009 552	0,011 144	0,012 736	0,014 328	0,015 920
0,255	0,001 657	0,003 313	0,004 970	0,006 626	0,008 283	0,009 939	0,011 596	0,013 252	0,014 909	0,016 565
0,260	0,001 722	0,003 444	0,005 166	0,006 888	0,008 610	0,010 332	0,012 054	0,013 776	0,015 498	0,017 220
0,265	0,001 789	0,003 577	0,005 366	0,007 154	0,008 943	0,010 731	0,012 520	0,014 308	0,016 097	0,017 885
0,270	0,001 857	0,003 714	0,005 571	0,007 428	0,009 285	0,011 141	0,012 999	0,014 856	0,016 713	0,018 570
0,275	0,001 927	0,003 853	0,005 780	0,007 706	0,009 633	0,011 559	0,013 486	0,015 412	0,017 339	0,019 265
0,280	0,001 997	0,003 994	0,005 991	0,007 988	0,009 985	0,011 982	0,013 979	0,015 976	0,017 973	0,019 970
0,285	0,002 069	0,004 138	0,006 207	0,008 276	0,010 345	0,012 414	0,014 483	0,016 552	0,018 621	0,020 690
0,290	0,002 142	0,004 284	0,006 426	0,008 568	0,010 710	0,012 852	0,014 994	0,017 136	0,019 278	0,021 420
0,295	0,002 217	0,004 433	0,006 650	0,008 866	0,011 083	0,013 299	0,015 516	0,017 732	0,019 949	0,022 165
0,300	0,002 293	0,004 585	0,006 878	0,009 170	0,011 463	0,013 755	0,016 048	0,018 340	0,020 633	0,022 925

höhen und der möglichen stündlich zu fördernden Wärmemenge.

Geschwindigkeit des Wassers in Metern	Werthe des Ausdruckes $\frac{v^2}{2g}\frac{\varrho}{d}$ . . . . Mögliche stündlich zu fördernde Wärmemenge bei einer Temperatur-differenz des Wassers von 20° / » 15° für eine Rohrweite (in Metern) von:							I / II / III
v	0,155	0,168	0,178	0,191	0,202	0,215	0,226	
0,205	0,000 489	0,000 449	0,000 424	0,000 396	0,000 374	0,000 351	0,000 344	I
	273 333	320 313	359 649	412 476	460 676	522 959	577 465	II
	205 000	240 235	269 735	309 201	345 700	392 216	433 099	III
0,210	0,000 508	0,000 469	0,000 443	0,000 414	0,000 391	0,000 366	0,000 349	I
	280 000	328 125	368 421	422 537	471 912	535 714	591 549	II
	210 000	246 094	276 314	316 743	354 131	401 782	443 663	III
0,215	0,000 530	0,000 487	0,000 461	0,000 428	0,000 405	0,000 380	0,000 362	I
	286 667	335 938	377 193	432 597	483 148	548 469	605 634	II
	215 000	251 953	282 893	324 284	362 563	411 348	454 226	III
0,220	0,000 550	0,000 508	0,000 478	0,000 446	0,000 421	0,000 397	0,000 376	I
	293 333	343 750	385 965	442 658	494 384	561 224	619 718	II
	220 000	257 813	289 472	331 826	370 995	420 915	464 790	III
0,225	0,000 573	0,000 529	0,000 498	0,000 466	0,000 439	0,000 414	0,000 393	I
	300 000	351 563	394 737	452 718	505 620	573 980	633 803	II
	225 000	263 672	296 051	339 367	379 427	430 481	475 353	III
0,230	0,000 592	0,000 547	0,000 518	0,000 482	0,000 455	0,000 429	0,000 407	I
	306 667	359 375	463 509	462 778	516 656	586 735	647 887	II
	230 000	269 531	302 629	346 909	387 858	440 048	485 916	III
0,235	0,000 616	0,000 568	0,000 538	0,000 502	0,000 473	0,000 445	0,000 423	I
	313 333	367 188	412 281	472 839	528 092	599 490	661 972	II
	235 000	275 391	309 208	354 450	396 290	449 614	496 480	III
0,240	0,000 640	0,000 590	0,000 555	0,000 520	0,000 490	0,000 461	0,000 438	I
	320 000	375 000	421 053	482 899	539 328	612 245	676 056	II
	240 000	281 250	315 787	361 992	404 722	459 180	507 043	III
0,245	0,000 660	0,000 612	0,000 575	0,000 538	0,000 508	0,000 480	0,000 452	I
	326 667	382 813	429 825	492 960	550 564	625 000	690 141	II
	245 000	287 110	322 366	369 533	413 153	468 746	517 607	III
0,250	0,000 684	0,000 631	0,000 595	0,000 558	0,000 526	0,000 498	0,000 469	I
	333 333	390 625	438 597	503 020	561 800	637 755	704 225	II
	250 000	292 969	328 945	377 075	421 585	478 313	528 170	III
0,255	0,000 709	0,000 653	0,000 616	0,000 576	0,000 543	0,000 517	0,000 487	I
	340 000	398 438	447 368	513 080	573 036	650 510	718 310	II
	255 000	298 828	335 524	384 616	430 017	487 879	538 733	III
0,260	0,000 734	0,000 675	0,000 637	0,000 596	0,000 561	0,000 530	0,000 503	I
	346 667	406 250	456 140	523 141	584 272	663 265	732 394	II
	260 000	304 688	342 103	392 158	438 438	497 445	549 297	III
0,265	0,000 759	0,000 697	0,000 658	0,000 617	0,000 580	0,000 548	0,000 520	I
	353 334	414 063	464 912	533 201	595 508	676 020	746 479	II
	265 000	310 547	348 682	399 699	446 880	507 011	559 860	III
0,270	0,000 780	0,000 721	0,000 679	0,000 635	0,000 597	0,000 568	0,000 535	I
	360 000	421 875	473 684	543 262	606 744	688 775	760 563	II
	270 000	316 407	355 261	407 241	455 312	516 578	570 424	III
0,275	0,000 805	0,000 744	0,000 701	0,000 655	0,000 621	0,000 586	0,000 555	I
	366 667	429 688	482 456	553 322	617 980	701 531	774 648	II
	275 000	322 266	361 840	414 782	463 744	526 144	580 987	III
0,280	0,000 830	0,000 767	0,000 723	0,000 675	0,000 640	0,000 603	0,000 571	I
	373 334	437 500	491 228	563 382	629 216	714 286	788 732	II
	280 000	328 125	368 418	422 324	472 175	535 710	591 550	III
0,285	0,000 857	0,000 790	0,000 749	0,000 695	0,000 658	0,000 621	0,000 587	I
	380 000	445 313	500 000	573 443	640 452	727 041	802 817	II
	285 000	333 985	374 997	429 865	480 607	545 276	602 114	III
0,290	0,000 882	0,000 814	0,000 771	0,000 717	0,000 678	0,000 639	0,000 610	I
	386 667	453 125	508 772	583 503	651 688	739 796	816 901	II
	290 000	339 844	381 576	437 407	489 039	554 843	612 677	III
0,295	0,000 909	0,000 838	0,000 803	0,000 740	0,000 700	0,000 656	0,000 625	I
	393 334	460 938	517 544	593 564	662 924	752 551	830 986	II
	295 000	345 703	388 155	444 948	497 470	564 409	623 241	III
0,300	0,000 936	0,000 867	0,000 816	0,000 761	0,000 720	0,000 673	0,000 642	I
	400 000	468 750	526 316	603 624	674 160	765 306	845 070	II
	300 000	351 563	394 734	452 490	505 902	573 975	633 804	III

Tabellen zur Bestimmung der Geschwindigkeits- und Widerstands-

Geschwindigkeit des Wassers in Metern	Werthe des Ausdruckes $\frac{v^2}{2g} \cdot \Sigma\zeta$ für $\Sigma\zeta =$									
v	0,5	1	1,5	2	2,5	3	3,5	4	4,5	5
0,305	0,002 370	0,004 739	0,007 109	0,009 478	0,011 848	0,014 217	0,016 587	0,018 956	0,021 326	0,023 695
0,310	0,002 448	0,004 896	0,007 344	0,009 792	0,012 240	0,014 688	0,017 136	0,019 584	0,022 032	0,024 480
0,315	0,002 528	0,005 055	0,007 583	0,010 110	0,012 638	0,015 165	0,017 693	0,020 220	0,022 748	0,025 275
0,320	0,002 609	0,005 217	0,007 826	0,010 434	0,013 043	0,015 651	0,018 260	0,020 868	0,023 477	0,026 085
0,325	0,002 691	0,005 381	0,008 072	0,010 762	0,013 453	0,016 143	0,018 834	0,021 524	0,024 215	0,026 905
0,330	0,002 774	0,005 548	0,008 322	0,011 096	0,013 870	0,016 644	0,019 418	0,022 192	0,024 966	0,027 740
0,335	0,002 859	0,005 717	0,008 576	0,011 434	0,014 293	0,017 151	0,020 010	0,022 868	0,025 727	0,028 585
0,340	0,002 945	0,005 889	0,008 834	0,011 778	0,014 723	0,017 667	0,020 612	0,023 556	0,026 501	0,029 445
0,345	0,003 032	0,006 064	0,009 096	0,012 128	0,015 160	0,018 192	0,021 224	0,024 256	0,027 288	0,030 320
0,350	0,003 121	0,006 241	0,009 362	0,012 482	0,015 603	0,018 723	0,021 844	0,024 964	0,028 085	0,031 205
0,355	0,003 211	0,006 421	0,009 632	0,012 842	0,016 053	0,019 263	0,022 474	0,025 684	0,028 895	0,032 105
0,360	0,003 302	0,006 603	0,009 905	0,013 206	0,016 508	0,019 809	0,023 111	0,026 412	0,029 714	0,033 015
0,365	0,003 394	0,006 787	0,010 181	0,013 574	0,016 968	0,020 361	0,023 755	0,027 148	0,030 542	0,033 935
0,370	0,003 488	0,006 975	0,010 463	0,013 950	0,017 438	0,020 925	0,024 413	0,027 900	0,031 388	0,034 875
0,375	0,003 583	0,007 165	0,010 748	0,014 330	0,017 913	0,021 495	0,025 078	0,028 660	0,032 243	0,035 825
0,380	0,003 679	0,007 357	0,011 036	0,014 714	0,018 393	0,022 071	0,025 750	0,029 428	0,033 107	0,036 785
0,385	0,003 776	0,007 552	0,011 328	0,015 105	0,018 881	0,022 658	0,026 434	0,030 211	0,033 987	0,037 764
0,390	0,003 845	0,007 749	0,011 624	0,015 498	0,019 373	0,023 247	0,027 122	0,030 996	0,034 871	0,038 745
0,395	0,003 975	0,007 949	0,011 924	0,015 898	0,019 873	0,023 847	0,027 822	0,031 796	0,035 771	0,039 745
0,400	0,004 076	0,008 152	0,012 228	0,016 304	0,020 380	0,024 456	0,028 532	0,032 608	0,036 684	0,040 760

höhen und der möglichen stündlich zu fördernden Wärmemenge.

Geschwindigkeit des Wassers in Metern	Werthe des Ausdruckes $\frac{v^2}{2g}\frac{\varrho}{d}$ . . . . I Mögliche stündlich zu fördernde Wärmemenge bei einer Temperaturdifferenz des Wassers von 20° II, » 15° III für eine Rohrweite (in Metern) von:							
v	0,155	0,168	0,178	0,191	0,202	0,215	0,226	
0,305	0,000 967	0,000 891	0,000 839	0,000 783	0,000 740	0,000 697	0,000 659	I
	406 667	476 563	535 088	613 684	685 396	778 061	859 155	II
	305 000	357 422	401 313	460 031	514 344	583 541	644 367	III
0,310	0,000 994	0,000 915	0,000 862	0,000 802	0,000 759	0,000 715	0,000 680	I
	413 333	484 375	543 859	623 745	696 632	790 816	873 239	II
	310 000	363 282	407 892	467 573	522 765	593 107	654 931	III
0,315	0,001 021	0,000 941	0,000 890	0,000 830	0,000 784	0,000 733	0,000 697	I
	420 000	492 188	552 631	633 805	707 868	803 571	887 324	II
	315 000	369 141	414 421	475 114	531 197	602 674	665 494	III
0,320	0,001 049	0,000 965	0,000 913	0,000 851	0,000 803	0,000 757	0,000 720	I
	426 667	500 000	561 403	643 866	719 104	816 326	901 408	II
	320 000	375 000	421 050	482 656	539 629	612 240	676 058	III
0,325	0,001 076	0,000 995	0,000 937	0,000 871	0,000 822	0,000 775	0,000 737	I
	433 333	507 813	570 175	653 926	730 340	829 082	915 493	II
	325 000	380 860	427 629	490 197	548 061	621 806	686 621	III
0,330	0,001 104	0,001 020	0,000 960	0,000 899	0,000 850	0,000 799	0,000 761	I
	440 000	515 625	578 947	663 986	741 576	841 837	929 577	II
	330 000	386 719	434 207	497 739	556 492	631 373	697 184	III
0,335	0,001 132	0,001 047	0,000 989	0,000 921	0,000 870	0,000 818	0,000 778	I
	446 666	523 438	587 719	674 047	752 812	854 592	943 662	II
	335 000	392 578	440 786	505 280	564 924	640 939	707 748	III
0,340	0,001 166	0,001 072	0,001 013	0,000 943	0,000 896	0,000 837	0,000 801	I
	453 333	531 250	596 491	684 107	764 048	867 347	957 746	II
	340 000	398 438	447 365	512 822	573 356	650 505	718 311	III
0,345	0,001 195	0,001 103	0,001 037	0,000 971	0,000 916	0,000 861	0,000 819	I
	460 000	539 063	605 263	694 168	775 284	880 102	971 831	II
	345 000	404 297	453 944	520 363	581 787	660 071	728 875	III
0,350	0,001 223	0,001 129	0,001 067	0,000 992	0,000 936	0,000 879	0,000 842	I
	466 666	546 875	614 035	704 228	786 520	892 857	985 915	II
	350 000	410 157	460 523	527 905	590 219	669 638	739 438	III
0,355	0,001 253	0,001 156	0,001 092	0,001 020	0,000 963	0,000 905	0,000 860	I
	473 333	554 688	622 807	714 388	797 756	905 612	1 000 000	II
	355 000	416 016	467 102	535 446	598 651	679 204	750 000	III
0,360	0,001 288	0,001 189	0,001 122	0,001 043	0,000 983	0,000 925	0,000 884	I
	479 999	562 500	631 578	724 349	808 992	918 367	1 014 084	II
	360 000	421 875	473 681	542 988	607 082	688 770	760 565	III
0,365	0,001 317	0,001 215	0,001 147	0,001 067	0,001 012	0,000 951	0,000 903	I
	486 666	570 313	640 350	734 409	820 228	931 122	1 028 169	II
	365 000	427 735	480 260	550 529	615 514	698 336	771 128	III
0,370	0,001 346	0,001 241	0,001 172	0,001 095	0,001 040	0,000 969	0,000 928	I
	493 333	578 125	649 122	744 470	831 464	943 877	1 042 253	II
	370 000	433 594	486 838	558 071	623 946	707 903	781 692	III
0,375	0,001 383	0,001 276	0,001 204	0,001 118	0,001 061	0,000 996	0,000 946	I
	499 999	585 938	657 894	754 530	842 700	956 633	1 056 338	II
	375 000	439 454	493 418	565 612	632 378	717 468	792 255	III
0,380	0,001 412	0,001 302	0,001 228	0,001 148	0,001 082	0,001 015	0,000 971	I
	506 666	593 750	666 666	764 590	853 936	969 388	1 070 422	II
	380 000	445 313	499 996	573 154	640 809	727 035	802 818	III
0,385	0,001 442	0,001 329	0,001 261	0,001 170	0,001 110	0,001 042	0,000 989	I
	513 332	601 563	675 438	774 651	865 172	982 143	1 084 507	II
	385 000	451 172	506 575	580 695	649 241	736 601	813 382	III
0,390	0,001 480	0,001 363	0,001 287	0,001 201	0,001 131	0,001 062	0,001 015	I
	519 999	609 375	684 210	784 711	876 408	994 898	1 098 591	II
	390 000	457 032	513 154	588 237	657 673	746 168	823 945	III
0,395	0,001 510	0,001 391	0,001 319	0,001 225	0,001 161	0,001 090	0,001 033	I
	526 666	617 188	692 982	794 772	887 644	1 007 653	1 112 676	II
	395 000	462 891	519 733	595 778	666 104	755 734	834 509	III
0,400	0,001 541	0,001 426	0,001 345	0,001 256	0,001 183	0,001 117	0,001 060	I
	533 332	625 000	701 754	804 832	898 880	1 020 408	1 126 760	II
	400 000	468 750	526 312	603 332	674 536	765 300	845 072	III

Geschwindigkeit des Wassers in Metern	Werthe des Ausdruckes $\frac{v^2}{2g} \cdot \Sigma\zeta$ für $\Sigma\zeta =$									
v	0,5	1	1,5	2	2,5	3	3,5	4	4,5	5
0,405	0,004 179	0,008 357	0,012 536	0,016 714	0,020 893	0,025 071	0,029 250	0,033 428	0,037 607	0,041 785
0,410	0,004 283	0,008 565	0,012 848	0,017 130	0,021 413	0,025 695	0,029 978	0,034 260	0,038 543	0,042 825
0,415	0,004 388	0,008 775	0,013 163	0,017 550	0,021 938	0,026 325	0,030 763	0,035 100	0,039 488	0,043 875
0,420	0,004 494	0,008 988	0,013 482	0,017 976	0,022 470	0,026 964	0,031 458	0,035 952	0,040 446	0,044 940
0,425	0,004 602	0,009 203	0,013 805	0,018 406	0,023 007	0,027 609	0,032 211	0,036 812	0,041 414	0,046 015
0,430	0,004 711	0,009 420	0,014 131	0,018 842	0,023 552	0,028 263	0,032 974	0,037 684	0,042 394	0,047 105
0,435	0,004 821	0,009 641	0,014 462	0,019 282	0,024 103	0,028 923	0,033 744	0,038 564	0,043 385	0,048 205
0,440	0,004 932	0,009 864	0,014 796	0,019 728	0,024 660	0,029 592	0,034 524	0,039 456	0,044 388	0,049 320
0,445	0,005 045	0,010 089	0,015 134	0,020 178	0,025 223	0,030 267	0,035 312	0,040 356	0,045 401	0,050 445
0,450	0,005 159	0,010 317	0,015 476	0,020 634	0,025 793	0,030 951	0,036 110	0,041 268	0,046 427	0,051 585
0,455	0,005 274	0,010 548	0,015 822	0,021 096	0,026 370	0,031 644	0,036 918	0,042 192	0,047 466	0,052 740
0,460	0,005 391	0,010 781	0,016 172	0,021 562	0,026 953	0,032 343	0,037 734	0,043 124	0,048 515	0,053 905
0,465	0,005 509	0,011 017	0,016 526	0,022 034	0,027 543	0,033 051	0,038 560	0,044 068	0,049 577	0,055 085
0,470	0,005 628	0,011 255	0,016 883	0,022 510	0,028 138	0,033 765	0,039 393	0,045 020	0,050 648	0,056 275
0,475	0,005 748	0,011 496	0,017 244	0,022 992	0,028 740	0,034 488	0,040 236	0,045 984	0,051 732	0,057 480
0,480	0,005 870	0,011 739	0,017 609	0,023 478	0,029 348	0,035 217	0,041 087	0,046 956	0,052 826	0,058 695
0,485	0,005 993	0,011 985	0,017 978	0,023 970	0,029 963	0,035 955	0,041 948	0,047 940	0,053 933	0,059 925
0,490	0,006 117	0,012 233	0,018 350	0,024 466	0,030 582	0,036 699	0,042 816	0,048 932	0,055 048	0,061 165
0,495	0,006 242	0,012 484	0,018 726	0,024 968	0,031 210	0,037 452	0,043 694	0,049 936	0,056 178	0,062 420
0,500	0,006 369	0,012 738	0,019 107	0,025 476	0,031 845	0,038 214	0,044 583	0,050 952	0,057 321	0,063 690

höhen und der möglichen stündlich zu fördernden Wärmemenge.

Geschwindigkeit des Wassers in Metern	Werthe des Ausdruckes $\frac{v^2}{2g} \frac{\varrho}{d}$ . . . . Mögliche stündlich zu fördernde Wärmemenge bei einer Temperaturdifferenz des Wassers { von 20° / » 15° für eine Rohrweite (in Metern) von:							I II III
v	0,155	0,168	0,178	0,191	0,202	0,215	0,226	
0,405	0,001 580	0,001 454	0,001 379	0,001 279	0,001 212	0,001 136	0,001 078	I
	539 999	632 813	710 526	814 892	910 116	1 033 163	1 140 845	II
	405 000	474 610	532 891	610 861	682 968	774 866	855 635	III
0,410	0,001 610	0,001 491	0,001 405	0,001 311	0,001 234	0,001 166	0,001 105	I
	546 665	640 625	719 970	824 953	921 352	1 045 918	1 154 929	II
	410 000	480 469	539 470	618 403	691 399	784 433	866 199	III
0,415	0,001 649	0,001 518	0,001 430	0,001 333	0,001 263	0,001 184	0,001 131	I
	553 332	648 438	728 069	835 013	932 588	1 058 673	1 169 014	II
	415 000	486 329	546 049	625 944	699 831	793 999	876 762	III
0,420	0,001 681	0,001 555	0,001 466	0,001 367	0,001 295	0,001 214	0,001 151	I
	559 999	656 250	736 841	845 074	943 824	1 071 428	1 183 098	II
	420 000	492 188	552 628	633 486	708 263	803 565	887 326	III
0,425	0,001 721	0,001 583	0,001 500	0,001 390	0,001 316	0,001 233	0,001 178	I
	566 665	664 063	745 613	855 134	955 060	1 084 184	1 197 183	II
	425 000	498 047	559 207	641 027	716 695	813 131	897 889	III
0,430	0,001 752	0,001 620	0,001 526	0,001 422	0,001 346	0,001 262	0,001 205	I
	575 332	671 875	754 385	865 194	966 296	1 096 939	1 211 267	II
	430 000	503 907	565 785	648 569	725 126	822 698	908 452	III
0,435	0,001 783	0,001 648	0,001 561	0,001 446	0,001 362	0,001 292	0,001 224	I
	579 998	679 688	763 157	875 255	977 539	1 109 694	1 225 352	II
	435 000	509 766	572 364	656 110	733 558	832 264	919 016	III
0,440	0,001 825	0,001 687	0,001 589	0,001 480	0,001 400	0,001 311	0,001 253	I
	586 665	687 500	771 929	885 315	988 768	1 122 449	1 239 436	II
	440 000	515 625	578 943	663 652	741 990	841 830	929 579	III
0,445	0,001 856	0,001 715	0,001 624	0,001 504	0,001 433	0,001 342	0,001 272	I
	593 332	695 313	780 701	895 376	1 000 004	1 135 204	1 253 521	II
	445 000	521 485	585 522	671 193	750 421	851 396	940 143	III
0,450	0,001 898	0,001 754	0,001 651	0,001 534	0,001 451	0,001 370	0,001 297	I
	599 998	703 125	789 473	905 436	1 011 240	1 147 959	1 267 605	II
	450 000	527 344	592 101	678 735	758 853	860 963	950 706	III
0,455	0,001 931	0,001 782	0,001 688	0,001 580	0,001 495	0,001 399	0,001 335	I
	606 665	710 938	798 245	915 496	1 022 476	1 160 714	1 281 690	II
	455 000	533 204	598 680	686 276	767 285	870 529	961 269	III
0,460	0,001 973	0,001 822	0,001 714	0,001 599	0,001 512	0,001 425	0,001 361	I
	613 331	718 750	807 016	925 557	1 033 712	1 173 469	1 295 774	II
	460 000	539 063	605 259	693 818	775 716	880 095	971 833	III
0,465	0,002 006	0,001 851	0,001 751	0,001 628	0,001 529	0,001 452	0,001 376	I
	619 998	726 563	815 788	935 617	1 044 948	1 186 224	1 309 859	II
	465 000	544 922	611 838	701 359	784 148	889 661	982 396	III
0,470	0,002 048	0,001 890	0,001 778	0,001 673	0,001 572	0,001 481	0,001 413	I
	626 665	734 375	824 560	945 678	1 056 184	1 198 979	1 323 943	II
	470 000	550 782	618 417	708 901	792 580	899 228	992 960	III
0,475	0,002 080	0,001 920	0,001 816	0,001 692	0,001 600	0,001 507	0,001 427	I
	633 331	742 188	833 332	955 738	1 067 420	1 211 735	1 338 028	II
	475 000	556 641	624 996	716 442	801 012	908 794	1 003 523	III
0,480	0,002 125	0,001 960	0,001 855	0,001 721	0,001 627	0,001 522	0,001 451	I
	639 998	750 000	842 104	965 798	1 078 656	1 224 490	1 352 112	II
	480 000	562 500	631 574	723 984	809 443	918 360	1 014 086	III
0,485	0,002 157	0,002 002	0,001 881	0,001 765	0,001 669	0,001 561	0,001 490	I
	646 664	757 813	850 876	975 859	1 089 892	1 237 245	1 366 197	II
	485 000	568 360	638 153	731 525	817 875	927 926	1 024 650	III
0,490	0,002 202	0,002 031	0,001 921	0,001 783	0,001 686	0,001 588	0,001 514	I
	653 331	765 625	859 648	985 919	1 101 128	1 250 000	1 380 281	II
	490 000	574 219	644 732	739 067	826 307	937 493	1 035 213	III
0,495	0,002 247	0,002 072	0,001 948	0,001 827	0,001 727	0,001 627	0,001 539	I
	659 998	773 438	868 420	995 980	1 112 364	1 262 755	1 394 366	II
	495 000	580 079	651 311	746 608	834 738	947 059	1 045 777	III
0,500	0,002 280	0,002 101	0,001 987	0,001 857	0,001 755	0,001 640	0,001 564	I
	666 664	781 250	877 192	1 006 040	1 123 600	1 275 510	1 408 450	II
	500 000	585 938	657 890	754 150	843 170	956 625	1 056 340	III

Tabellen zur Bestimmung der Geschwindigkeits- und Widerstands-

Geschwindigkeit des Wassers in Metern	Werthe des Ausdruckes $\frac{v^2}{2g} \cdot \Sigma\zeta$ für $\Sigma\zeta =$									
v	0,5	1	1,5	2	2,5	3	3,5	4	4,5	5
0,505	0,006 497	0,012 994	0,019 491	0,025 988	0,032 485	0,038 982	0,045 479	0,051 977	0,058 473	0,064 970
0,510	0,006 626	0,013 252	0,019 878	0,026 504	0,033 130	0,039 756	0,046 382	0,053 008	0,059 634	0,066 261
0,515	0,006 757	0,013 513	0,020 270	0,027 026	0,033 783	0,040 539	0,047 296	0,054 052	0,060 809	0,067 565
0,520	0,006 889	0,013 777	0,020 666	0,027 554	0,034 443	0,041 331	0,048 220	0,055 108	0,061 997	0,068 885
0,525	0,007 022	0,014 043	0,021 065	0,028 086	0,035 108	0,042 129	0,049 151	0,056 172	0,063 194	0,070 215
0,530	0,007 156	0,014 312	0,021 468	0,028 624	0,035 780	0,042 936	0,050 092	0,057 248	0,064 404	0,071 500
0,535	0,007 292	0,014 583	0,021 875	0,029 166	0,036 458	0,043 749	0,051 040	0,058 332	0,065 624	0,072 915
0,540	0,007 429	0,014 857	0,022 286	0,029 714	0,037 143	0,044 571	0,052 100	0,059 428	0,066 857	0,074 285
0,545	0,007 567	0,015 133	0,022 700	0,030 266	0,037 833	0,045 399	0,052 966	0,060 532	0,068 099	0,075 665
0,550	0,007 706	0,015 412	0,023 118	0,030 824	0,038 530	0,046 236	0,053 942	0,061 648	0,069 354	0,077 060
0,555	0,007 847	0,015 694	0,023 540	0,031 388	0,039 235	0,047 082	0,054 929	0,062 776	0,070 623	0,078 470
0,560	0,007 989	0,015 978	0,023 967	0,031 956	0,039 945	0,047 934	0,055 923	0,063 912	0,071 901	0,079 890
0,565	0,008 132	0,016 264	0,024 396	0,032 528	0,040 660	0,048 792	0,056 924	0,065 056	0,073 188	0,081 320
0,570	0,008 277	0,016 554	0,024 831	0,033 108	0,041 385	0,049 662	0,057 939	0,066 216	0,074 493	0,082 770
0,575	0,008 423	0,016 845	0,025 268	0,033 690	0,042 113	0,050 535	0,058 956	0,067 380	0,075 803	0,084 225
0,580	0,008 570	0,017 139	0,025 708	0,034 278	0,042 848	0,051 417	0,059 987	0,068 556	0,077 126	0,085 695
0,585	0,008 718	0,017 436	0,026 154	0,034 872	0,043 590	0,052 308	0,061 026	0,069 744	0,078 462	0,087 180
0,590	0,008 868	0,017 736	0,026 604	0,035 472	0,044 340	0,053 208	0,062 076	0,070 944	0,079 812	0,088 680
0,595	0,009 019	0,018 038	0,027 058	0,036 076	0,045 095	0,054 116	0,063 131	0,072 152	0,081 171	0,090 190
0,600	0,009 171	0,018 342	0,027 513	0,036 684	0,045 855	0,055 026	0,064 197	0,073 368	0,082 539	0,091 710

höhen und der möglichen stündlich zu fördernden Wärmemenge.

Geschwindigkeit des Wassers in Metern	Werthe des Ausdruckes $\frac{v^2}{2g}\frac{\varrho}{d}$							I
	Mögliche stündlich zu fördernde Wärmemenge bei einer Temperatur-differenz des Wassers } von 20°							II
	Mögliche stündlich zu fördernde Wärmemenge bei einer Temperatur-differenz des Wassers } » 15°							III
	für eine Rohrweite (in Metern) von:							
v	0,155	0,168	0,178	0,191	0,202	0,215	0,226	
0,505	0,002 323	0,002 143	0,002 023	0,001 885	0,001 783	0,001 675	0,001 593	I
	673 331	789 063	885 964	1 016 100	1 134 836	1 288 265	1 422 535	II
	505 000	591 797	664 469	761 691	851 602	966 191	1 066 903	III
0,510	0,002 365	0,002 181	0,002 059	0,001 919	0,001 814	0,001 706	0,001 622	I
	679 997	796 875	894 735	1 026 161	1 142 072	1 301 020	1 436 619	II
	510 000	597 657	671 048	769 233	860 033	973 758	1 077 467	III
0,515	0,002 404	0,002 219	0,002 093	0,001 951	0,001 845	0,001 734	0,001 649	I
	686 664	804 688	903 507	1 036 211	1 157 308	1 313 775	1 450 704	II
	515 000	603 516	677 627	776 774	868 465	985 324	1 088 030	III
0,520	0,002 447	0,002 258	0,002 131	0,001 985	0,001 878	0,001 765	0,001 678	I
	693 331	812 500	912 279	1 046 282	1 168 544	1 326 530	1 464 788	II
	520 000	609 376	684 206	784 316	876 897	994 890	1 098 594	III
0,525	0,002 487	0,002 295	0,002 165	0,002 018	0,001 908	0,001 793	0,001 706	I
	699 997	820 313	921 051	1 056 342	1 179 780	1 339 286	1 478 873	II
	525 000	615 235	690 785	791 857	885 329	1 004 456	1 109 157	III
0,530	0,002 529	0,002 333	0,002 203	0,002 052	0,001 941	0,001 823	0,001 735	I
	706 664	828 125	929 823	1 066 402	1 191 016	1 352 041	1 492 957	II
	530 000	621 094	697 363	799 399	893 760	1 014 023	1 119 720	III
0,535	0,002 565	0,002 372	0,002 238	0,002 086	0,001 973	0,001 853	0,001 763	I
	713 330	835 938	938 595	1 076 463	1 202 252	1 364 796	1 507 042	II
	535 000	626 954	703 942	806 940	902 192	1 023 589	1 130 284	III
0,540	0,002 616	0,002 413	0,002 278	0,002 123	0,002 008	0,001 886	0,001 795	I
	719 997	843 750	947 367	1 086 523	1 213 488	1 377 551	1 521 126	II
	540 000	632 813	710 521	814 482	910 624	1 033 155	1 140 847	III
0,545	0,002 662	0,002 458	0,002 320	0,002 162	0,002 043	0,001 921	0,001 827	I
	726 664	851 563	956 139	1 096 584	1 224 724	1 390 306	1 535 211	II
	545 000	638 672	717 100	822 023	919 055	1 042 721	1 151 411	III
0,550	0,002 705	0,002 497	0,002 356	0,002 196	0,002 077	0,001 950	0,001 856	I
	733 330	859 375	964 911	1 106 644	1 235 960	1 403 061	1 549 295	II
	550 000	644 532	723 679	829 565	927 487	1 052 288	1 161 974	III
0,555	0,002 743	0,002 531	0,002 390	0,002 226	0,002 106	0,001 979	0,001 881	I
	739 997	867 188	973 688	1 116 704	1 247 196	1 415 816	1 563 380	II
	555 000	650 391	730 258	837 106	935 919	1 061 854	1 172 537	III
0,560	0,002 789	0,002 573	0,002 427	0,002 263	0,002 140	0,002 010	0,001 911	I
	746 663	875 000	982 454	1 126 765	1 258 432	1 428 571	1 577 464	II
	560 000	656 251	736 837	844 648	944 350	1 071 420	1 183 311	III
0,565	0,002 833	0,002 613	0,002 467	0,002 299	0,002 174	0,002 042	0,001 943	I
	753 330	882 813	991 226	1 136 825	1 269 668	1 441 326	1 591 549	II
	565 000	662 110	743 416	852 189	952 782	1 080 986	1 193 664	III
0,570	0.002 875	0,002 653	0,002 504	0,002 334	0,002 206	0,002 074	0,001 973	I
	759 997	890 625	999 998	1 146 886	1 280 904	1 454 081	1 605 633	II
	570 000	667 969	749 995	859 731	961 214	1 090 553	1 204 228	III
0,575	0,002 920	0,002 693	0,002 543	0,002 386	0,002 240	0,002 105	0,002 002	I
	766 663	898 438	1 008 770	1 156 946	1 292 140	1 466 837	1 619 718	II
	575 000	673 829	756 574	867 272	969 646	1 100 119	1 214 791	III
0,580	0,002 965	0,002 737	0,002 583	0,002 408	0,002 276	0,002 139	0,002 035	I
	773 330	906 250	1 017 542	1 167 006	1 303 376	1 479 592	1 633 802	II
	580 000	679 688	763 152	873 814	978 077	1 109 685	1 225 354	III
0,585	0,003 012	0,002 780	0,002 623	0,002 445	0,002 311	0,002 173	0,002 068	I
	779 996	914 063	1 026 314	1 177 067	1 314 612	1 492 347	1 647 887	II
	585 000	685 547	769 731	882 355	986 509	1 119 251	1 235 918	III
0,590	0,003 057	0,002 821	0,002 663	0,002 480	0,002 345	0,002 203	0,002 097	I
	786 663	921 875	1 035 086	1 187 127	1 325 848	1 505 102	1 661 971	II
	590 000	691 407	776 310	889 897	994 941	1 128 818	1 246 481	III
0,595	0,003 103	0,002 863	0,002 702	0,002 516	0,002 380	0,002 236	0,002 127	I
	793 330	929 688	1 043 858	1 197 188	1 337 084	1 517 857	1 676 056	II
	595 000	697 266	782 889	897 438	1 003 372	1 138 384	1 257 045	III
0,600	0,003 149	0,002 905	0,002 742	0,002 555	0,002 415	0,002 270	0,002 159	I
	799 996	937 500	1 052 630	1 207 248	1 348 320	1 530 612	1 690 140	II
	600 000	703 126	789 468	904 980	1 011 804	1 147 950	1 267 608	III

www.ingramcontent.com/pod-product-compliance
Lightning Source LLC
LaVergne TN
LVHW081349011026
849161LV00013BB/3032